本书配有课件、视频、源代码等教学资源

普通高等教育"十三五"应用型人才培养规划教材

C 语言程序设计

主　编　祁文青　刘志远　冯运仿
副主编　姚　莉　曹绍君　臧　辉
参　编　吕　璐　谢　晋

机械工业出版社

根据TIOBE编程语言排行榜，近十年，C语言一直位于使用热门率前两位，这是由其自身的特性所决定的。它既具备高级语言特点，又可实现对底层硬件的操控；既能编写系统软件，也能编写应用软件。因此，在各高校的入门语言中，C语言一直是被选择最多的语言。

本书较系统地介绍了C语言的基本概念、程序设计的基本方法和技巧，结构合理、思路清晰、语言简练。同时，本书从培养学生程序开发能力入手，在每章均配有由浅入深的案例和习题，可增强学生对基本概念的理解和解决实际问题的能力。

为了方便广大师生的教学和学习，本书还提供了配套的多媒体课件、例题和习题源代码等教学资源。

本书适合作为高等学校各专业的C语言程序设计课程教材，也可作为从事计算机相关工作的科技人员、计算机爱好者及各类自学人员的参考书。

本书配有电子课件，欢迎选用本书作教材的老师登录www.cmpedu.com注册下载，或发jinacmp@163.com索取。

图书在版编目（CIP）数据

C语言程序设计/祁文青，刘志远，冯运仿主编．—北京：机械工业出版社，2018.8（2025.1重印）

普通高等教育"十三五"应用型人才培养规划教材

ISBN 978-7-111-60389-4

Ⅰ.①C… Ⅱ.①祁… ②刘… ③冯… Ⅲ.①C语言-程序设计-高等学校-教材 Ⅳ.①TP312.8

中国版本图书馆CIP数据核字（2018）第147389号

机械工业出版社（北京市百万庄大街22号　邮政编码100037）
策划编辑：吉　玲　责任编辑：吉　玲
责任校对：张　薇　封面设计：张　静
责任印制：单爱军
北京虎彩文化传播有限公司印刷
2025年1月第1版第10次印刷
184mm×260mm·19.25印张·470千字
标准书号：ISBN 978-7-111-60389-4
定价：45.00元

电话服务　　　　　　　　网络服务

客服电话：010-88361066　机　工　官　网：www.cmpbook.com
　　　　　010-88379833　机　工　官　博：weibo.com/cmp1952
　　　　　010-68326294　金　书　网：www.golden-book.com
封底无防伪标均为盗版　机工教育服务网：www.cmpedu.com

前言

　　C语言的功能强大，使用灵活方便，移植性强，兼有高级语言和低级语言的特点，利用C语言可以编写系统软件和应用软件。正因如此，C语言一直是各高校计算机专业首选的入门语言，同时也是其他专业重要的公共基础课程之一。

　　作者根据多年的教学经验，分析了国内外多种同类教材的优缺点，在此基础上，编写了本书。全书内容丰富、结构合理、语言简练。全书共11章，内容包括：程序设计与C语言、顺序结构程序设计、选择结构程序设计、循环结构程序设计、数组、指针、函数、字符串、用户自定义数据类型、动态内存分配、文件。

　　本书在关注重心上做了大胆改革，传统教材主要介绍C语言的概念和语法，而本书的重心则是现实环境中的各类数据对象，并通过恰当的方法来存储数据、解决问题，这种改革，使得学生不再是停留在概念记忆和语法理解上，而是通过理论联系实际，引导和启发学生掌握思考和解决问题的方法，达到举一反三的目的。

　　本书在每一章都安排了类型丰富的案例和习题，并已在Visual C++6.0环境下调试运行通过。题目难度由浅入深，教师可根据学生实际水平选择部分习题在课堂完成，加强学生对概念的掌握，也可布置其他综合性题目，来培养学生解决实际问题的能力。循序渐进地启发学生逐步提高程序设计能力，强调程序的多种解法和优化，引导学生在"游泳中学会游泳"。

　　本书在后几章中对指针、函数、字符串、用户自定义数据类型、动态内存分配、文件等内容的介绍既全面具体、又简洁明了，为后续数据结构、操作系统、组成原理等课程的学习打下了良好的基础。

　　为了方便广大师生的教学和学习，本书还提供了配套的多媒体课件、例题和习题源代码等教学资源。

　　本书由湖北理工学院计算机学院组织编写，祁文青、刘志远、冯运仿任主编，姚莉、曹绍君、藏辉任副主编，吕璐、谢晋参编。全书由祁文青负责统稿。

　　本书可作为本科、高职高专教材或参考书，同时也可供广大自学者作为自修课本。

　　由于编者水平有限，书中难免存在不当和疏漏之处，恳请读者原谅，并提出宝贵意见。

编　者

目 录 Contents

前　言
第1章　程序设计与C语言 ... 1
1.1　程序设计 ... 1
1.2　编程语言 ... 2
1.3　C语言简介 ... 4
1.4　简单的C程序介绍 ... 5
1.5　运行C程序的步骤与方法 ... 8
1.6　C语言常见用词 ... 8
1.7　本章知识点小结 ... 10
1.8　本章常见错误小结 ... 10
习题 ... 11

第2章　顺序结构程序设计 ... 12
2.1　算法与程序 ... 12
2.2　常量和变量 ... 13
　　2.2.1　常量 ... 13
　　2.2.2　变量 ... 16
2.3　数据类型 ... 17
　　2.3.1　数据类型的分类 ... 17
　　2.3.2　数据类型所占内存空间的大小 ... 18
　　2.3.3　运算符和表达式 ... 21
　　2.3.4　数据类型之间的转换 ... 25
2.4　C语句 ... 26
　　2.4.1　C语句的作用和分类 ... 26
　　2.4.2　赋值语句 ... 27
2.5　数据的输入/输出 ... 28
　　2.5.1　字符数据的输入/输出 ... 28
　　2.5.2　格式输入/输出 ... 29
2.6　顺序结构程序应用举例 ... 33
2.7　本章知识点小结 ... 36
2.8　本章常见错误小结 ... 37
习题 ... 37

第3章　选择结构程序设计 ... 39
3.1　用if语句实现选择结构 ... 39
3.2　关系运算符和关系表达式 ... 43
3.3　逻辑运算符和逻辑表达式 ... 46
3.4　条件运算符和条件表达式 ... 49
3.5　用switch语句实现多分支选择结构 ... 50
3.6　选择结构程序应用举例 ... 51
3.7　本章知识点小结 ... 54
3.8　本章常见错误小结 ... 55
习题 ... 56

第4章　循环结构程序设计 ... 58
4.1　用while语句实现循环 ... 58
4.2　用do-while语句实现循环 ... 62
4.3　用for语句实现循环 ... 64
4.4　改变循环执行的状态 ... 66
4.5　循环的嵌套 ... 69
4.6　循环程序应用举例 ... 71
4.7　本章知识点小结 ... 73
4.8　本章常见错误小结 ... 74
习题 ... 75

第5章　数组 ... 76
5.1　一维数组的定义和初始化 ... 76
5.2　一维数组元素的输入/输出 ... 78
5.3　一维数组应用举例 ... 81
5.4　二维数组的定义和初始化 ... 88
5.5　二维数组元素的输入/输出 ... 91
5.6　二维数组应用举例 ... 92
5.7　本章知识点小结 ... 93
5.8　本章常见错误小结 ... 94
习题 ... 94

第6章　指针 ... 97
6.1　指针的基本概念 ... 97
6.2　指针变量的定义及使用 ... 98
6.3　指针和一维数组间的关系 ... 102
6.4　指针和二维数组间的关系 ... 107
6.5　指针数组 ... 111
6.6　指向指针的指针变量 ... 112

6.7	基本数据类型、数组类型、指针数据类型的比较 …………… 113	
6.8	本章知识点小结 ……………… 117	
6.9	本章常见错误小结 …………… 118	
习题	………………………………… 119	

第7章 函数 …………………………… 122
- 7.1 函数的基本概念 …………………… 122
- 7.2 函数定义 …………………………… 123
- 7.3 函数调用 …………………………… 126
  - 7.3.1 函数的形式参数和实际参数 … 126
  - 7.3.2 函数返回值 ………………… 129
  - 7.3.3 函数原型 …………………… 129
- 7.4 函数形式参数的类型 ……………… 132
  - 7.4.1 基本类型变量作函数形式参数 ………………… 132
  - 7.4.2 指针变量作函数形式参数 … 134
  - 7.4.3 一维数组作函数形式参数 … 137
  - 7.4.4 二维数组作函数形式参数 … 141
- 7.5 函数的嵌套调用 …………………… 143
- 7.6 函数的递归调用 …………………… 145
- 7.7 指向函数的指针 …………………… 147
- 7.8 变量的作用域和存储属性 ………… 152
  - 7.8.1 变量的作用域 ……………… 152
  - 7.8.2 变量的存储属性 …………… 155
  - 7.8.3 关于函数和变量的声明和定义 … 160
- 7.9 返回指针值的函数 ………………… 160
- 7.10 模块化程序设计 …………………… 163
- 7.11 本章知识点扩充内容 ……………… 164
- 7.12 本章知识点小结 …………………… 166
- 7.13 本章常见错误小结 ………………… 167
- 习题 …………………………………… 169

第8章 字符串 ………………………… 173
- 8.1 字符串的基本概念 ………………… 173
- 8.2 字符串的存储及输入/输出 ……… 174
  - 8.2.1 用字符数组存储字符串及输入/输出 …………… 174
  - 8.2.2 用字符指针存储字符串及输入/输出 …………… 177
- 8.3 字符串处理函数 …………………… 179
- 8.4 字符串应用举例 …………………… 182
- 8.5 自定义字符串处理函数 …………… 188
- 8.6 本章知识点小结 …………………… 197
- 8.7 本章常见错误小结 ………………… 198

习题 …………………………………… 198

第9章 用户自定义数据类型 ………… 200
- 9.1 结构体类型 ………………………… 200
  - 9.1.1 结构体类型的定义 ………… 200
  - 9.1.2 结构体变量及结构体指针变量的定义 …………… 202
  - 9.1.3 结构体变量的使用及初始化 … 203
  - 9.1.4 结构体变量作函数参数 …… 206
  - 9.1.5 结构体指针变量作函数参数 … 208
  - 9.1.6 结构体数组的定义和初始化 … 210
  - 9.1.7 结构体数组作函数参数 …… 212
  - 9.1.8 结构体程序应用举例 ……… 213
- 9.2 共用体类型 ………………………… 219
  - 9.2.1 共用体类型的定义 ………… 219
  - 9.2.2 共用体类型变量的定义及初始化 ………………… 220
  - 9.2.3 共用体程序应用举例 ……… 222
- 9.3 枚举类型 …………………………… 224
  - 9.3.1 枚举类型的定义 …………… 224
  - 9.3.2 枚举类型变量的定义 ……… 225
  - 9.3.3 枚举类型程序应用举例 …… 226
- 9.4 类型定义符 typedef ……………… 227
- 9.5 本章知识点小结 …………………… 229
- 9.6 本章常见错误小结 ………………… 230
- 习题 …………………………………… 232

第10章 动态内存分配 ……………… 233
- 10.1 动态内存分配的基本概念 ………… 233
- 10.2 动态内存分配系统函数 …………… 234
- 10.3 动态数组——数据的顺序存储 …… 238
- 10.4 单向链表——数据的链式存储 …… 246
  - 10.4.1 链式存储的基本概念 ……… 246
  - 10.4.2 单向链表的基本操作 ……… 247
- 10.5 本章知识点小结 …………………… 257
- 10.6 本章常见错误小结 ………………… 258
- 习题 …………………………………… 259

第11章 文件 ………………………… 261
- 11.1 文件的基本概念 …………………… 261
  - 11.1.1 文本文件及二进制文件 …… 261
  - 11.1.2 文件缓冲区 ………………… 262
  - 11.1.3 FILE 指针 ………………… 263
  - 11.1.4 文件位置指针 ……………… 264
- 11.2 文件的基本操作 …………………… 264

11.3 文件的读/写操作 …………… 268
    11.3.1 字符读/写函数 …………… 268
    11.3.2 字符串读/写函数 ………… 271
    11.3.3 格式化读/写函数 ………… 274
    11.3.4 数据块读/写函数 ………… 279
11.4 本章知识点小结 ……………… 286
11.5 本章常见错误小结 …………… 287

习题 ………………………………… 287

附录 ………………………………… 289
  附录 A　C 语言中 32 个关键字详解 ……… 289
  附录 B　C 运算符的优先级与结合性 …… 290
  附录 C　常用字符与 ASCII 码值对照表 … 292
  附录 D　常用的 ANSI C 标准库函数 …… 293

参考文献 ………………………………… 300

第 1 章
程序设计与 C 语言

1945 年 6 月，冯·诺依曼提出了在数字计算机内部的存储器中存放程序的概念，这是所有现代电子计算机的模板，称为"冯·诺依曼结构"，按这一结构建造的计算机称为存储程序计算机，又称为通用计算机。冯·诺依曼计算机主要由运算器、控制器、存储器和输入/输出设备组成。它的特点是：程序以二进制代码的形式存放在存储器中；所有的指令都是由操作码和地址码组成的；指令按照其执行的顺序进行存储；以运算器和控制器作为计算机结构的中心等。

计算机指令是指能被计算机识别和执行的操作命令。计算机程序就是计算机为完成某一任务所必须执行的一系列指令的集合。通过这些指令集合，计算机可以实现数值计算、非数值（文本、图形、图像等）计算等功能。

计算机语言是人和计算机进行交流所使用的语言，用计算机语言即程序设计语言来编写计算机程序的过程就叫程序设计。

1.1 程序设计

计算机的一切操作都是由程序控制的，离开程序，计算机将一事无成。程序设计是指设计、编制、调试程序的方法和过程，是目标明确的智力活动。程序设计通常分为问题建模、算法设计、编写代码、编译调试和编写程序文档五个阶段。

1. 问题建模

对于接受的任务要进行认真地分析，研究所给定的条件，分析最后应达到的目标，找出解决问题的规律，选择解题的方法，完成实际问题建模。

2. 算法设计

算法设计即设计出解题的方法和具体步骤。

3. 编写代码

将算法翻译成计算机程序设计语言，对源程序进行编辑、编译和链接。

4. 编译调试

运行可执行程序，得到运行结果。能得到运行结果并不意味着程序正确，要对结果进行分析，看它是否合理。若不合理，要对程序进行调试，即通过上机发现和排除程序中的故障。

5. 编写程序文档

许多程序是提供给别人使用的，如同正式的产品应当提供产品说明书一样。正式提供给用户使用的程序，必须向用户提供程序说明书，内容应包括程序名称、程序功能、运行环境、程序的装入和启动、需要输入的数据以及使用注意事项等。

1.2　编程语言

计算机不理解人类的语言,所以,计算机程序必须使用计算机能够识别和执行的语言编写。计算机程序设计语言经历了从机器语言、汇编语言到高级语言的发展历程。

1. 机器语言

1946年2月14日,世界上第一台通用计算机ENIAC诞生于美国的宾夕法尼亚大学,这台机器上使用了一种特定的穿孔卡片,卡片使用0和1组成的语言(相当于硬件的通电状态为1,无电状态为0)操作计算机进行工作,这种语言与人类的自然语言差别极大,只有专业的编程人员才能理解,称为机器语言。机器语言是第一个计算机语言,后续编程语言都是在其基础上发展变化而来的。机器语言的本质是一组使用二进制代码表示的机器指令的集合,能够被计算机识别并执行。但是,不同型号的机器语言无法通用,使用机器语言编写的程序全是0、1代码,既不容易被使用者理解,也容易出错,修改起来十分繁琐。

2. 汇编语言

用机器语言进行程序设计是非常单调乏味的过程,通过开发人员不懈的努力,创建了汇编语言,计算机语言进入第二阶段。汇编语言是一种用于计算机或其他电子设备的编程语言,它用助记符代替了操作码,用标号或地址符号代替了地址码,所以也称为符号语言。在不同的机器中,汇编语言对应着不同的机器语言指令集。汇编语言保留了机器语言高速度和高效率、便于记忆和书写的特点,降低了程序设计的难度。汇编语言仍是面向机器的语言,设计出来的程序不易被移植,所以不像其他大多数的高级计算机语言一样被广泛应用。用汇编语言写代码需要知道CPU是如何工作的,它通常应用于底层程序优化或硬件操作。

3. 高级语言

20世纪50年代,新一代编程语言——高级语言出现了,计算机语言步入到第三阶段。高级语言容易识记和理解,是大多数编程者的首选编程语言。与机器语言相反,高级语言以人类的日常用语为基础,是一种接近于人类语言习惯的编程语言。它使用人们易于接受的文字(如英文),程序中的符号也与日常用的数学公式有关,这大大提高了程序的可读性。高级语言还具有远离机器语言的特点,消除了环境特异性带来的代码移植的困难,利用率高。高级语言作为编程语言发展的重要里程碑,自动化程度高,表达形式多样且灵活,将繁琐的事务抛给了编译程序,可以说是对程序员的一次解放。

(1)FORTRAN语言

FORTRAN语言是由美国著名的计算机先驱人物约翰·巴克斯(John W. Backus)于1954年提出的。FORTRAN是FORmula TRANslator的缩写,意思是"公式翻译机"。顾名思义,该语言主要用于科学计算。FORTRAN自推出之日起,版本不断更新,功能不断增强,目前在工程应用领域,FORTRAN仍然被广泛使用。

(2)COBOL语言

COBOL(COmmon Business Oriented Language,通用事务处理语言)是在美国国防部推动下,由政府机构和工业界联合开发的一种语言,于1960年正式推出,主要用于商业数据处理。COBOL语言曾经使用非常广泛,20世纪70年代近一半的程序是用COBOL语言编写的。当前在商业领域,COBOL语言仍然占有重要席位。

(3) BASIC 语言

BASIC (Beginner's All-purpose Symbolic Instruction Code,初学者的通用符号指令代码)是 1964 年由美国的 John G. Kemeny 和 Thomas E. Kurtz 在 FORTRAN 语言的基础上开发的。由于简单易学,BASIC 语言得到了广泛普及。Microsoft 公司对 BASIC 可谓是一往情深,从早期微型机上内置的 BASIC,到 20 世纪 80 年代产生的第一个编译版本 Quick BASIC,直到目前非常流行的 Visual Basic,一直没有中断过对 BASIC 语言的改进。最新出现的 Visual Basic.NET,是采用 Microsoft 的 .NET 技术的 Visual Basic 语言。

(4) Pascal 语言

Pascal 是由瑞士计算机科学家 Niklaus Wirth 设计的一种语言,1968 年提出后被全世界广泛接受。这个语言的名字是为了纪念著名的法国数学家,也是计算科学的先驱 Blaise Pascal 而起的。由于结构小巧、语法严谨、数据类型丰富,从 20 世纪 70 年代末往后的很长一段时间里,Pascal 成为世界范围的计算机专业教学语言。20 世纪 80 年代,随着 C 语言的流行,Pascal 走向了衰落。目前,在商业上仅有 Borland 公司仍在开发基于 Pascal 语言系统的 Delphi。它使用了面向对象与软件组件的概念,主要用于开发商用软件。

(5) C 与 C++语言

C 语言是由美国贝尔实验室的 Kennet L. Thompson 和 Dennis M. Ritchie 于 1972 年设计开发的,当时主要用于编写 UNIX 操作系统。后来由于其功能丰富、使用灵活、执行速度快、可移植性强,迅速成为最广泛使用的程序设计语言之一。C 语言既可以用来开发系统软件,也可以用来开发应用软件,应用领域很广泛。例如,在中国广泛使用的计算机辅助设计软件 AutoCAD、数学软件系统 Mathematica 等,以及许多语言编译系统本身,其软件系统的全部或部分都是用 C 语言开发的。C 语言已经成为最重要的软件系统开发语言之一。

1980 年,贝尔实验室的 Bjarne Stroustrup 对 C 语言进行了扩充,加入了面向对象的概念,并于 1983 年改名为 C++。目前,C++已经成为应用最广的面向对象程序设计语言。Microsoft 公司的 Visual C++和 Borland 公司的 C++ Builder 是 C++语言最常用的开发工具。利用这些开发工具可以高效率地开发出复杂的 Windows 应用程序。最新出现的 C#语言使用了 C++的语法和语义,是基于 Microsoft 公司推出的新一代软件开发环境 .NET 平台的高级程序设计语言。

(6) Java 语言

Java 是 Sun 公司开发的一种跨平台的网络编程语言,于 1995 年正式发布。其语言风格与 C++接近,但舍弃了 C++中一些不常用或容易被误用的成分,如指针等。Java 语言最主要的特点是,同一个 Java 程序不用重新编译就可以在不同平台的计算机上运行。Java 在网络上的独特优势以及其跨平台的特点,使得它已经成为 Internet 上最受欢迎的编程语言之一。

(7) 网页设计类语言

目前,最常用的三种动态网页设计语言是 ASP(Active Server Pages)、JSP(Java Server Pages)、PHP(Hypertext Preprocessor)。三者都提供在 HTML 代码中混合某种程序代码、由语言引擎解释执行程序代码的能力。ASP 是一个 Web 服务器端的开发环境,利用它可以产生和执行动态的、互动的、高性能的 Web 服务应用程序。ASP 支持 VBScript、JScript 等脚本语言。JSP 是用 Java 作为脚本语言的,并可以在 Servlet 和 JavaBean 的支持下,完成功能强大的站点程序。PHP是一种跨平台的服务器端的嵌入式脚本语言，大量地借用C、Java和Perl语言的语法，并融合自身的特性，使Web开发者能够快速地写出动态生成页面。

高级语言的表示形式近似于自然语言，对各种公式的表示近似于数学公式，而且一条高级语言语句的功能往往相当于十几条甚至几十条汇编语言的指令，程序编写相对简单。因此，在工程计算、数据处理、信息处理等方面，人们常用高级语言来编写程序。

计算机无法识别高级语言编写的程序，需要一种称为编译程序的软件把高级语言写的程序（也称为源程序或源代码）转换为机器语言的代码（称为目标程序），计算机才能执行。

4. 非过程化的程序语言

人们称高级语言是第3代语言，其特点是面向过程。面向过程是指用户在程序中不但要说明解决什么问题，还要告诉计算机如何去解决。

计算机技术的发展要求新一代的计算机语言能够根据用户说明的问题，智能化地去自动寻找解决方案，具有这种功能的语言称为第4代语言。目前第4代语言尚未发展成熟，主要面向基于数据库应用的领域，还不适用于科学计算、高速实时系统和系统软件等的开发。

1.3 C语言简介

1978年，布莱恩·柯林汉（Brian Kernighan）和丹尼斯·里奇（Dennis Ritchie）制作了C的第一个公开可用的描述，现在称为K&R标准。

UNIX操作系统、C编译器和几乎所有的UNIX应用程序都是用C语言编写的，C语言现在已经成为一种广泛使用的专业语言。C对现代编程语言有着很大的影响，许多优秀的语言都借鉴于C语言。C语言标准是于1988年由美国国家标准协会（American National Standard Institute，ANSI）制定的。当今最流行的Linux操作系统和关系数据库管理系统（Relational Database Management System，RDBMS）MySQL都是使用C语言编写的。

C语言作为一种计算机程序设计语言，既具有高级语言的特点，又具有汇编语言的特点。它可以作为工作系统设计语言，编写系统应用程序，也可以作为应用程序设计语言，编写不依赖计算机硬件的应用程序。它的应用范围广泛，具备很强的数据处理能力，不仅仅适用于系统软件开发，也适用于应用系统开发。C语言具有以下特点：

1. 简洁紧凑、灵活方便

C语言只有32个关键字，9种控制语句，程序书写形式自由，区分大小写，且把高级语言的基本结构和语句与低级语言的实用性结合起来。C语言可以像汇编语言一样对位、字节和地址进行操作，这三者是计算机最基本的工作单元。

2. 运算符丰富

C语言的运算符包含的范围很广泛，共有34种运算符。C语言把括号、赋值、强制类型转换等都作为运算符处理，从而使C语言的运算类型极其丰富，表达式类型多样化。灵活使用各种运算符可以实现在其他高级语言中难以实现的运算。

3. 数据类型丰富

C语言的数据类型有整型、实型、字符型、数组类型、指针类型、结构体类型、共用体类型等，能用来实现各种复杂的数据结构的运算，并引入了指针概念，使程序效率更高。另外，C语言具有强大的图形功能，支持多种显示器和驱动器，且计算功能、逻辑判断功能强大。

4. 结构式语言

结构式语言的显著特点是代码及数据的分隔化,即程序的各个部分除了必要的信息交流外彼此独立。这种结构化方式可使程序层次清晰,便于使用、维护以及调试。C 语言是以函数形式提供给用户的,这些函数可被方便地调用,并具有多种循环、条件语句控制程序流向,从而使程序完全结构化。

5. 语法限制不太严格,程序设计自由度大

虽然 C 语言也是强类型语言,但它的语法比较灵活,允许程序编写者有较大的自由度。由于 C 语言允许直接访问物理地址,可以直接对硬件进行操作,因此它既具有高级语言的功能,又具有低级语言的许多功能,能够像汇编语言一样对位、字节和地址进行操作,可用来编写系统软件。

6. 生成目标代码质量高,程序执行效率高

C 语言一般只比汇编程序生成的目标代码效率低 10%~20%。

7. 适用范围大,可移植性好

C 语言有一个突出的优点就是适合于多种操作系统,如 DOS、UNIX、Windows98、Windows NT 等,也适用于多种机型。C 语言具有强大的绘图能力,可移植性好,并具备很强的数据处理能力,是适于数值计算的高级语言。

1.4 简单的 C 程序介绍

为了说明 C 语言源程序结构的特点,先看以下几个程序,可从这些例子中了解组成一个 C 源程序的基本部分和书写格式。

【例 1.1】 在屏幕上输出"Hello,C world!"。

```c
#include <stdio.h>
int main()
{
    printf("Hello,C world!\n");
    return 0;
}
```

运行结果:

```
Hello,C world!
```

程序分析:

1) 如何让计算机开口说话,计算机开口说话就是将要说的话显示在显示器屏幕上。本程序的任务是让计算机跟人问好。

2) 此程序的第一行称为 C 语言的编译预处理命令,每一个需要键盘输入数据或屏幕输出数据的程序都需要使用这条命令。stdio.h 是扩展名为 .h 的头文件,h 为 head 之意,std 为 standard 之意,i 为 input 之意,o 为 output 之意。编译预处理命令 #include 可以使头文件在程序中生效,头文件 stdio.h 中包含实现数据输入和输出的 C 函数。

3) 每一个 C 源程序都必须有且只能有一个 main 函数。

4）return 0 表示 main 函数已经被正常地执行完毕，这个 0 是返回给 main 函数的调用者的，用来告知程序执行的结果是否正常。

5）printf( ) 函数的功能是把要输出的内容送到显示器去显示，将需要显示的内容放括号里面，并且使用双引号引起。\n 表示光标移动到下一行。

6）C 语言中用分号表示一个语句结束。

通过上面的学习，了解到如何让计算机"说话"，接下来看看，如何让计算机做数学运算。首先回想一下启蒙之初扳着手指学加法的情景：小红有 3 本书，小明又送给她 1 本，小红一共有几本书？仔细分析一下，得出结果的过程大致分为 5 个步骤：

1）伸出左手 3 个手指，代表小红已有书本数量，记录左手的书本数量；
2）伸出右手 1 个手指，代表小明送出的书本数量，记录右手的书本数量；
3）将左右手的手指数量相加；
4）获得结果；
5）将结果说出来。

如果要让计算机做加法，同样需要以上几个步骤。但在此之前，还要解决一个问题，如何让计算机像人类的大脑一样记住数字的值？这里需要使用计算机的存储空间来记录程序执行过程中的数据，用下面的代码可以完成对上述问题的计算。

【例 1.2】 小红有 3 本书，小明又送给她 1 本，小红一共有几本书？

```
#include <stdio.h>
main()
{
int a,b,c;          //定义了 a,b,c 三个整型变量
a=3;                //用 a 存储小红的书本数量
b=1;                //用 b 存储小明送出的书本数量
c=a+b;              //用 c 存储书本数量的总和
printf("小红一共有%d 本书。\n",c);
return 0;
}
```

运行结果：

小红一共有 4 本书。

程序分析：

1）例 1.1 中未使用任何变量，因此无说明部分。C 语言规定，源程序中所有用到的变量都必须先定义，后使用，否则将会出错。本例中定义了 3 个变量，a、b 分别用来存储两个整数，变量 c 存储 a 与 b 的和，调用 printf 函数在显示器上输出 c 的值。

2）"="为赋值运算符，将对应的整数或表达式的值存入 a、b、c 中。虽然在书写上和数学中的等号相同，但两者的含义在本质上是不同的，赋值运算符的含义是将右侧整数或表达式的值赋给左侧的变量。注意，C 语言中赋值运算符的操作是有方向性的，并无"等号两侧操作数的值相等"之意。

3）"%d"为格式符号，表示按十进制整数的形式输出变量的值，不能写成"printf（"小

红一共有 c 本书。");",这样写显示器上只会显示"小红一共有 c 本书。"。

4) 以上程序语句依次逐行执行,称为顺序结构,和后续学习的选择结构、循环结构并称为 C 语言的三种基本结构。

5) C 语言注释方法有两种:

多行注释:/*注释内容 */

单行注释://注释一行

注释是写给程序员看的,C 语言编译器在编译时,不对注释做任何处理。注释可出现在程序中的任何位置,用来向用户提示或解释程序的意义。

【例1.3】 小红有 10.5 元钱,借给小明 2.7 元,小红还剩多少钱?

```
#include <stdio.h>
float subtract(float x,float y)
{
    float z;
    z = x - y;
    return(z);
}
main()
{
float a,b;
a = 10.5;
b = 2.7;
a = subtract(a,b);
printf("小红还剩%f 元钱\n",a);
return 0;
}
```

运行结果:

小红还剩 7.800000 元钱

程序分析:float 表示定义 a 和 b 为实数型变量,可以存储实数;%f 表示以小数形式输出变量的值。

通过以上三个程序总结 C 源程序的结构特点如下:

1) 一个 C 语言源程序可以由一个或多个源文件组成。

2) 每个源文件可由一个或多个函数组成。C 语言称为函数式语言,C 程序的工作都是由各式各样的函数完成的,函数可分为库函数和用户定义函数两种。库函数是由 C 系统提供的,用户无需定义,也不必在程序中做类型说明,只需在程序前包含有该函数原型的头文件即可在程序中直接调用,如程序用到的 printf 函数。用户定义函数是由用户按需要定义的函数,如 subtract 函数。所有自定义的函数都必须遵循"先定义,后使用"的原则。

3) 一个源程序不论由多少个文件组成,都有一个且只能有一个 main 函数,即主函数。

4) 源程序中可以有预处理命令(include 命令仅为其中的一种),预处理命令通常应放在源文件或源程序的最前面。

5）每一个说明、每一条语句都必须以分号结尾，但预处理命令、函数头和花括号之后不能加分号。

6）标识符、关键字之间必须至少加一个空格以示间隔。若已有明显的间隔符，也可不再加空格来间隔。

从书写清晰，便于阅读、理解、维护的角度出发，在书写 C 程序时应遵循以下规则：

1）一个说明或一条语句占一行。

2）用 {} 括起来的部分通常表示程序的某一层次结构。{} 一般与该结构语句的第一个字母对齐，并单独占一行。

3）低一层次的语句或说明可比高一层次的语句或说明缩进若干格后书写，以便看起来更加清晰，增加程序的可读性。

在编程时应力求遵循这些规则，以养成良好的编程风格。通过这三个简单的 C 程序可以看出，C 程序主要包括预处理指令、主函数、定义变量、对变量进行赋值运算和算术运算、输出运算结果、注释等。

1.5 运行 C 程序的步骤与方法

C 语言本身没有数据输入/输出对应的指令，所有的数据输入/输出都是由库函数完成的。程序员编程时，只需要简单地调用这些标准函数即可，当编译工具把程序员编写的源程序编译成机器语言时，遇到其中的 printf 函数，并不能转换成机器语言。这样编译的程序称为目标程序，以 .obj 为后缀。为了产生真正可以运行的程序，还需要将编译好的目标程序与编程语言提供的库文件中某些函数的指令连接在一起。这个步骤称为链接（Link），只有经过链接的程序才能产生可执行的 .exe 文件。

C 语言的编程步骤如下：

1）上机输入和编辑源程序（.c 文件）；

2）对源程序进行编译（.obj 文件）；

3）进行链接处理（.exe 文件）；

4）运行可执行程序，得到运行结果。

需要说明的是，不同语言编译的方式不同。有的语言是先将所有程序代码一起编译成机器语言，再链接生成可执行文件，如 C 语言、Pascal 语言，这种语言称为编译型语言，最后以可执行的 .exe 文件运行；有的语言则可以边编译边执行，如 BASIC 语言、Java 语言，这种语言称为解释型语言；也有些语言既提供编译运行的方式，也提供解释运行的方式，如 Visual Basic，在调试程序时可以采用解释型，一旦调试完成，则采用编译型，将源程序编译成可执行的 .exe 文件。编译型语言的程序执行速度比解释型语言的程序执行速度快。

1.6 C 语言常见用词

在 C 语言中常见的用词有标识符、关键字、运算符、分隔符、常量、注释符等。

1. 标识符

在程序中使用的变量名、函数名、标号等统称为标识符。除库函数的函数名由系统定义外，其余都由用户自定义。C语言规定，标识符只能是字母（A～Z，a～z）、数字（0～9）、下划线（_）组成的字符串，并且其第一个字符必须是字母或下划线。

以下标识符是合法的：

a、x、x3、BOOK_1、sum5。

以下标识符是非法的：

3s　　　　以数字开头；

s*T　　　 出现非法字符*；

-3x　　　 以减号开头；

bowy-1　　出现非法字符-(减号)。

在使用标识符时还必须注意以下几点：

1）标准C不限制标识符的长度，但它受各种版本的C语言编译系统限制，同时也受到具体机器的限制。例如，在某版本C中规定标识符前八位有效，当两个标识符前八位相同时，则被认为是同一个标识符。

2）在标识符中，大小写是有区别的。例如，BOOK和book是两个不同的标识符。

3）标识符虽然可由程序员随意定义，但标识符是用于标识某个量的符号，因此，命名应尽量有相应的意义，以便于阅读理解，做到"顾名思义"。

2. 关键字

关键字是由C语言规定的具有特定意义的字符串，通常也称为保留字。用户定义的标识符不应与关键字相同。C语言的关键字分为以下几类：

1）类型说明符：用于定义或说明变量、函数或其他数据结构的类型，如前面例题中用到的int、double等。

2）语句定义符：用于表示一个语句的功能，如return就是返回语句的语句定义符。

3）预处理命令字：用于表示一个预处理命令，如前面各例中用到的include。

3. 运算符

C语言中含有相当丰富的运算符。运算符与变量、函数一起组成表达式，表示各种运算功能。运算符由一个或多个字符组成。

4. 分隔符

在C语言中采用的分隔符有逗号和空格两种。逗号主要用在类型说明和函数参数表中分隔各个变量。空格多用于语句各单词之间做间隔符。在关键字、标识符之间必须要有一个及以上的空格做间隔符，否则将会出现语法错误。例如，把"int a;"写成"inta;"，C编译器会把inta当成一个标识符处理，其结果必然出错。

5. 常量

C语言中使用的常量可分为数字常量、字符常量、字符串常量、符号常量、转义字符等多种。

6. 注释符

C语言的注释有多行注释和单行注释，多行注释是以"/*"开头并以"*/"结尾的串，单行注释是以"//"开始的一行。程序编译时，不对注释做任何处理，注释可出现在程序中的任何位置。注释用来向用户提示或解释程序的意义。在调试程序中对暂不使用的语句也可用注释符括起来。

1.7 本章知识点小结

内　　容	概　　述	备　　注
关键字	关键字就是已被 C 语言编辑工具本身使用，不能作为其他用途使用的字	C 语言只有 32 个关键字
控制语句	控制语句即用来对程序流程的选择、循环、转向和返回等进行控制	C 语言有 9 种控制语句
主函数	C 语言中主函数指的是 main 函数，它是所有程序运行的入口	每个源程序有且只有一个主函数，系统总是从该函数开始执行 C 语言程序
字符集	C 语言基本字符集分为源字符集（书写 C 语言源文件所用的字符集）和执行字符集（C 语言程序执行期间解释的字符集）。源字符集包括字母（52 个）、数字（10 个）、格式符（4 个）、特殊字符（29 个）。执行字符集在源字符集的基础上还包括空字符、行末标志符（换行符）、警报符、退格符（BS）和回车符（CR）	C 语言程序中允许出现的字符集是 ASCII 码
注释	注释就是被编译器忽略，仅供修改阅读的说明	注释可以出现在程序中的任何地方
算法	算法（Algorithm）是指解题方案的准确而完整的描述，是一系列解决问题的清晰指令	

1.8 本章常见错误小结

常见错误举例	常见错误描述	错误类型

`#incdlue <stdio.h>`
`intmian()`
`{`
`pritnf("HELLO!");`
`}`
	include, main 和 printf 等关键字的拼写错误	编译错误

`#include <stdio.h>`
`int main()`
`{`
`printf("HELLO!");`
`}`
	程序中所有标点为全角符号	编译错误

`#include <stdio.h>`
`int main()`
`{`
`printf("HELLO!")`
`}`
	程序中每句结束时要有分号	编译错误

（续）

常见错误举例	常见错误描述	错 误 类 型

`#include <stdio.h>`
`int main()`
`{`
`Pritnf("HELLO!");`
`}`
	C语言要区分大小写	编译错误

习 题

1. 简述 C 语言的特点。
2. 构成 C 语言程序的基本单位是什么？它由哪几部分组成？
3. 简述上机调试运行 C 程序的操作步骤。
4. 运行程序写结果。

   (1)
   ```
   main()
   {
   int a1,a2,x;
   a1=100;
   a2=50;
   x=a1*a2;
   printf("x=%d\n",x);
   }
   ```

   (2)
   ```
   main()
   {
   int a1,a2,x;
   a1=10;
   a2=20;
   x=a1/a2;
   printf("a1=%d,a2=%d\n",a1,a2);
   printf("x=%d\n",x);
   }
   ```

5. 编程在屏幕上输出三行信息：本人所在省市名称、身份证号和姓名。

第 2 章
顺序结构程序设计

2.1 算法与程序

算法是解决问题的步骤，程序是算法的代码实现。算法要依靠程序来完成功能，程序需要算法作为灵魂。程序是结果，算法是手段。算法是程序设计的核心，一个好的算法可以降低程序运行的时间复杂度和空间复杂度。

算法和程序都是指令的有限序列，但是程序是算法，而算法不一定是程序。

1）在语言描述上，程序必须是用规定的程序设计语言来写，而算法很随意。

2）在执行时间上，算法所描述的步骤一定是有限的，而程序可以无限地执行下去。

算法具有以下四个主要特点：

1）有穷性（步骤是有限的）；

2）确定性（每个步骤有确切的含义）；

3）可行性（每个步骤是可行的）；

4）有 0 个或多个输入和一个或多个输出。

计算机算法可分为两大类别：数值运算算法和非数值运算算法。数值运算的目的就是求数值解，如求方程的解。非数值运算涉及的范围非常广，最常见的是用于事务管理领域，例如图书检索。目前，计算机在非数值运算方面的应用远远超过了在数值运算方面的应用。

算法的描述方法有三种：自然语言描述、流程图描述和程序语言描述。

例如，请用自然语言和流程图描述求 1 + 2 + 3 + 4 + 5 和的算法。

1）用自然语言描述如下：

S1：使 t = 1。

S2：使 i = 2。

S3：使 t + i，和仍然存放在变量 t 中，可表示为 t + i→t。

S4：使 i 的值 + 1，即 i + 1→i。

S5：如果 i≤5，返回重新执行步骤 S3 以及其后的 S4 和 S5；否则，算法结束。

如果计算累加到 100，只需将 S5 中的 i≤5 改成 i≤100 即可。

2）用流程图描述如下：

用流程图表示算法直观形象，易于理解。一个流程图包括表示相应操作的框、带箭头的流程线、框内外必要的文字说明，如图 2-1 所示。

求 1 + 2 + 3 + 4 + 5 和的算法流程图如图 2-2 所示。

程序是算法的代码实现，实现此算法的 C 程序将在第 4 章循环结构中讲解。

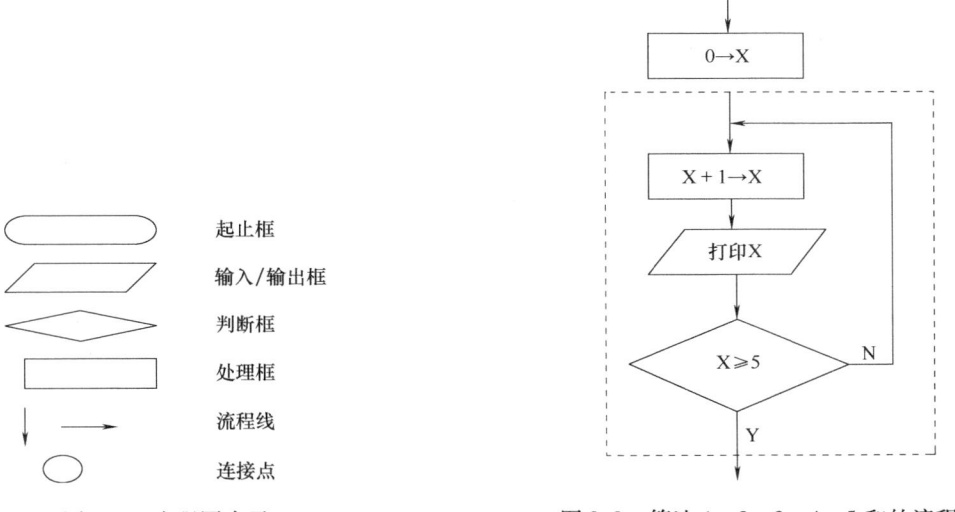

图 2-1 流程图表示

图 2-2 算法 1+2+3+4+5 和的流程图

结构化程序设计的概念最早由荷兰科学家 E. W. Dijkstra 在 1966 年提出：任何程序都基于顺序、选择、循环三种基本的控制结构，并且程序具有模块化特征，每个程序模块具有唯一的入口和出口。三种基本结构的流程图如图 2-3 所示。

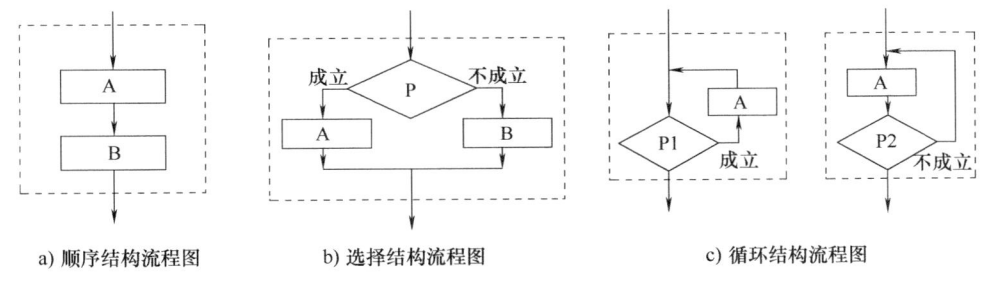

a) 顺序结构流程图　　b) 选择结构流程图　　c) 循环结构流程图

图 2-3 三种基本结构的流程图

三种基本结构的共同特点：只有一个入口，一个出口；结构内的每一部分都有机会被执行到；结构内不存在"死循环"。

下面对 C 程序中最基本的成分做必要的介绍。

2.2 常量和变量

C 语言处理的数据有**常量**和**变量**两种形式。

2.2.1 常量

常量是指在程序中不能改变其值的量。以我们每个人为例，大家都有很多值为常量的属性，如身份证号、出生地、出生日期等，每个人的这些属性一旦产生，就不再改变了。常量主要包括以下几种类型：

1. 整型常量

整型常量包括正、负整数和零，有长整型、短整型、有符号和无符号之分。例如，0、67、-2、123L、123u、022、0x。

2. 实型常量

实型常量也可以称为浮点型常量，有十进制小数和指数两种表现形式，有单精度、双精度和长双精度之分。

1）十进制小数形式：由数码 0~9 和小数点组成。例如，0.0、25.0、5.789、0.13、5.0、300.、-267.8230 等均为合法的实数。注意，必须有小数点。

2）指数形式：由十进制数加阶码标志"e"或"E"以及阶码只能为整数，可以带符号组成。其一般形式为 aEn（a 为十进制数，n 为十进制整数），其值为 $a \times 10^n$。如：2.1E5（等于 2.1×10^5）、3.7E-2（等于 3.7×10^{-2}）、0.5E7（等于 0.5×10^7）、-2.8E-2（等于 -2.8×10^{-2}）。

单精度型占 4 个字节（32 位）内存空间，其数值范围为 3.4E-38~3.4E+38，只提供 7 位有效数字。双精度型占 8 个字节（64 位）内存空间，其数值范围为 1.7E-308~1.7E+308，可提供 16 位有效数字。

3. 字符型常量

（1）普通字符

在计算机内部，每一个二进制位（bit）有 0 和 1 两种状态，因此 8 个二进制位就可以组合出 256 种状态，这称为一个字节（byte）。也就是说，一个字节一共可以用来表示 256 种不同的状态，每一种状态对应一个符号，就是 256 个符号，从 0000000 到 11111111。

20 世纪 60 年代，美国制定了一套字符编码，对英语字符与二进制位之间的关系做了统一规定。这称为 ASCII 码，一直沿用至今。ASCII 码一共规定了 128 个字符的编码，见附录 C 常用字符与 ASCII 码对照表。

普通字符具有的特性：当从键盘上输入这个字符时，显示器上就可以显示这个字符，即输入什么就显示什么。这类字符称为可显示字符，是用一对单引号括起来的任意字符，如'z'、'3'、'$'。

（2）转义字符

另一类字符却没有上述特性，它们或者在键盘上找不到对应的一个键，或者当按键以后不能显示键面上的字符，为了解决这一问题，在 C 语言中引入了转义字符，见表 2-1。

表 2-1 常用的转义字符及其含义

转义字符	转义字符的意义	ASCII 代码
\n	回车换行	10
\t	横向跳到下一制表位置	9
\b	退格	8
\r	回车	13
\f	走纸换页	12
\\	反斜线符 "\"	92
\'	单引号符	39

（续）

转 义 字 符	转义字符的意义	ASCII 代码
\"	双引号符	34
\a	鸣铃	7
\ddd	1~3 位八进制数所代表的字符	
\xhh	1~2 位十六进制数所代表的字符	

ASCII 表中的数字 0~31 分配给了控制字符，用于控制像打印机等一些外围设备。例如，"\n" 代表换行功能，将当前位置移到下一行开头。

4. 字符串常量

字符串常量是用一对双引号括起来的零个或多个字符，如"UKM"、"1"、"5a" 等。

5. 符号常量

在 C 语言中，可以用一个标识符来表示一个常量，称为符号常量。符号常量在使用之前必须先定义，其一般形式为：

#define   标识符   常量

其中#define 也是一条预处理命令（预处理命令都以"#"开头），称为宏定义命令，其功能是把标识符定义为其后的常量值。一经定义，以后在程序中所有出现该标识符的地方均以该常量值代替。习惯上，符号常量的标识符使用大写字母定义，变量的标识符使用小写字母定义，以示区别。在程序编译时，分成两个步骤：

1）预编译。对所用预编译命令进行处理。例如，根据#define 命令，在预编译时，同样也对#include 命令进行处理，把 stdio. h 头文件的内容调出来，放在#include 命令的位置，取代#include 命令。

2）编译。得到目标文件，后缀为. obj。

【例 2.1】 符号常量的使用。

```
#include <stdio.h>
# define PI 3.14
int main()
{   double s,v,r,h;
    r=5.6;
    h=12;
    s=PI*r*r;
    v=PI*r*r/3;
    printf("s=%f,v=%f\n",s,v);
}
```

运行结果：

s=98.470400,v=32.823467

程序分析：

1）程序的第 2 行是用#define 命令定义一个符号常量 PI，使 PI 代表 3.14 即圆周率。

#define 不是 C 语句，所以该行的末尾没有分号。

2）不要把符号常量与变量混淆。符号常量只是一个符号，不占存储单元，它只是简单地进行字符置换，对程序中出现的所有 PI 都用 3.14 代替。不论置换的字符是否有含义都进行置换。

3）使用符号常量的好处是含义清楚，能做到一改全改。若将"#define PI 3.14"中的 3.14 修改成 3.1415926，则 main( ) 函数中所有出现 PI 的地方将引用新的数值。

2.2.2 变量

变量不同于常量，其值在程序执行过程中是可以改变的。在 C 程序中，变量必须先定义再使用。在定义变量时，需要声明变量的类型和变量名。

定义变量的一般形式为：

  类型关键字 变量名

关键字是 C 语言预先规定的、具有特定含义的单词，类型关键字用于声明变量的类型，如 int、float 都是类型关键字。变量的类型决定了编译器为其分配内存单元的字节数、数据在内存单元中的存放形式、该类型合法的取值范围以及该类型变量可以参与的运算种类。

在程序中使用的变量名、函数名、标号等统称为**标识符**。除库函数的函数名由系统定义外，其余都由用户自定义。变量名是用户定义的标识符，用于表示内存中一个具体的存储单元，在这个存储单元中存放的数据称为变量的值。在计算机内存中，变量好比一个盒子，程序员负责为这个盒子命名，变量的值就是放在盒子中的数据，当新的数据被放入时，盒子中原有的数据值就会被覆盖。

变量名的命名需要遵守 C 语言的命名规则：

1）标识符只能是字母（A～Z，a～z）、数字（0～9）、下划线（_）组成的字符串，并且其第一个字符必须是字母或下划线。

2）标准 C 不限制标识符的长度，但它受各种版本的 C 语言编译系统限制，同时也受到具体机器的限制。例如，在某版本 C 中规定标识符前八位有效，当两个标识符前八位相同时，则被认为是同一个标识符。

3）在标识符中，大小写是有区别的。例如，BOOK 和 book 是两个不同的标识符。

4）标识符虽然可由程序员随意定义，但标识符是用于标识某个量的符号，因此，命名应尽量有相应的意义，以便于阅读理解，做到"顾名思义"。

【例 2.2】 向字符变量赋以整数值。

```c
#include <stdio.h>
main()
{
  char a,b;
  a=120;
  b=121;
  printf("%c,%c\n",a,b);
  printf("%d,%d\n",a,b);
```

```
    return 0;
}
```
运行结果:
```
x,y
120,121
```

程序分析:

1) 每个字符变量被分配一个字节的内存空间,因此只能存放一个字符。字符值是以 ASCII 码的形式存放在变量的内存单元中的。实际上是在 a、b 两个单元内存放 120 和 121 的二进制代码,如图 2-4 所示。

2) C 语言允许对整型变量赋以字符值,也允许对字符变量赋以整型值。在输出时,允许把字符变量按整型数据的格式输出,也允许把整型数据按字符格式输出。

3) 本程序中 char 定义变量 a、b 为字符型,在赋值语句中赋以整型值,a、b 为变量名,用户可根据需要自行定义,但一定要满足 C 语言关于标识符的要求。

| a: | 0 | 1 | 1 | 1 | 1 | 0 | 0 | 0 |
| b: | 0 | 1 | 1 | 1 | 1 | 0 | 0 | 1 |

图 2-4 字符变量 a、b 的内存单元

4) 从结果看,a、b 值的输出形式取决于 printf 函数格式串中的格式符。当格式符为 "%c" 时,对应输出的变量值为字符;当格式符为 "%d" 时,对应输出的变量值为整数。

2.3 数据类型

2.3.1 数据类型的分类

在前面的学习中已经了解了如何定义一个变量,并将它们和一个具体的数据类型联系起来。在 C 语言中引入数据类型的主要目的是便于程序中对数据按不同方式和要求进行处理。不同类型的数据在内存中占用不同大小的存储单元,所能表示的数据取值范围也各不相同。不同类型数据的表现形式以及可参与运算的种类也不同。C 语言中数据类型分类见表 2-2 所示。

表 2-2 数据类型分类表

数据类型			关 键 字	定 义 实 例
基本类型	整型	基本整型	int	int a;
		长整型	long	long int a;或 long a;
		短整型	short	short int a;或 short a;
		无符号整型	unsigned	unsigned int a; unsigned long a; unsigned short a;
	实型 (浮点型)	单精度实型	float	float a;
		双精度实型	double	double a;
		长双精度实型	long double	long double a;

(续)

数据类型		关键字	定义实例
基本类型	字符型	char	char a;
	枚举类型	enum	enum response{on,yes,none}; enum response answer;
构造类型	数组	[ ]	int score[10]; char name[20];
	指针类型	*	int*ptr; char*pStr;

	结构体	struct	struct date{
			int year;int month;
			};
			struct date a;

	共用体	union	union {int single; char spouseName[20]; struct date divorcedDay; }married;
空类型		viod	不能定义 void 类型的变量 可以定义 void *类型的指针变量

2.3.2 数据类型所占内存空间的大小

计算机所处理的数据信息是以二进制数编码表示的,其二进制数字"0"和"1"是构成信息的最小单位,称作"位"或比特(bit)。

计算机中,由若干个位组成一个"字节(byte)"。字节由多少个位组成,取决于计算机的自身结构。通常,微型计算机的 CPU 多用 8 位组成一个字节,用以表示一个字符的代码。构成一个字节的 8 个位被看作一个整体。字节是电子计算机存储信息的基本单位。

计算机一个内存储器包括多少个字节数,就是这个内存储器的容量,一般采用 KB(千字节)为单位来表示,1KB 等于 1024 个字节。对容量大的计算机,也常用 MB(兆字节)或 GB 作为单位表示存储器容量,具体换算方式见表 2-3。

表 2-3 内存空间大小的表示单位

英文名称	中文名称	换算方式
bit	比特(位)	
Byte(B)	字节	1B = 8bit
Kilobyte(KB)	千字节	IKB = 1024B
Megabyte(MB)	兆字节	1MB = 1024KB

(续)

英文名称	中文名称	换算方式
Gigabyte（GB）	吉字节	1GB = 1024MB
Terabyte（TB）	太字节	1TB = 1024GB

内存中的存储单元是一个线性地址表，按照字节进行编址，每个字节的存储单元都对应着一个唯一的地址。在定义变量时，需要声明变量的类型和变量名，取名字是为系统内存中用于保存数据的某块存储单元取名字，指定变量的类型是告诉编译器应该在内存中为变量名分配多大的存储单元，用来存放相应变量的值（变量值），而变量名仅仅是存储单元的别名，供变量使用的最小存储单元是字节（byte）。由此可见，每个变量都占据一个特定的位置，每个存储单元的位置都由"地址"唯一确定并引用，就像一条街道上的房子由它们的门牌号码标识一样。读一个变量，即从变量中取值就是通过变量名找到相应的存储地址，然后读取该存储单元中的值，而写一个变量就是将变量的值存放到与之相应的存储地址中去。

C 标准并未规定各种不同的类型数据在内存中所占的字节数，同类型的数据在不同的编译器和计算机系统中所占用的字节数也不尽相同。想要准确计算某种类型数据所占内存空间的字节数，需要使用 sizeof 运算符，可以避免程序在平台间移植时出现数据丢失或溢出问题。sizeof 是 C 语言的一种单目运算符，作用就是返回一个变量或者类型所占的内存字节数。sizeof 的使用方法有两种：

1）用于数据类型，数据类型必须用括号括住，如 sizeof（int）。
2）用于变量，变量名可以不用括号括住，但带括号的用法更普遍。

【例 2.3】 在 VC6 中输出各种数据类型的字节长度。

```
#include <stdio.h>
main()
{
    char a; int b; short c; long d; float e; double f;
    printf("sizeof用于数据类型:\n");
    printf("char            %d\n",sizeof(char));
    printf("int             %d\n",sizeof(int));
    printf("short int       %d\n",sizeof(short));
    printf("long int        %d\n",sizeof(long));
    printf("float           %d\n",sizeof(float));
    printf("double          %d\n",sizeof(double));
    printf("sizeof用于变量:\n");
    printf("a               %d\n",sizeof(a));
    printf("b               %d\n",sizeof(b));
    printf("c               %d\n",sizeof(c));
    printf("d               %d\n",sizeof(d));
    printf("e               %d\n",sizeof(e));
    printf("f               %d\n",sizeof(f));
    return 0;
}
```

运行结果:
```
sizeof 用于数据类型:
char         1
int          4
short int    2
long int     4
float        4
double       8
sizeof 用于变量:
a            1
b            4
c            2
d            4
e            4
f            8
```

表 2-4 列出了 VC6 中常用基本类型变量所占的内存字节数及取值范围。

表 2-4　VC6 中常用基本类型变量所占的内存字节数及取值范围

类 型 名 称	字 节 数	取 值 范 围
char signed char	1	$-128 \sim +127$
unsigned char	1	$0 \sim 255$
short int signed short int	2	$-32768 \sim +32767$
unsigned short int	2	$0 \sim 65535$
int signed int	4	$-2147438648 \sim +2147438647$
unsigned int	4	$0 \sim 4294967295$
long int signed long int	4	$-2147438648 \sim +2147438647$
unsigned long int	4	$0 \sim 4294967295$
float	4	$-3.4 \times 10^{-38} \sim -3.4 \times 10^{38}$
double	8	$-1.7 \times 10^{-308} \sim 1.7 \times 10^{308}$

【例 2.4】 单精度和双精度浮点型的有效位。

```
#include<stdio.h>
main()
{
```

```
        float a;
        double b;
        a = 33333.33333;
        b = 33333.33333333333333;
        printf("%f\n%f\n",a,b);
        return 0;
    }
```

运行结果：

```
33333.332031
33333.333333
```

程序分析：a 是单精度浮点型，有效位只有 7 位，而整数已占 5 位，故小数 2 位之后均为无效数字。b 是双精度浮点型，有效位为 16 位。

C 语言中，对于浮点型的数据采用单精度类型（float）和双精度类型（double）来存储，float 数据占用 4 个字节，double 数据占用 8 个字节。无论是 float 还是 double，在内存中存储主要分为 3 部分：符号位、指数位、有效数字位。float 由 1 个符号位、8 位指数位和 23 位有效数字位组成。double 由 1 个符号位、11 位指数位和 52 位有效数字位组成。

2.3.3 运算符和表达式

丰富的运算符和表达式使 C 语言功能十分完善。C 语言的运算符不仅具有不同的优先级，而且还有一个特点，就是它的结合性。在表达式中，各运算量参与运算的先后顺序不仅要遵守运算符优先级别的规定，还要受运算符结合性的制约，以便确定是自左向右进行运算还是自右向左进行运算。

1. C 运算符简介

C 语言的运算符可分为以下几类：

1）算术运算符：用于各类数值运算，包括取相反数（-）、加（+）、减（-）、乘（*）、除（/）、求余（或称模运算,%）、自增（++）、自减（--）共八种。

2）关系运算符：用于比较运算，包括大于（>）、小于（<）、等于（==）、大于等于（>=）、小于等于（<=）和不等于（!=）六种。

3）逻辑运算符：用于逻辑运算，包括与（&&）、或（||）、非（!）三种。

4）位操作运算符：参与运算的量按二进制位进行运算，包括位与（&）、位或（|）、位非（~）、位异或（^）、左移（<<）、右移（>>）六种。

5）赋值运算符：用于赋值运算，分为简单赋值（=）、复合算术赋值（+=、-=、*=、/=、%=）和复合位运算赋值（&=、|=、^=、>>=、<<=）三类共十一种。

6）条件运算符：这是一个三目运算符，用于条件求值（?:）。

7）逗号运算符：用于把若干表达式组合成一个表达式（,）。

8）指针运算符：用于取内容（*）和取地址（&）两种运算。

9）求字节数运算符：用于计算数据类型所占的字节数（sizeof）。

10）特殊运算符：有括号()、下标[ ]、成员（→、·）等几种。

2. 算术运算符和算术表达式

最常用的算术运算符见表2-5。

表2-5 算数运算符的优先级与结合性

运算符	含义	需要的操作数个数	运算实例	运算结果	优先级	结合性
-	取相反数	1个（单目）	-1 -(-1)	-1 1	最高	从右向左
* / %	乘法 除法 求余	2个（双目）	3*4 4/3 11%5	12 1 1	较低	从左向右
+ -	加法 减法	2个（双目）	4+1 4-2	5 2	最低	从左向右
++ --	自增 自减	1个（单目） 1个（单目）	i++或++i i--或--i	将i的值加1 将i的值减1	较高	从右向左

表达式是由常量、变量、函数和运算符组合起来的式子。一个表达式有一个值及其类型，它们等于计算表达式所得结果的值和类型。表达式求值按运算符的优先级和结合性规定的顺序进行。单个的常量、变量、函数可以看作是表达式的特例。

算术表达式：用算术运算符和括号将运算对象（也称操作数）连接起来的符合C语法规则的式子。

以下是算术表达式的例子：

```
a+b
(a*2)/c
(x+r)*8-(a+b)/7
++I
sin(x)+sin(y)
(++i)-(j++)+(k--)
```

运算符的优先级：C语言中，运算符的运算优先级共分为15级，1级最高，15级最低。在表达式中，优先级较高的先于优先级较低的进行运算。而在一个运算量两侧的运算符优先级相同时，则按运算符的结合性所规定的结合方向处理。

运算符的结合性：C语言中各运算符的结合性分为两种，即左结合性（自左至右）和右结合性（自右至左）。例如，算术运算符的结合性是自左至右，即先左后右。如有表达式x-y+z则y应先与"-"号结合，执行x-y运算，然后再执行+z的运算。这种自左至右的结合方向就称为"左结合性"，而自右至左的结合方向称为"右结合性"。最典型的右结合性运算符是赋值运算符，如x=y=z，由于"="的右结合性，应先执行y=z再执行x=(y=z)运算。C语言运算符中有不少为右结合性，应注意区别，以避免理解错误。

自增1、自减1运算符：自增1运算符记为"++"，其功能是使变量的值自增1。自减1运算符记为"--"，其功能是使变量的值自减1。自增1、自减1运算符均为单目运算，都具有右结合性。可有以下几种形式：

++i　　i自增1后再参他其他运算；
--i　　i自减1后再参与其他运算；
i++　　i参与运算后，i的值再自增1；
i--　　i参与运算后，i的值再自减1。

在理解和使用上容易出错的是i++和++i，特别是当它们出在较复杂的表达式或语句中时，常常难以弄清，因此应仔细分析。例如，设有变量定义语句如下：

```
int i=8;
```

则分别执行下面两条语句：

```
m=i++;
m=++i;
```

后，虽然变量i的值都进行了加1的操作，但变量m的值却是不同的。前者先用i的当前值作为表达式的值8赋给了变量m，再进行自增1运算；而后者是先完成变量的自增1运算，再用i的值9作为表达式的值赋给变量m。

同理，分别执行下面两条语句：

```
printf("%d\n",i++);
printf("%d\n",++i);
```

后，虽然变量i的值都进行了加1的操作，但二者输出的结果却是不同的，前者输出8，而后者输出9。

分别执行下面两条语句后，i的结果值是相同的。

```
i++;
++i;
```

3. 赋值运算符和赋值表达式

简单赋值运算符记为"="。由"="连接的式子称为赋值表达式。其一般形式为：

变量=表达式

例如：

```
x=a+b
w=sin(a)+sin(b)
y=i+++--j
```

赋值表达式的功能是计算表达式的值再赋予左边的变量。赋值运算符具有右结合性，因此

a=b=c=5

可理解为

a=(b=(c=5))

在其他高级语言中，赋值构成了一个语句，称为赋值语句。而在 C 中，把 "=" 定义为运算符，从而组成赋值表达式。凡是表达式可以出现的地方均可出现赋值表达式。

例如，表达式 x=(a=5)+(b=8) 是合法的。它的意义是把 5 赋予 a，8 赋予 b，再把 a、b 相加，和赋予 x，故 x 应等于 13。

按照 C 语言规定，任何表达式在其末尾加上分号就构成为语句。因此如

  x=8;a=b=c=5;

都是赋值语句，在前面各例中已大量使用过了。

如果赋值运算符两边的数据类型不相同，系统将自动进行类型转换，即把赋值号右边的类型换成左边的类型。具体规定如下：

1) 实型赋予整型，舍去小数部分。

2) 整型赋予实型，数值不变，但将以浮点形式存放，即增加小数部分（小数部分的值为 0）。

3) 字符型赋予整型，由于字符型为 1 个字节，而整型为 4 个字节，故将字符的 ASCII 码值放到整型量的第 1 个字节中，其余 3 个字节为 0。整型赋予字符型，只把第 1 个字节赋予字符变量。

在赋值符 "=" 之前加上其他二目运算符可构成复合赋值符，如 +=、-=、*=、/=、%=、<<=、>>=、&=、^=、|=。构成复合赋值表达式的一般形式为：

  变量　双目运算符＝表达式

它等效于：

  变量＝变量　运算符　表达式

例如：

  a+=5　　　等价于 a=a+5
  x*=y+7　　等价于 x=x*(y+7)
  r%=p　　　等价于 r=r%p

复合赋值符这种写法，对初学者可能不习惯，但十分有利于编译处理，能提高编译效率并产生质量较高的目标代码。

4. 逗号运算符和逗号表达式

在 C 语言中逗号 ","也是一种运算符，称为逗号运算符。其功能是把两个表达式连接起来组成一个表达式，称为逗号表达式。其一般形式为：

  表达式 1,表达式 2

其求值过程是分别求两个表达式的值，并以表达式 2 的值作为整个逗号表达式的值。对于逗号表达式还要说明两点：

1) 逗号表达式一般形式中的表达式 1 和表达式 2 也可以又是逗号表达式。例如：

  表达式 1,(表达式 2,表达式 3)

形成了嵌套情形。因此可以把逗号表达式扩展为以下形式：

表达式1,表达式2,…,表达式n

整个逗号表达式的值等于表达式n的值。

2）程序中使用逗号表达式，通常是要分别求逗号表达式内各表达式的值，并不一定要求整个逗号表达式的值。并不是在所有出现逗号的地方都组成逗号表达式，如在变量说明中，函数参数表中逗号只是用作各变量之间的间隔符。例如，有变量定义如下：

```
int a = 2,b = 4,c = 6,x,y;
```

则分别执行下面两条语句

```
y = (x = a + b),(b + c);
y = ((x = a + b),(b + c));
```

后，前者x的值是6，y的值是6，后者x的值是6，y的值是10，因为逗号运算符的优先级最低，比赋值运算符还要低。

2.3.4 数据类型之间的转换

变量的数据类型是可以转换的。转换的方法有两种，一种是自动转换，一种是强制转换。自动转换发生在不同数据类型的量混合运算时，由编译系统自动完成。自动转换遵循以下规则：

1）若参与运算量的类型不同，则先转换成同一类型，再进行运算。

2）转换按数据长度增加的方向进行，以保证精度不降低，例如，int型和long型运算时，先把int量转成long型后再进行运算。

3）所有的浮点运算都是以双精度进行的，即使仅含float单精度量运算的表达式，也要先转换成double型，再做运算。

4）char型和short型参与运算时，必须先转换成int型。

5）在赋值运算中，赋值号两边量的数据类型不同时，赋值号右边量的类型将转换为左边量的类型。如果右边量的数据类型长度比左边长时，将丢失一部分数据，这样会降低精度，丢失的部分按四舍五入向前舍入。

强制类型转换是通过类型转换运算来实现的。其一般形式为：

```
(类型说明符)  (表达式)
```

其功能是把表达式的运算结果强制转换成类型说明符所表示的类型。例如：

```
(float)a        把a转换为实型
(int)(x + y)    把x + y的结果转换为整型
```

在使用强制转换时应注意以下问题：

1）类型说明符和表达式都必须加括号（单个变量可以不加括号），如把（int）(x+y)写成（int）x+y则成了把x转换成int型之后再与y相加了。

2）无论是强制转换还是自动转换，都只是为了本次运算的需要而对变量的数据长度进行的临时性转换，而不改变数据说明时对该变量定义的类型。

2.4 C 语句

2.4.1 C 语句的作用和分类

C 程序的执行部分是由语句组成的。程序的功能也是由执行语句实现的。

C 语句可分为以下五类：

1. 表达式语句

表达式语句由表达式加上分号";"组成。其一般形式为：

> 表达式;

执行表达式语句就是计算表达式的值。例如：

```
x = y + z;        //赋值语句
y + z;            //加法运算语句,但计算结果不能保留,无实际意义
i ++;             //自增1语句,i 值增1
```

2. 函数调用语句

函数调用语句由函数名、实际参数加上分号";"组成。其一般形式为：

> 函数名(实际参数表);

执行函数语句就是调用函数体并把实际参数赋予函数定义中的形式参数，然后执行被调函数体中的语句，求取函数值（在后面函数中再详细介绍）。例如：

```
printf("C Program");//调用库函数,输出字符串
```

3. 控制语句

控制语句用于控制程序的流程，以实现程序的各种结构方式。它们由特定的语句定义符组成。C 语言有九种控制语句，可分成以下三类：

1）条件判断语句：if 语句、switch 语句；
2）循环执行语句：do while 语句、while 语句、for 语句；
3）转向语句：break 语句、goto 语句、continue 语句、return 语句。

4. 复合语句

把多个语句用括号 {} 括起来组成的一个语句称为复合语句。在程序中应把复合语句看成是单条语句，而不是多条语句。例如：

```
{x = y + z;
 a = b + c;
 printf("%d%d",x,a);
}
```

是一条复合语句。复合语句内的各条语句都必须以分号";"结尾，在括号"}"外不能加分号。

5. 空语句

只有分号";"组成的语句称为空语句。空语句是什么也不执行的语句。在程序中空语句可用来作空循环体。例如：

```
while(getchar()! ='\n')
    ;
```

注意";"的位置，本语句的功能是，只要从键盘输入的字符不是回车则重新输入。这里的循环体为空语句。

2.4.2 赋值语句

赋值语句是由赋值表达式再加上分号构成的表达式语句。其一般形式为：

变量=表达式；

赋值语句的功能和特点都与赋值表达式相同，是程序中使用最多的语句之一。

在赋值语句的使用中需要注意以下几点：

1）由于在赋值符"="右边的表达式也可以又是一个赋值表达式，因此，下述形式：

变量=(变量=表达式)；

是成立的，从而形成嵌套的情形。其展开之后的一般形式为：

变量=变量=…=表达式；

例如：

a=b=c=d=e=5；

按照赋值运算符的右结合性，实际上等效于：

```
e=5;
d=e;
c=d;
b=c;
a=b;
```

2）注意在变量说明中给变量赋初值和赋值语句的区别。给变量赋初值是变量说明的一部分，赋初值后的变量与其后的其他同类变量之间仍必须用逗号间隔，而赋值语句则必须用分号结尾。例如：

int a=5,b,c;

3）在变量说明中，不允许连续给多个变量赋初值。如下述说明是错误的：

int a=b=c=5;

必须写为：

int a=5,b=5,c=5;

而赋值语句允许连续赋值。

4）注意赋值表达式和赋值语句的区别。赋值表达式是一种表达式，它可以出现在任何允许表达式出现的地方，而赋值语句则不能。下述语句是合法的：

```
if((x = y + 5) > 0) z = x;
```

该语句的功能是，若表达式 x = y + 5 大于 0 则 z = x。

下述语句是非法的：

```
if((x = y + 5;) > 0) z = x;
```

因为"x = y + 5;"是语句，不能出现在表达式中。

2.5 数据的输入/输出

所谓输入/输出是以计算机为主体而言的。本章介绍的是向标准输出设备显示器输出数据的语句。在 C 语言中，所有的数据输入/输出都是由库函数完成的，因此都是函数语句。在使用 C 语言库函数时，要用预编译命令"#include"将有关头文件包含到源文件中。使用标准输入/输出库函数时要用到"stdio.h"文件，因此源文件开头应有以下预编译命令：

```
#include <stdio.h>
```
或
```
#include "stdio.h"
```

stdio 是 standard input & outupt 的意思。考虑到 printf 和 scanf 函数使用频繁，系统允许在使用这两个函数时可不加包含头文件 stdio.h 的预处理命令。

2.5.1 字符数据的输入/输出

1. putchar 函数（字符输出函数）

putchar 函数是字符输出函数，其功能是在显示器上输出单个字符。其一般调用形式为：

```
putchar(字符变量);
```

例如：

```
putchar('A');        //输出大写字母 A
putchar(x);          //输出字符变量 x 的值
putchar('\101');     //也是输出字符 A
putchar('\n');       //换行
```

对控制字符则执行控制功能，不在屏幕上显示。

2. getchar 函数（键盘输入函数）

getchar 函数的功能是从键盘上输入一个字符。其一般调用形式为：

```
getchar();
```

通常把输入的字符赋予一个字符变量，构成赋值语句。例如：

```
char c;
c = getchar();
```

【例 2.5】 从键盘输入一个小写字母,将其转化为相应的大写字母输出。

```
#include <stdio.h>
int main()
{
  char c;
  printf("input a character:");
  c = getchar();
  c = c - 32;
  putchar(c);
}
```

运行结果:

```
input a character:a
A
```

程序分析:

1) getchar 函数只能接受单个字符,输入数字也按字符处理。输入多于一个字符时,只接收第一个字符。

2) 在 VC 屏幕下运行含本函数的程序时,将退出 VC 屏幕进入用户屏幕等待用户输入,输入完毕再返回 VC 屏幕。

3) 程序最后两行可用下面两行的任意一行代替:

```
putchar(getchar());
printf("%c",getchar());
```

2.5.2 格式输入/输出

1. printf 函数(格式输出函数)

printf 函数是一个标准库函数,它的函数原型在头文件"stdio.h"中。printf 函数调用的一般形式为:

printf(格式控制字符串,输出表列);

其中,格式控制字符串用于指定输出格式。格式控制字符串可由格式字符串和非格式字符串两种组成。格式字符串是以%开头的字符串,在%后面跟有各种格式字符,以说明输出数据的类型、形式、长度、小数位数等。例如,"%d"表示按十进制整型输出;"%ld"表示按十进制长整型输出;"%c"表示按字符型输出。非格式字符串在输出时原样输出,在显示中起提示作用。输出表列中给出了各个输出项,要求格式字符串和各输出项在数量和类型上一一对应。可以把格式符理解成对数据的包装,让数据按用户要求的样式出现在显示器上,并不改变数据本身的值。函数 printf() 的格式字符见表 2-6。

表 2-6 函数 printf( ) 的格式字符

格 式 字 符	意 义
%d	以十进制形式输出带符号整数，正数的符号省略
%o	以八进制形式输出无符号整数，不输出前缀 0
%x,%X	以十六进制形式输出无符号整数，不输出前缀 0x
%u	以十进制形式输出无符号整数
%f	以小数形式输出单、双精度实数
%e,%E	以指数形式输出单、双精度实数
%g,%G	以%f 或%e 中较短的输出宽度输出单、双精度实数，且不输出无意义的 0
%c	输出单个字符
%s	输出字符串

在函数 printf( ) 的格式说明中，还可以在%和格式符之间插入如表 2-7 所示的格式修饰符，用于对输出格式进行微调，如指定输出数据域宽、显示精度、左对齐等。

表 2-7 函数 printf( ) 的格式修饰符

格式修饰符	用 法
l	修饰格式字符时，用于 d、o、x、u 输出 long 型数据
h	修饰格式字符时，用于 d、o、x 输出 short 型数据
−	结果左对齐，右边填空格
+	输出符号（正号或负号）
m	m 指域宽。若实际位数多于定义的宽度，则按实际位数输出；若实际位数少于定义的宽度，则补以空格或 0
.n	n 指精度。对于浮点数，指定输出的浮点数的小数的位数；对于字符串，指定从字符串左侧开始截取的子字符个数

使用 printf 函数时还要注意一个问题，那就是输出表列中的求值顺序。不同的编译系统不一定相同，可以从左到右，也可从右到左。VC 是按从右到左进行的。

2. scanf 函数（格式输入函数）

scanf 函数称为格式输入函数，即按用户指定的格式从键盘上把数据输入到指定的变量之中。scanf 函数是一个标准库函数，其一般调用形式为：

scanf(格式控制字符串,地址表列)；

其中，格式控制字符串的作用与 printf 函数相似，以%开始，以一个格式字符结束，中间可以插入附加修饰符。地址表列中给出各变量的地址。函数 scanf( ) 要求必须指定用来解释数据的变量的地址，否则数据不能正确读入到指定的内存单元。例如，&a、&b 分别表示变量 a 和变量 b 的地址。函数 scanf( ) 的格式字符见表 2-8。

表 2-8　函数 scanf( ) 的格式字符

格式字符	意义
%d	输入十进制整数
%o	输入八进制整数
%x,%X	输入十六进制整数
%f,%e	输入实数，以小数或指数形式输入均可
%g,%G	以%f或%e中较短的输入宽度输入单、双精度实数
%c	输入单个字符
%s	输入字符串，以非空字符开始，遇第一个空白字符（空格、回车、制表符）结束

与函数 printf( ) 类似，在%和格式符之间也可以插入如表 2-9 所示的格式修饰符。

表 2-9　函数 scanf( ) 的格式修饰符

格式修饰符	用法
l	加在格式符 d、o、x、u 之前，用于输入 long 型数据，如%lf 用于输入 double 型数据
h	加在格式符 d、o、x 之前，用于输入 short 型数据
域宽 m（正整数）	指定输入数据的宽度，系统自动按此宽度截取所需数据
忽略输入修饰符*	表示对应的输入项在读入后不赋给相应的变量

在用函数 scanf( ) 输入数值型数据时，遇到下面一些情况都认为数据输入结束：
1) 遇空格符、回车、制表符；
2) 达到输入域宽；
3) 遇非法字符输入。

【例 2.6】　编程演示 scanf( ) 函数的使用。

```
#include <stdio.h>
main(){
  int a,b,c;
  printf("input a,b,c:");
  scanf("%d%d%d",&a,&b,&c);
  printf("a=%d,b=%d,c=%d\n",a,b,c);
}
```

运行结果：

```
input a,b,c:7 8 9
a=7,b=8,c=9
```

程序分析：
1) 在 scanf 语句的格式串中由于没有非格式字符在 "%d%d%d" 之间作输入时的间隔，因此在输入时要用一个及以上的空格或回车键作为每两个输入数之间的间隔。

2）如果有语句：

```
scanf("%d %*d%d",&a,&b);
```

当输入为1 2 3时，把1赋予a，2被跳过，3赋予b。

3）如果有语句：

```
scanf("%5d",&a);
```

当输入为12345678时，只把12345赋予变量a，其余部分被截去。

又如：

```
scanf("%4d%4d",&a,&b);
```

当输入为12345678时，将把1234赋予a，而把5678赋予b。

4）scanf函数中没有精度控制，如"scanf("%5.2f",&a);"是非法的。不能企图用此语句输入小数为2位的实数。

5）scanf中要求给出变量地址，如给出变量名则会出错。例如"scanf("%d", a);"是非法的，应改为"scnaf("%d",&a);"才是合法的。

6）如果有语句：

```
scanf("%c%c%c",&a,&b,&c);
```

当输入为d、e、f时，则把字符'd'赋予变量a，空格字符' '赋予变量b，'e'赋予变量c。只有当输入为def时，才能把字符'd'赋于变量a，'e'赋予变量b，'f'赋予变量c。

如果在格式控制中加入空格作为间隔，例如：

```
scanf("%c %c %c",&a,&b,&c);
```

则输入时各数据之间可加空格。

7）如果有语句：

```
scanf("%d,%d,%d",&a,&b,&c);
```

其中用非格式符","作间隔符，故输入时应为：5，6，7。

又如：

```
scanf("a=%d,b=%d,c=%d",&a,&b,&c);
```

则输入应为：

```
a=5,b=6,c=7
```

当输入的数据与输出的类型不一致时，虽然编译能够通过，但结果将不正确。

【例2.7】 输入三个小写字母，输出其ASCII码和对应的大写字母。

```
#include <stdio.h>
main(){
  char a,b,c;
  printf("input character a,b,c\n");
```

```
    scanf("%c%c%c",&a,&b,&c);
    printf("%d,%d,%d\n%c,%c,%c\n",a,b,c,a-32,b-32,c-32);
}
```

运行结果:

```
input character a,b,c
abc
97,98,99
A,B,C
```

程序分析:

1) a、b、c 被定义为字符变量并赋予字符值，C 语言允许字符变量参与数值运算，即用字符的 ASCII 码参与运算。

2) 大小写字母的 ASCII 码相差 32，以上程序是输出小写字母的 ASCII 码，再将小写字母转换成大写字母以字符型输出。

2.6 顺序结构程序应用举例

【例 2.8】 运行以下程序，分析执行结果。

```
#include <stdio.h>
main()
{
    char a='G',b='o',c='o',d='d';
    a=a+32;
    b=b-6;
    c=c+3;
    d=d+8;
    printf("&c&c&c&c\n",a,b,c,d);
}
```

运行结果:

```
girl
```

程序分析:

1) 从 ASCII 码表中可以看出，字符 G、o、o、d 的 ASCII 码值分别为 71、111、111、101，因此，'G'+32、'o'-6、'o'+3、'd'+8 的值分别是 103、105、114、108，它们所对应的字符分别是 g、i、r、l。

2) 在 C 语言中，字符数据可以按其 ASCII 码值参加整数运算。由于英文字母在 ASCII 码表中是按顺序排列的，所以在计算 'o'+3 代表的字母时，可从字符 o 顺序向后取 3 个字母，该字母是 r。

3) 从 ASCII 码表中可以看出,"小写字母" - "对应大写字母"的结果是 32,因此可推算出:大写字母的 ASCII 值 + 32 = 对应小写字母的 ASCII 值;小写字母的 ASCII 值 - 32 = 对应大写字母的 ASCII 值。

【例 2.9】 已知三角形的三边长,编程求三角形的面积。

解题思路:假设给定的三个边符合构成三角形的条件,求三角形面积的公式为

$$area = \sqrt{s(s-a)(s-b)(s-c)},\text{其中 } s = (a+b+c)/2$$

源程序如下:

```
#include <stdio.h>
#include <math.h>
int main()
{
  double a,b,c,s,area;                        //定义各变量,均为 double 型
  a = 3.67;                                   //对边长 a 赋值
  b = 5.43;                                   //对边长 b 赋值
  c = 6.21;                                   //对边长 c 赋值
  s = (a + b + c)/2;                          //计算 s
  area = sqrt(s*(s-a)*(s-b)*(s-c));           //计算 area
  printf("a = %f\tb = %f\tc = %f\n",a,b,c);   //输出三边 a,b,c 的值
  printf("area = %f\n",area);                 //输出面积 area 的值
  return 0;
}
```

运行结果:

```
a = 3.670000        b = 5.430000        c = 6.210000
area = 9.903431
```

程序分析:

1) 编程语言除了进行简单的加、减、乘、除计算外,有时还需要进行更复杂的科学计算,如开平方根、指数、对数、三角函数等计算,而 CPU 并没有与这些计算对应的指令,C 语言提供了库函数来实现这些复杂的科学计算,并以库函数的形式提供给程序员,程序员编程时,只需要简单地调用这些标准函数即可,如本程序中的 sqrt 函数是求平方根的函数。由于要调用数学函数库中的函数,必须在程序的开头加一条 #include 指令,把头文件"math. h"包含到程序中来。

2) 没有数据输入语句,程序每次运行结果都一样,计算出三边为 3.67、5.43、6.21 的三角形的面积。

为了增强程序的功能,将在程序里给 a、b、c 赋值的语句改为从键盘输入三角形的三边,程序可根据用户输入的三边计算三角形的面积。

修改源程序如下:

```
#include <stdio.h>
#include <math.h>
```

```
int main()
{
  double a,b,c,s,area;                        //定义各变量,均为double型
  printf("please input a,b,c:\n");            //提示用户输入
  scanf("%lf%lf%lf",&a,&b,&c);                //从键盘输入三角形的三边
  s=(a+b+c)/2;
  area=sqrt(s*(s-a)*(s-b)*(s-c));
  printf("a=%f\tb=%f\tc=%f\n",a,b,c);
  printf("area=%f\n",area);
  return 0;
}
```

运行结果：

```
please input a,b,c:
3 4 5
a=3.000000        b=4.000000        c=5.000000
area=6.000000
```

程序分析：

用户输入不同三角形的三边，程序都能计算出此三角形的面积。

【例2.10】 已知一元二次方程的三个系数，编程求方程 $ax^2+bx+c=0$ 的根，系数a、b、c的值由键盘输入，假设a、b、c的值使得 $b^2-4ac \geq 0$ 成立。

解题思路：一元二次方程有两个实根，分别为

$$x_1 = \frac{-b+\sqrt{b^2-4ac}}{2a}, \quad x_2 = \frac{-b-\sqrt{b^2-4ac}}{2a}$$

源程序如下：

```
#include<stdio.h>
#include<math.h>
main()
{
  float a,b,c,disc,x1,x2,p,q;
  printf("please input a,b,c:\n");            //提示用户输入
  scanf("%f,%f,%f",&a,&b,&c);
  disc=b*b-4*a*c;
  p=-b/(2*a);
  q=sqrt(disc)/(2*a);
  x1=p+q;
  x2=p-q;
  printf("x1=%5.2f\nx2=%5.2f\n",x1,x2);
}
```

运行结果：

```
please input a,b,c:
2,3,1
x1 = -0.50
x2 = -1.00
```

程序分析：如果输入 a、b、c 的值，使得 $b^2-4ac<0$ 成立，应该怎样处理呢？能不能继续执行语句直到程序结束呢？请看下一章。

在学习本章基本知识后，就可以编写让计算机完成一些简单任务的 C 程序了。设计顺序结构程序的四个步骤：

第 1 步，根据任务选择定义相应类型的变量。

第 2 步，将要处理的数据输入到变量里保存起来，如三角形的三边，或一元二次方程的三个系数。

第 3 步，根据要完成的任务运用 C 语言提供的运算符和系统函数对输入的数据进行处理，并将得到的计算结果用变量保存起来。

第 4 步，将存放在变量里的数据输出，同时注意输出格式。

顺序结构的程序设计是最简单的，只要按照解决问题的顺序写出相应的语句就行，它的执行顺序是自上而下依次执行。

2.7 本章知识点小结

内 容	概 述	备 注
常量和变量	C 程序处理的数据有常量和变量两种基本形式	在程序执行的过程中，常量的值保持不变，变量的值可改变
变量的定义和赋值	变量名标识内存中一个具体的存储单元，变量值是存储单元中存放的数据	变量必须先定义后使用
C 语言的基本数据类型	有整型、实数型、字符型和枚举型	枚举型在后续章节介绍
赋值运算符	用于将运算符右边的表达式赋值给左边的变量	左值只能是变量，不能是常量或者表达式
算数运算符	算数运算符的结合性是左结合，赋值运算符的结合性是右结合	算数运算符的优先级别高于赋值运算符
整数的除法	两个整数相除后的商仍为整数	
字符输入函数 putchar( )	用于单个字符的输入	
字符输出函数 getchar( )	用于单个字符的输出	
数据的格式化输出函数 printf( )	按用户指定的格式把指定的数据显示到显示器屏幕上	
数据的格式化输入函数 scanf( )	按用户指定的格式从键盘上把数据输入到指定的变量之中	

2.8 本章常见错误小结

常见错误举例	常见错误描述	错误类型

`#include <stdio.h>`
`int main()`
`{int a,b;`
`  a=123;`
`  b=456;`
`  sum=a+b;`
`}`
	变量未定义就使用	编译错误

`int book;` `Book=0;`	变量名的定义是严格区分大小写的	编译错误
`int n=3.5;`	用于变量初始化的值类型与定义的变量类型不一致	编译错误
`int v=m=0;`	定义变量时，不能对多个变量连续赋初值	编译错误
`sum +  = i;`	将复合运算符 +=、-=、*=、/=、%= 的两个符号之间加入空格	编译错误
`scan("%d",&a);`	printf、scanf、getchar、putchar 的拼写错误	编译错误
`printf(%d,n);`	printf()、scanf() 函数中格式控制符的字符串没有用双引号括起来	编译错误
`scanf("%d",a);`	scanf() 函数变量名前忘记加上取址符 &	编译错误
`int a=5;` `printf("%f",a);`	输入输出函数中使用的格式符和变量的类型不匹配	编译错误
`c=a×b;`	将乘法运算符 * 省略或写成 ×	编译错误
`int a!;`	标识符的定义不符合要求	编译错误

习　题

1. 运行程序写结果。

(1)

```
#include <stdio.h>
main()
{
  int i,j;
  i=15;
  j=20;
  printf("%d,%d",i++);
  printf("%d,%d",++j);
}
```

(2)
```
#include <stdio.h>
main()
{
int x;
x = -3 + 4*5 - 6;
printf("x1 =%d\n",x);
x = 3 + 4%5 - 6;
printf("x2 =%d\n",x);
x = -3*4% - 6;
printf("x3 =%d\n",x);
}
```

(3)
```
#include <stdio.h>
main()
{
printf("%d\n",NULL);
printf("%d,%c\n",49,49);
printf("%d,%c,%o\n",48 +10,48 +10,48 +10);
}
```

2. 由键盘输入一个字母，输出其ASCII码值。

3. 编程从键盘输入一个小写字符，将其转换为大写字符显示并显示出它的十进制、十六进制的ASCII码。

4. 从键盘上输入两个实型数，求两数的和、差、积，输出结果时要求小数部分占两位。

5. 编写一个程序，求出给定半径r和高h的圆柱体和圆锥体的表面积和体积，并且输出计算结果。r和h的值由用户输入。

6. 设银行定期存款的年利率rate为2.25%，并已知存款期为n年，存款本金为capital元，试编程计算n年后的本利之和deposit。要求定期存款的年利率rate、存款期n和存款本金capital均由键盘输入。

7. 由键盘输入5个学生的计算机成绩，计算他们的平均分并保留2位小数。

第 3 章 选择结构程序设计

在顺序结构程序中，语句是按自上而下的顺序执行的，执行完上一条语句就自动执行下一条语句，是无条件的，不必做任何判断。

实际上，在很多情况下，需要根据某个条件是否满足来决定是否执行指定的操作任务，或者从给定的两种或多种操作中选择其一。这就是选择结构要解决的问题。例如：

1）输入一个学生的某门课成绩 score，判断这门课成绩是否及格。需要判断 score≥60 是否成立。成立，则结果为"及格"；不成立，则结果为"不及格"。

2）求 3 个实数 a、b、c 中的最大值。

3）将 3 个实数 a、b、c 进行从小到大排序。

4）输入 a、b、c，如果 $b^2-4ac \geq 0$，求出方程 $ax^2+bx+c=0$ 的实根。

5）输入三角形三边 a、b、c，如果任意两边之和大于第三边，求三角形的面积。

基于选择结构对于解决问题的实用性，C 语言提供了两种选择语句实现选择结构：

1）if 语句，用来实现两个分支的选择结构。

2）switch 语句，用来实现多分支的选择结构。

3.1 用 if 语句实现选择结构

选择结构的特点是在程序的一次执行过程中，根据不同的情况（依据判断的条件），只有一条分支的语句被选中执行，而其他分支上的语句被直接跳过不被执行。C 语言提供了 if 语句格式，先看下面的示例。

【例 3.1】 输入一个学生的某门课成绩 score，判断该学生的这门课成绩是否及格。如果大于等于 60 分，则结果为"及格"，否则结果为"不及格"。

解题思路：用 if 语句实现条件判断。如果 score 的值符合 score≥60 的条件，就输出"这门课成绩及格！"；否则，就输出"这门课成绩不及格！"。流程图如图 3-1 所示。

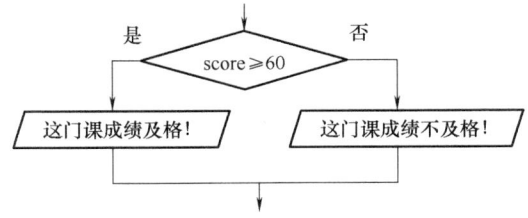

图 3-1 判断学生的成绩是否及格

源程序如下：

```c
#include <stdio.h>
int main()
{
    float score;
    scanf("%f",&score);
    if(score>=60)
        printf("这门课成绩及格!\n");
    else
        printf("这门课成绩不及格!\n");
}
```

运行结果1：

78✓
这门课成绩及格!

运行结果2：

59✓
这门课成绩不及格!

if 语句是一种非常重要的程序流程控制语句，可以使程序根据不同的条件执行不同的操作。if 语句的一般形式有以下三种：

1. 单分支控制的条件语句

　　if(表达式)　语句A

流程图如图 3-2 所示。当表达式为真时，执行语句 A；当表达式为假时，跳过语句 A，执行后面的语句。

2. 双分支控制的条件语句

　　if(表达式)　语句1
　　else　　　　语句2

流程图如图 3-3 所示。当表达式为真时，执行语句 1；当表达式为假时，执行语句 2。

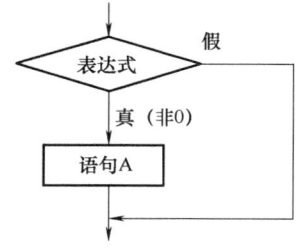　　　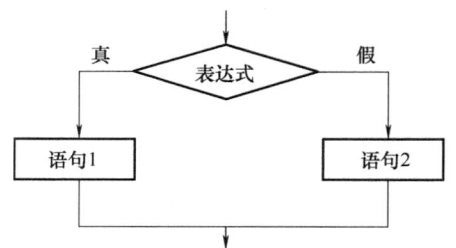

图 3-2　单分支控制的条件语句　　　图 3-3　双分支控制的条件语句

3. 选择结构的嵌套

在 if 语句中可以包含一个或多个 if 语句,称为 if 语句嵌套。例如,有一个嵌套的 if 语句形式如下:

```
if(表达式1)
    {if(表达式2)  语句1
     else         语句2
    }
else
    {if(表达式3)  语句3
     else         语句4
    }
```

流程图如图 3-4 所示。当表达式 1 为真且表达式 2 为真时,执行语句 1;当表达式 1 为真且表达式 2 为假时,执行语句 2;当表达式 1 为假且表达式 3 为真时,执行语句 3;当表达式 1 为假且表达式 3 为假时,执行语句 4。

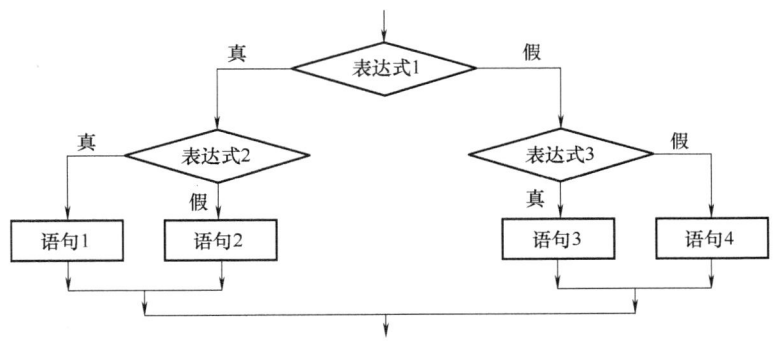

图 3-4 选择结构的嵌套

【例 3.2】 输入两个实数,按由小到大的顺序输出这两个数。

解题思路:

1) 定义两个实数变量 a、b。
2) 从键盘输入两个实数保存在变量 a、b 中。
3) 利用 if 语句比较 a、b 的大小,若 a≤b,则不进行交换;若 a>b,则交换变量 a、b 的值。
4) 输出变量 a、b 的值。

怎样进行变量的交换呢?大家可以用生活中的例子进行类比理解。一瓶酱油和一瓶醋,将两个瓶中的酱油和醋进行交换,需要一个空瓶。在变量 a、b 值交换过程中,需要一个同类型的变量 t 充当空瓶的作用。

源程序如下:

```c
#include <stdio.h>
int main()
{float a,b,t;
```

```
    printf("请输入两个实数a、b的值:");
    scanf("%f,%f",&a,&b);
    if(a>b)
      {t=a;         //a的值赋给t(或者说t被a赋值)
       a=b;         //b的值赋给a(或者说a被b赋值)
       b=t;         //t的值赋给b(或者说b被t赋值)
      }
    printf("a、b按由小到大的顺序排列为:");
    printf("%5.2f,%5.2f\n",a,b);
    return 0;
}
```

运行结果1:

　　请输入两个实数a、b的值:3.3,2.2✓
　　a、b按由小到大的顺序排列为: 2.20, 3.30

运行结果2:

　　请输入两个实数a、b的值:1.1,6.6✓
　　a、b按由小到大的顺序排列为: 1.10, 6.60

程序分析:

交换两个变量的操作是程序设计中比较常见的操作,需要三条语句完成。一般将一组逻辑相关的语句用一对花括号括起来构成复合语句,形成一个整体。如果需要交换两个变量,三条语句都执行;否则,这三条语句一条都不执行。如果不用花括号括起来,可能会出现的情况:这三条语句中有的语句执行了,有的没执行,程序的结果就无法确定了。

如果将问题规模扩大,如有三个实数,编写程序将这三个实数按由小到大的顺序输出。

【例3.3】 输入三个实数a、b、c,要求按由小到大的顺序输出。

解题思路:

1) 如果a>b,a和b对换,a是a、b中的小者。
2) 如果a>c,a和c对换,a是三者中最小者。
3) 如果b>c,b和c对换,b是三者中次小者。
4) 顺序输出a、b、c。

源程序如下:

```
#include<stdio.h>
int main()
{
    float a,b,c,t;
    printf("请输入三个实数a、b、c的值:");
    scanf("%f,%f,%f",&a,&b,&c);
```

```
if(a>b)
    {t=a;a=b;b=t;}    //a、b 的值交换
if(a>c)
    {t=a;a=c;c=t;}    //a、c 的值交换
if(b>c)
    {t=b;b=c;c=t;}    //b、c 的值交换
printf("a、b、c 按由小到大的顺序排列为:");
printf("%5.2f,%5.2f,%5.2f\n",a,b,c);
return 0;
}
```

运行结果:

请输入三个实数 a、b、c 的值:2.2,1.1,3.3↙
a、b、c 按由小到大的顺序排列为: 1.10, 2.20, 3.30

程序分析:

如果输入 4 个实数,按这个思路,需要用 6 条 if 语句实现由小到大顺序输出这 4 个数。
思考题:如果输入 10 个实数,需要用几条 if 语句实现由小到大顺序输出这 10 个数呢?

3.2 关系运算符和关系表达式

在例 3.1 中,判断一个学生的某门课成绩 score 是否及格。程序中 if 语句对关系表达式 score>=60 进行判断。其中">="是一个比较符号,称为**关系运算符**,用来对两个变量的值进行比较。关系运算就是比较运算。

关系表达式是用关系运算符将两个操作数连接起来组成的表达式,通常用于表示一个判断条件,而判断条件的结果只能有两种可能:"真"或"假"。若 score 的值为 78,则关系表达式 score>=60 的结果为"真";若 score 的值为 59,则关系表达式 score>=60 的结果为"假"。

在 C 语言中,**用非 0 值表示"真",用 0 值表示"假"**。也就是说,只要表达式的值为 0,就表示表达式的值为假,或者说这个表达式所表示的判断条件不成立;而如果表达式的值为非 0 值(也包括负数),则表达式的值为真,或者说这个表达式所表示的判断条件成立。

C 语言提供 6 种关系运算符,见表 3-1。

表 3-1　C 语言中的关系运算符及其优先级

运算符	对应的数学运算符	含义	优先级
<	<	小于	高
>	>	大于	
<=	≤	小于或等于	
>=	≥	大于或等于	
==	=	等于	低
!=	≠	不等于	

表3-1中前4个关系运算符的优先级高于后面两个关系运算符的优先级,其中<、>、<=、>=的优先级是相同的,==、!=的优先级也是相同的。

【例3.4】 在例2.10的基础上,从键盘任意输入a、b、c的值,如果$b^2-4ac \geq 0$,求出方程$ax^2+bx+c=0$的实根。

解题思路:由键盘输入a、b、c,并不保证$b^2-4ac \geq 0$,需要在程序中进行判别。如果$b^2-4ac \geq 0$,就计算并输出方程的两个实根,否则输出"方程无实根"的信息。流程图如图3-5所示。

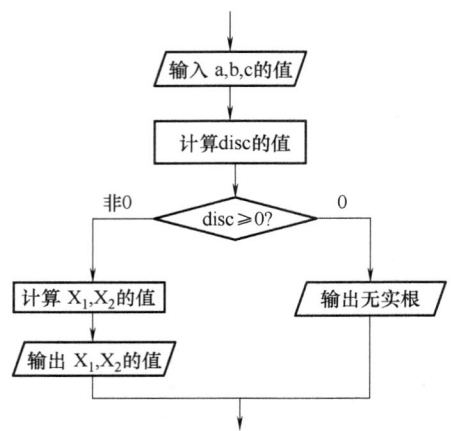

图3-5 求方程$ax^2+bx+c=0$根的流程图

源程序如下:

```
#include <stdio.h>
#include <math.h>
int main()
{
    double a,b,c,disc,x1,x2,p,q;
    scanf("%lf%lf%lf",&a,&b,&c);
    disc=b*b-4*a*c;
    if(disc>=0)
    {
        p=-b/(2.0*a);
        q=sqrt(disc)/(2.0*a);
        x1=p+q;
        x2=p-q;
        printf("real roots:\nx1=%7.2f\nx2=%7.2f\n",x1,x2);
    }
    else
        printf("has not real roots\n");
```

```
        return 0;
    }
```

运行结果1：

```
2 3 4↙
has not real roots
```

运行结果2：

```
1 6 2↙
real roots:
x1 =    -0.35
x2 =    -5.65
```

程序分析：

条件语句在语法上只允许每个分支中带一条语句。而实际中条件分支里要处理的操作往往需要多条语句才能完成，如本例，当 $b^2-4ac \geq 0$ 时，要执行下面5条语句：

```
p = -b/(2.0*a);
q = sqrt(disc)/(2.0*a);
x1 = p + q;
x2 = p - q;
printf("real roots:\nx1 =%7.2f\nx2 =%7.2f\n",x1,x2);
```

必须将上述5条语句用花括号括起来，变成一条复合语句。

由于复合语句中的各条语句逻辑上形成一个整体，因此可被当作一条语句来处理，并且可以用在单个语句使用的任何地方。例如，通常将 if 语句的第二种形式写成如下形式：

```
if(表达式)
{
    语句序列1
}
else
{
    语句序列2
}
```

特别要注意，如果条件分支里要处理的操作有两条或两条以上的语句，又忘记添加花括号，例如：

```
if(disc > =0)
    p = -b/(2.0*a);
    q = sqrt(disc)/(2.0*a);
    x1 = p + q;
```

```
        x2 = p - q;
        printf("real roots:\nx1 = %7.2f\nx2 = %7.2f\n",x1,x2);
    else
        printf("has not real roots\n");
```

将程序编译时，发现会显示如下的错误提示信息：

```
illegal else without matching if
```

为什么呢？这是因为条件语句在语法上只允许每个分支中放置一条语句，那么编译器就只认为 if 后面的第 1 条语句是其分支中的语句。为了避免错误发生，一个最简单的方法就是无论 if 语句的分支中是一条还是多条语句，都将其用花括号括起来。将本例 if 语句改写为：

```
if(disc > =0)
{
    p = -b/(2.0*a);
    q = sqrt(disc)/(2.0*a);
    x1 = p + q;
    x2 = p - q;
    printf("real roots:\nx1 = %7.2f\nx2 = %7.2f\n",x1,x2);
}
else
{
    printf("has not real roots\n");
}
```

3.3 逻辑运算符和逻辑表达式

有时要判断的条件不是一个简单的条件，而是由几个给定的简单条件组成的复合条件。例如，表示分数 score 在 70~79 分之间的表达式，要用两个表达式的组合来表示，即

$$score >= 70\ \&\&\ score <= 79$$

上式就是一个逻辑表达式。其中，&& 是逻辑与运算符。表达式"score > = 70"与"score <= 79"必须同时为真时，表达式"score > = 70 && score <= 79"才为真。

逻辑运算符有！（非）、&&（与）、||（或），见表 3-2。

表 3-2 逻辑运算符

逻辑运算符	类 型	含 义	优 先 级	结 合 性
!	单目	逻辑非	最高	从右向左
&&	双目	逻辑与	较高	从左向右
||	双目	逻辑或	较低	从左向右

用逻辑运算符连接的操作数组成的表达式称为逻辑表达式。逻辑表达式的值，即逻辑运

算的结果值，同样只有真和假两个值。C 语言规定 1 表示真，0 表示假。由于判断一个数值表达式的值不只局限于 0 和 1 两种情况，因此根据表达式的值为非 0 或 0 判断真假。如果表达式的值为非 0，则为真；如果表达式的值为 0，则为假。表 3-3 是逻辑运算的真假值表。

表 3-3　逻辑运算的真假值表

A 的取值	B 的取值	!A（求反运算）	A&&B（逻辑与）	A‖B（逻辑或）
非 0	非 0	0	1	1
非 0	0	0	0	1
0	非 0	1	0	1
0	0	1	0	0

对表 3-2 和表 3-3 要说明两点：

1）在数学上正确的表达式在 C 语言的逻辑上不一定是正确的。

例如，判断一个学生的某门课成绩 score 为 A、B、C、D 哪一个等级。A 等为 80 分以上，B 等为 70~79 分，C 等为 60~69 分，D 等为 60 分以下。

当 score 的值为 50 分时，很显然，此时 score 不在 B 等的 70~79 分之间。所以，score >= 70 && score <= 79 表达式的值为假。

但是，如果将 B 等的分数段的条件写成 70 <= score <= 79 表达式，score 的值为 50 分时，按从左向右的关系运算，先计算 70 <= score 的值为 0，然后计算 0 <= 79 的值为 1，最后表达式的值为真。所以，提醒大家，不要将数学里的表达式和 C 语言的表达式混为一谈。

2）运算符 && 和 ‖ 都具有"短路"特性。

运算符 && 和 ‖ 的结合性是从左向右。如果表达式的值可以由左操作数单独确定下来，则不再计算右操作数的值。例如：

```
int a=1,b=2,c=3;
if(b%=2&&c--!=3){…}
```

判断 if 里面的条件 b!=2&&c--!=3，由左边的 b!=2 表达式得到值为 0，因为这是与运算，所以，右边的 c--!=3 表达式不用计算了，直接确定最后结果为 0。c--!=3 没有执行，所以 c 的值依然是 3，没有变化。

如果一个复杂的条件要用算术运算符、关系运算符、逻辑运算符等，就要了解一些常用运算符的优先级与结合性，见表 3-4。

表 3-4　常用运算符的优先级与结合性

优先级顺序	运算符种类	附加说明	结合性
1	单目运算符	逻辑非!、求相反数 -、++、--、sizeof、类型强制转换等	从右向左
2	算术运算符	*、/、% 高于 +、-	从左向右
3	关系运算符	<、<=、>、>= 高于 ==、!=	从左向右
4	逻辑运算符	除逻辑非之外，&& 高于 ‖	从左向右
5	赋值运算符	=、+=、-=、*=、/=、%=	从右向左

在写复杂条件时，可以将要先计算的表达式用圆括号括起来。因为在 C 语言中，圆括号也是一种运算符，它的优先级永远是最高的。

熟悉了关系运算符和逻辑运算符，可以运用它们组合表达式，表示复杂的条件，能更加方便灵活地运用多种 if 结构语句解决选择结构问题。

【例 3.5】 输入一个学生的数学课成绩 score，判断该生数学课是 A、B、C、D 中哪一个等级。A 等为 80 分以上，B 等为 70~79 分，C 等为 60~69 分，D 等为 60 分以下。用 if-else 语句来实现

源程序如下：

```c
#include<stdio.h>
int main()
{
    int score;
    scanf("%d",&score);
    printf("数学课成绩为%d\n",score);
    if(score>=70 && score<=79)
    {
        printf("这门课成绩为B等!\n");
    }
    else
    {
        if(score>=80)
        {
            printf("这门课成绩为A等!\n");
        }
        else
        {
            if(score>=60 && score<=69)
            {
                printf("这门课成绩为C等!\n");
            }
            else
            {
                printf("这门课成绩为D等!\n");
            }
        }
    }
}
```

运行结果 1：

85 ✓
数学课成绩为 85
这门课成绩为 A 等!

运行结果 2：

65 ↙
数学课成绩为 65
这门课成绩为 C 等！

程序分析：

使用 if-else 语句提高了程序的执行效率，一旦比较的条件为真时，输出比较结果，不再进行其他比较了。但是，如果 if 语句嵌套的层数过多，程序会冗长且可读性降低。

3.4 条件运算符和条件表达式

条件运算符是 C 语言中唯一的一个三目运算符，运算时需要三个操作数。由条件运算符及其相应的操作数构成的表达式称为条件表达式，它的一般形式如下：

表达式 1 ? 表达式 2 : 表达式 3

其含义是若表达式 1 的值非 0，则该条件表达式的值是表达式 2 的值，否则是表达式 3 的值。

【例 3.6】 输入两个整数，使用条件运算符编程求两个整数的较大数。

源程序如下：

```
#include <stdio.h>
main()
{
    int a,b,max;
    printf("Input a,b:");
    scanf("%d,%d",&a,&b);
    max = a>b? a:b;
    printf("max =%d\n",max);
}
```

该程序里的条件语句：

max = a>b? a :b;

相当于 if-else 语句：

```
if(a>b)
{
    max = a;
}
else
{
    max = b;
}
```

条件运算符的优先级比赋值运算符高。

3.5 用 switch 语句实现多分支选择结构

简单的 if 语句只有两个分支可选择,实际问题中常常需要用到多分支选择。前面用嵌套的 if 语句来处理多分支选择结构,但是,如果 if 语句嵌套的层数过多,程序会冗长且可读性降低。C 语言提供 switch 语句可直接处理多分支选择结构。switch 语句的作用是根据表达式的值,使流程跳转到不同的语句。switch 语句的一般形式如下:

```
switch(表达式)
{
case   常量1:语句1
case   常量2:语句2
…
case   常量n:语句n
default:  语句n+1
}
```

注意:

1) switch 下面花括号内的表达式,其值的类型应为整数类型（包括字符类型）。

2) switch 下面的花括号内是一个复合语句。这个复合语句包括若干语句,它是 switch 语句的语句体。语句体包含多个以 case 开头的语句行和一个以 default 开头的语句行。

3) case 后面跟一个常量或常量表达式,"case 常量表达式"只相当于一个语句标号。

4) 执行 switch 语句时,先计算 switch 后面表达式的值,然后将它与各个 case 比较,如果与某一个 case 标号中的常量相同,流程就转到此 case 标号后面的语句。如果没有与 switch 表达式相匹配的 case 常量,流程转去执行 default 标号后面的语句。也可以没有 default 标号。

5) 在 case 后的各常量表达式的值不能相同,否则会出现编译错误。

6) 执行一个 case 子句后,应当用 break 语句使流程跳出 switch 语句。

【例 3.7】 输入一个学生的数学课成绩 score,判断该生数学课成绩 score 为 A、B、C、D 中哪一个等级。A 等为 80 分以上,B 等为 70~79 分,C 等为 60~69 分,D 等为 60 分以下。用 switch 语句来实现。

源程序如下:

```
#include <stdio.h>
int main()
{
int score;
scanf("%d",& score);
printf("数学课成绩为%d\n",score);
switch(score/10)
```

```
{
    case 10:
    case 9:
    case 8:printf("这门课成绩为 A 等!\n");break;
    case 7:printf("这门课成绩为 B 等!\n");break;
    case 6:printf("这门课成绩为 C 等!\n");break;
    default:printf("这门课成绩为 D 等!\n");
}
return 0;
}
```

运行结果与例 3.5 一致。

程序分析：

1）定义 score 为 int 型变量，表达式 score/10 为整型，输入 85，则表达式 score/10 的值为 8，进 case 8 分支，执行输出语句"这门课成绩为 A 等!"，遇到 break，跳出 switch 结构。

2）如果希望将 score 定义成 float 型变量，可以存放浮点数，表达式 score/10 为实型，编译不能通过，因为系统要求 switch 后的表达式为整型，此时可以利用强制类型转换（int）score/10 将 score/10 转换为整型。

3）执行 switch 语句时，先计算 switch 后面表达式的值，再逐个和 case 后的常量表达式比较，若不等则继续往下比较，若一直不等则执行 default 后的语句；若等于某一个常量表达式，则从这个表达式后的语句开始执行，并执行后面所有 case 后的语句。

与 if 语句的不同：if 语句中若判断为真则只执行这个判断后的语句，执行完就跳出 if 语句，不会执行其他 if 语句；而 switch 语句不会在执行判断为真后的语句之后跳出循环，而是继续执行后面所有 case 语句。在每一 case 语句之后增加 break 语句，使每一次执行之后均可跳出 switch 语句，从而避免输出不应有的结果。

3.6 选择结构程序应用举例

【例 3.8】 编写程序，输入年份，判断是否是闰年。

解题思路：判别闰年的方法。闰年的条件要满足下列条件之一：

1）能被 4 整除，但不能被 100 整除。
2）能被 400 整除。

源程序如下：

```
#include <stdio.h>
int main()
{
int year,leap = 0;
printf("enter year:");
scanf("%d",&year);
```

```
if((year%4==0 && year%100!=0) || (year%400==0))
    leap=1;
if(leap)
    printf("%d is",year);
else
    printf("%d is not",year);
printf("a leap year. \n");
return 0;
}
```

运行结果1：

```
enter year:2018 ↙
2018 is not a leap year.
```

运行结果2：

```
enter year:2020 ↙
2020 is a leap year.
```

程序分析：

本程序中定义了一个整型变量 leap 作为标志，初始化 leap 值为 0，表示不是闰年。如果条件表达式"(year%4==0&&year%100!=0)||(year%400==0)"的值为真，则 leap 的值置为 1，将 leap 作为 if 语句的条件，判断 year 的值是否是闰年。专门设置一个变量作为标志，标志变量的值为 1 或 0，分别代表条件表达式的真或假，提高了编程效率，也增强了程序的可读性。

【例 3.9】 输入一个字符，判断该字符是否是英文字母。

源程序如下：

```
#include <stdio.h>
int main()
{
char ch;
printf("请输入一个字符:");
scanf("%c",&ch);
if((ch>='A'&& ch<='Z') || (ch>='a'&& ch<='z'))
    printf("%c 是英文字母!\n",ch);
else
    printf("%c 不是英文字母!\n",ch);
return 0;
}
```

运行结果1：

请输入一个字符:m↙
m 是英文字母!

运行结果 2:

请输入一个字符:#↙
#不是英文字母!

程序分析:

本题的关键是写出判别字符变量 ch 是否为英文字母的条件表达式。判断 ch 的 ASCII 码是否位于区间 [65,90] 或 [97,112];或者直接用字符比较,看 ch 是否在 A~Z 之间或 a~z 之间。字符常量用单引号引起来。注意判断表达式 "(ch >= 'A' && ch <= 'Z') || (ch >= 'a' && ch <= 'z')"里,关系运算符和逻辑运算符的优先级。字母的 ASCII 码值表见书后附录 C。

【例 3.10】 输入三个正实数,如果能构成三角形,编程求三角形的面积。

解题思路:假设给定的三个边符合构成三角形的条件,求三角形面积的公式为

$$area = \sqrt{s(s-a)(s-b)(s-c)}, 其中 s = (a+b+c)/2$$

源程序如下:

```c
#include <stdio.h>
#include <math.h>
int main()
{
    double a,b,c,s,area;                    //定义各变量,均为 double 型
    printf("please input a,b,c:\n");        //提示用户输入
    scanf("%lf%lf%lf",&a,&b,&c);            //从键盘输入三角形的三边
    if(a+b>c&&a+c>b&&b+c>a)                 //判断 a,b,c 值是否构成三角形
    {
        s = (a+b+c)/2;
        area = sqrt(s*(s-a)*(s-b)*(s-c));
        printf("a = %f\tb = %f\tc = %f\n",a,b,c);
        printf("area = %f\n",area);
    }
    else
    {
        printf("is not triangle!\n");
    }return 0;
}
```

运行结果 1:

```
please input a,b,c:
3 4 5
a=3.000000        b=4.000000        c=5.000000
area=6.000000
```

运行结果2:

```
please input a,b,c:
1 2 3
is not triangle!
```

3.7 本章知识点小结

内　　容	概　　述	备　　注
关系运算符	<、>、>=、<=、==、!=	算术运算符的优先级高于关系运算符 <、>、>=、<=优先级高于==、!=
逻辑运算符	&&、||、!	!高于&&，&&高于||
条件运算符	?:	三目运算符
if形式的条件语句	if（表达式）语句A	用于单分支选择控制
if-else形式的条件语句	if（表达式）语句1 else　　　语句2	用于双分支选择控制
if语句的嵌套	if（表达式1） 　　if（表达式2）语句1 　　else　　　　语句2 else 　　if（表达式3）语句3 　　else　　　　语句4	用于多分支选择控制

switch语句	switch（表达式）
	{
	case　常量1：语句1
	case　常量2：语句2
	　　…
	case　常量n：语句n
	default：　语句n+1
	}
		用于多分支选择控制

3.8 本章常见错误小结

常见错误举例	常见错误描述	错误类型
if(a>b); 　max=a;	在紧跟着 if 单分支选择语句的条件表达式的圆括号之后写了一个分号	运行时错误

if(a>b);
　max=a;
else
　max=b;
	在紧跟着 if-else 双分支选择语句的条件表达式的圆括号之后写了一个分号	编译错误

if(a>b)
　max=a;
　printf("max=%d\n",a);
	在界定 if 语句的复合语句时，忘记了花括号	运行时错误

if(a>b)
　max=a;
　printf("max=%d\n",a);
else
　max=b;
　printf("max=%d\n",b);
	在界定 if-else 语句的复合语句时，忘记了花括号。由于 if 或 else 子句中只允许有一条语句，因此需要多条语句时必须用复合语句，即把需要执行的多条语句用一对花括号括起来	编译错误

if(a=b) 　printf("a=b\n");	if 语句的条件表达式中，表示相等条件时，将关系运算符 == 误用为赋值运算符 =	运行时错误
	将关系运算符与相应的数学运算符混淆，写成了 ≠、≤、≥	无法输入
if(a= =b) 　printf("a=b\n");	在关系运算符 <=、>=、==、!= 的中间加入了空格	编译错误
if(a=<b) 　printf("max=%d\n",b);	将关系运算符 !=、<=、>= 的两个符号写反，写成了 =!、=<、=>	编译错误
if(x==1.1)	用 == 或者 != 测试两个浮点数是否相等，或者判断一个浮点数是否等于0	运行时错误
if('A'<=ch<='Z')	误以为语法上合法的关系表达式在逻辑上一定是正确的	运行时错误

switch(mark)
{
case10:
case9:printf("A\n");break;
case8:printf("B\n");break;
…
}
	switch 语句中，case 和其后的数值常量中间缺少空格	运行时错误

(续)

常见错误实例	常见错误描述	错误类型
| ```
switch(mark)
{
case 100:
case 90~100:printf("A\n");
          break;
case mark<90:printf("B\n");
             break;
...
}
``` | switch 语句中，case 后的常量表达式用一个区间表示，或者出现了运算符（如关系运算符等） | 编译错误 |

习　题

1. 分析并写出下列程序的运行结果。

（1）
```
#include <stdio.h>
main()
{
int a=3,b=8,c=9,d=2,e=4;
int min;
min = (a<b)? a:b;
min = (min<c)? min:c;
min = (min<d)? min:d;
min = (min<e)? min:e;
printf("Min is%d\n",min);
}
```

（2）
```
#include <stdio.h>
void main()
{
    int s=1,k=0;
    switch(s)
    {
        case 1:k+=1;
        case 2:k+=2;
        default:k+=3;
    }
    printf("%d",k);
}
```
```

2. 有一函数：
$$y = \begin{cases} 2x^2 - 1 & x < -8 \\ |x| & -8 \leq x \leq 8 \\ 3x^3 + 10 & x > 8 \end{cases}$$

编写一程序，要求输入 x 的值，输出 y 的值。分别用不嵌套的 if 语句和嵌套的 if 语句完成。

3. 给一个不多余 5 位的正整数，要求如下：

（1） 求出它是几位数；

（2） 分别输出每一位数字；

（3） 按逆序输出各位数字，如原数为 321，应输出 123。

4. 某市不同车牌的出租车起步价和计费标准为：夏利 3 公里以内 7 元，3 公里以外 5.1 元/公里；富康 3 公里以内 8 元，3 公里以外 5.4 元/公里；桑塔纳 3 公里以内 9 元，3 公里以外 5.7 元/公里。编程：从键盘输入乘车的车型及行车公里数，输出应付车费。

5. 用 switch 语句编写一个简单的四则运算程序。

6. 输入某年某月某日，判断这一天是这一年的第几天？要考虑这一年是否是闰年。

第 4 章 循环结构程序设计

在日常生活中或是在程序所处理的问题中常常遇到需要重复处理的问题,例如:
1) 要向计算机输入全班 50 个学生的成绩,分别统计全班 50 个学生的平均成绩。
2) 求 30 个整数之和。
3) 检查 30 个学生的成绩是否及格。
4) 要计算 $1+2+3+4+\cdots+100$ 的和。

有一些问题是顺序结构、选择结构解决不了的,或者用顺序结构、选择结构解决时很麻烦。例如,计算 1~5 的自然数的和,如果用顺序结构处理,用图 4-1 表示算法流程。

由图 4-1 可以看出,需要定义的变量很多,编写的代码很繁琐。如果要计算 1~100 的自然数的和,用顺序结构要定义 101 个变量;要统计全班 50 个学生的成绩的和,用顺序结构要定义 51 个变量。很显然,定义这么多变量是很不切实际

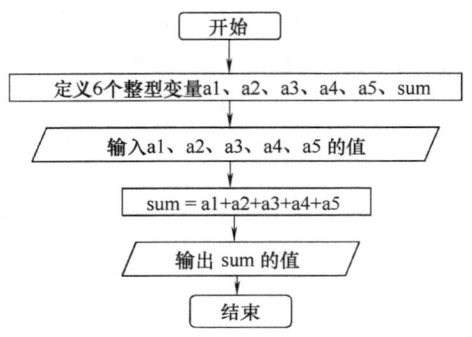

图 4-1 用顺序结构计算 1~5 的自然数的和

的,也体现不出计算机程序处理问题的高效率。所以,遇到这样的问题,必须用循环结构处理。循环结构是程序中一种很重要的结构。其特点是,在给定条件成立时,反复执行某程序段,直到条件不成立为止。给定的条件称为循环条件,反复执行的程序段称为循环体。C 语言提供了多种循环语句,可以组成各种不同形式的循环结构。

C 语言提供了三种循环语句实现循环结构:
1) while 语句;
2) do-while 语句;
3) for 语句。

4.1 用 while 语句实现循环

先了解 while 语句的语法结构,再利用 while 语句编程解决问题。
while 语句的一般形式如下:

```
while(表达式)  语句
```

注意:
1) 在 while 语句中,表达式可以是任意表达式,它的值为"真"或"假"。"真"为非

0值,"假"为0值。

2) 在 while 语句中,"语句"是循环体。这个循环体可以是一个简单语句,也可以是复合语句。为了使程序易于维护,建议即使循环体内只有一条语句,也将其用花括号括起来。这是因为当需要在循环体内增加语句时,如果忘记加上花括号,那么仅 whlie 后面的第 1 条语句会被当作循环体中的语句来处理,从而导致逻辑错误。

3) while 语句的执行过程:计算循环控制表达式的值,当表达式的值为真时,就执行循环体语句;为假时,就不执行循环体语句即退出循环。

while 循环执行过程如图 4-2 所示。

通过下面的例子,可以学习怎样利用 while 语句进行程序设计。

【例 4.1】 编程求 $1+2+3+\cdots+100$ 的值。

解题思路:这是累加问题,需要先后将 100 个数相加。要重复 99 次加法运算,可用循环语句实现。每次加的加数、求的和有变化。设每次加的加数为 i,每次求的和为 sum。加数序列的后一个数是前一个数加 1 而得。加完一个数 i 后,使 i 加 1 可得到下一个加数。流程图如图 4-3 所示。

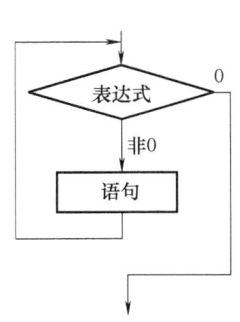
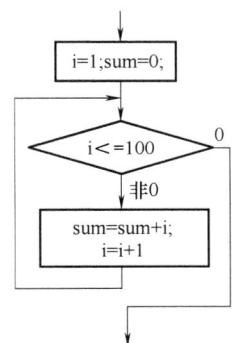

图 4-2　while 循环执行过程　　　图 4-3　用 while 循环求 $1+2+3+\cdots+100$

源程序如下:

```
#include <stdio.h>
int main()
{
  int i=1,sum=0;
  while(i<=100)
  { sum=sum+i;
    i++;
  }
  printf("sum=%d\n",sum);
  return 0;
}
```

运行结果:

sum=5050

程序分析：程序执行过程见表4-1。

表4-1　1+2+3+…+100 每次 while 循环 sum 值变化情况

变量i的值	执行第i次循环前 sum 的值	执行第i次循环后 sum 的值
1	0	1
2	1	3
3	3	6
4	6	10
5	10	15
⋮	…	⋮

【例4.2】　从键盘输入 n，求 n!。

解题思路：设循环控制语句用两个变量：每次要乘的乘数 i、乘积 s。i 的初值是1，s 的初值是1。循环体里，每乘1次，i++，直到 i 值为 n，进行最后一次乘法。

源程序如下：

```
#include <stdio.h>
int main()
{
    int i=1,s=1,n;
    printf("please input n:");
    scanf("%d",&n);
    while(i<=n)
    {   s=s*i;
        i++;
    }
    printf("%d! =%d\n",n,s);
    return 0;
}
```

运行结果1：

please input n:5 ↙
5! =120

运行结果2：

please input n:16 ↙
16! =2004189184

运行结果3：

please input n:17 ↙
17! = -288522240

程序分析：

当输入 5 时，n 的值为 5，i 的初值为 1，每次进循环执行后 i++，while 循环体执行 5 次，输出"5! = 120"。

当输入 16 时，n 的值为 16，i 的初值为 1，每次进循环执行后 i++，while 循环体执行 16 次，输出"16! = 2004189184"。

当输入 17 时，n 的值为 17，i 的初值为 1，每次进循环执行后 i++，while 循环体执行 17 次，输出"17! = -288522240"。

为什么 17 的阶乘是一个负数？因为 C 语言直接提供的类型都有取值范围，当向其赋以超过此范围的数值时，就会产生**类型溢出**，得到错误的结果。int 类型的数据占 4 个字节，它的取值范围是 -2147483648 ~ 2147483647，当运算的结果超出了类型所能表示的数的上界后，导致进位到达了最前面的符号位或者更多进位的丢失，就会发生溢出。所以，当计算 17 的阶乘时，运算的结果超出了 int 类型所能表示的数的上界，发生了溢出。可将变量 s、n 定义为 float 或 double 型。

可见，预先估算运算结果的可能取值范围，采取取值范围更大的类型定义变量，对于防止类型溢出是十分必要的。

请读者思考，如果要求 1! +2! +…+n! 的值，应该怎样修改上述程序呢？

上面是对有规律的数进行求和运算和求积运算，如果是无规律的数呢？请看下面例题。

【例 4.3】 从键盘输入 10 个实数，求和。

解题思路：用 while 语句实现 10 个实数循环加运算。定义 3 个变量：s 实型变量存放每次输入的实数，sum 实型变量存放每次累加的和，i 整型变量控制循环的次数。

源程序如下：

```
#include <stdio.h>
int main()
{
    int i =1;
    float sum =0,s;
    printf("请输入10个实数:\n");
    while(i <=10)
    {   scanf("%f",&s);
        sum = sum + s;
        i ++;
    }
    printf("这10个实数的和:%f\n",sum);
    return 0;
}
```

运行结果：

请输入10个实数：
1 1 2 1 1 1 1 1 1 1 ↙
这10个实数的和:11.000000

【例 4.4】 输入一个多位的正整数,要求出它是几位数,并且按逆序输出各位数字(如原数为 321,应输出 123),用循环结构来完成。

解题思路:这个任务可以用选择结构来实现,但现在用循环结构来实现。用整型变量 data 来存放输入的正整数,用变量 data 作 while 循环的条件表达式,当 data 值非 0 时进入循环,data 值为 0 时跳出循环。

源程序如下:

```c
#include <stdio.h>
void main()
{long  data;
int i=0;
scanf("%ld",&data);
printf("逆序输出:");
while(data)
{  printf("%ld,",data%10);
   data=data/10;
   i++;
}
printf("\n 这是一个%d 位数\n",i);
}
```

运行结果:

```
342↙
逆序输出:2,4,3,
这是一个 3 位数
```

用循环结构处理问题的方法是一致的,C 语言还提供了 do-while 语句和 for 语句实现循环控制。

4.2 用 do-while 语句实现循环

先了解 do-while 语句的语法结构,再利用 do-while 语句编程解决问题。
do-while 语句的一般形式为:

```
do
      语句
while(表达式);
```

注意:
1) do-while 语句的特点:先无条件地执行循环体,然后判断循环条件是否成立。
2) do-while 循环与 while 循环的不同在于:do-while 循环是先执行循环体中的语句,然后再判断表达式是否为真,如果为真则继续循环,如果为假则终止循环。

3) do-while 循环至少要执行一次循环语句。

do-while 循环执行过程如图 4-4 所示。

用 do-while 语句求 $1+2+1+2+3+\cdots+100$ 的和，流程图如图 4-5 所示。

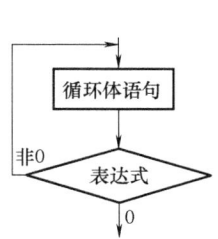
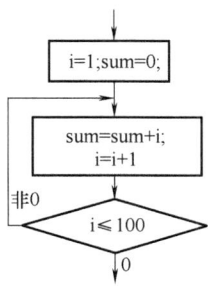

图 4-4　do-while 循环执行过程　　　图 4-5　用 do-while 循环求 $1+2+3+\cdots+100$

源程序如下：

```
#include <stdio.h>
int main()
{
    int i,sum=0;
    i=1;
    do
        {sum=sum+i;
         i++;}
    while(i<=100);
    printf("%d\n",sum);
    return 0;
}
```

【例 4.5】　while 循环和 do-while 循环比较。计算从某个小于 10 的数到 10 的等差数列的和，分别用 while 语句和 do-while 语句来实现。

（1）while 语句源程序如下：

```
#include <stdio.h>
int main()
{
    int sum=0,i;
    scanf("%d",&i);
    while(i<=10)
        {sum=sum+i;
         i++;
        }
```

```
        printf("sum=%d",sum);
        return 0;
    }
```

运行结果1：

```
5↙
sum=45
```

运行结果2：

```
11↙
sum=0
```

（2）do while 语句源程序如下：

```
#include<stdio.h>
int main()
{
    int sum=0,i;
    scanf("%d",&i);
    do
      {sum=sum+i;
       i++;
      }
    while(i<=10);
    printf("sum=%d",sum);
    return 0;
}
```

运行结果1：

```
5↙
sum=45
```

运行结果2：

```
11↙
sum=11
```

程序分析：当输入i值为5时，第1次判断i<=10表达式为真，（1）、（2）程序执行过程相同。当输入i值为11时，第1次判断i<=10表达式为假，（1）程序的循环体执行0次，（2）程序的循环体执行1次。

4.3 用 for 语句实现循环

for 语句的一般形式为：

for(表达式1;表达式2;表达式3)语句

for 语句的执行过程如下：
1) for 语句先求解表达式1。
2) 求解表达式2，若其值为真（非0），则执行 for 语句中指定的内嵌语句，然后执行下面第3) 步；若其值为假（0），则结束循环，转到第5) 步。
3) 求解表达式3。
4) 转回上面第2) 步继续执行。
5) 循环结束，执行 for 语句下面的一条语句。

其执行过程如图4-6所示。

for 语句最简单的应用形式也是最容易理解的形式如下：

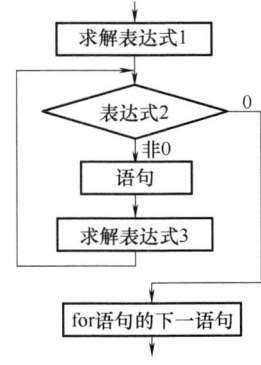

图4-6　for 语句实现循环的流程图

for(循环变量赋初值;循环条件;循环变量增量)
　　语句

循环变量赋初值总是一个赋值语句，它用来给循环控制变量赋初值；循环条件是一个关系表达式，它决定什么时候退出循环；循环变量增量定义循环控制变量每循环一次后按什么方式变化。这三个部分之间用"；"分开。例如：

```
for(i=1;i<=100;i++)
    sum=sum+i;
```

先给 i 赋初值1，判断条件"i<=100"是否为真，若为真则执行语句"sum = sum + i;"；之后 i 值加1，再重新判断条件"i<=100"是否为真，直到条件为假，即 i > 100 时，结束循环。

用 for 语句求 $1+2+3+\cdots+100$ 的和。设置整型变量 i 控制循环次数和加数，整型变量 sum 为和。控制循环的条件为"i<=100"。

```
int i,sum=0;
for(i=1;i<=100;i++)
{
  sum=sum+i;
}
```

相当于：

```
int sum=0,i;
i=1;
while(i<=100)
{   sum=sum+i;
    i++;
}
```

注意：

1）内嵌语句可以是单条语句，也可以是复合语句。

2）三个表达式都可以省略，但";"不能缺省。省略了"表达式1（循环变量赋初值）"，表示不对循环控制变量赋初值。省略了"表达式2（循环条件）"，则表示循环条件永为真，不做其他处理时便成为死循环。例如：

```
for(i=1;;i++)
{ sum = sum + i;
}
```

相当于：

```
i = 1;
while(1)
{   sum = sum + i;
    i++;
}
```

省略了"表达式3（循环变量增量）"，则不对循环控制变量进行操作，这时可在循环体中加入修改循环控制变量的语句。例如：

```
for(i=1;i<=100;)
{
    sum = sum + i;
    i++;
}
```

三种循环都可以用来处理同一个问题，一般可以互相代替。请读者自行用for语句将前面的例题再实现一次。

4.4 改变循环执行的状态

1. 用 break 语句提前终止循环

break 语句通常用在选择语句和循环语句中。当 break 用于选择语句 switch 中时，可使程序跳出 switch 而执行 switch 以后的语句；如果没有 break 语句，则将一直往下执行完 switch 里面的语句。break 在 switch 中的用法已在前面介绍选择语句时的例子中碰到了，这里不再举例。

当 break 语句用于 while、do-while、for 循环语句中时，可使程序终止循环而执行循环后面的语句，通常 break 语句总是与 if 语句连在一起，即满足条件时便跳出循环。其执行过程如图 4-7 所示。

【例 4.6】 读入一批正整数，编程计算并且输出这批正整数的个数与和。要求读入的数据为负数或 0 时，程序

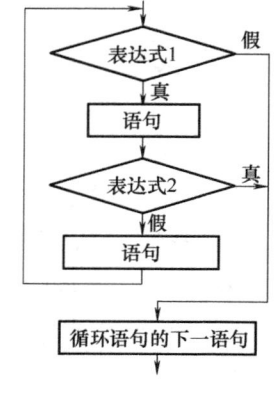

图 4-7 break 语句提前终止循环

立即终止。

解题思路：要根据用户的输入情况才知道这批正整数的个数，即循环次数事先不知道，不能根据循环次数跳出循环，只能利用 break 语句终止循环。

源程序如下：

```c
#include <stdio.h>
int main()
{
    int i,n,sum=0;           //变量 sum 用来保存每次累加的和
    i=0;                      //变量 i 用来记录输入的正整数的个数
    while(1)
    {printf("Please enter n:");
    scanf("%d",&n);           //变量 n 用来保存每次输入的整数
    if(n<=0)break;            //当 n≤0 时跳出循环
    i++;
    sum=sum+n;
    }
    printf("Program is over!\n");
    printf("共输入了%d 个正整数。\n",i);
    printf("这批正整数的和等于%d\n",sum);
    return 0;
}
```

运行结果：

```
Please enter n:2 ✓
Please enter n:3 ✓
Please enter n:4 ✓
Please enter n:-5 ✓
Program is over!
共输入了 3 个正整数。
这批正整数的和等于 9
```

2. 用 continue 语句提前结束本次循环

有时并不希望终止整个循环的操作，而只希望提前结束本次循环，接着执行下次循环。这时可以用 continue 语句。continue 语句的作用是跳过本次循环中剩余的语句而强行执行下一次循环。continue 语句只用在 for、while、do-while 等循环体中，常与 if 条件语句一起使用，用来加速循环。其执行过程如图 4-8 所示。

【例 4.7】 读入 5 个正整数，计算并且输出这批正整数的和。要求当读入的数据为负数或 0 时，程序忽略此次输入，直到读入 5 个正整数时程序才停止。

解题思路：循环次数事先已经知道，一定要输入 5 个正整数。如果在循环过程中用户输入了负数或 0，则要忽略此次输入，结束本次循环，直接进入下一次循环。直到输入的正整数达到 5 个，才能跳出循环。

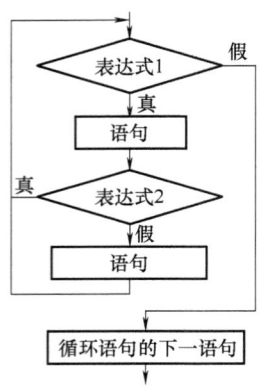

图 4-8 continue 语句提前结束本次循环

源程序如下:

```c
#include <stdio.h>
int main()
{
    int i,n,sum=0;
    for(i=1;i<=5; )
    {
        printf("Please enter n:");
        scanf("%d",&n);
        if(n<0)                    //当 n≤0 时结束本次循环
            continue;
        i++;
        sum+=n;
    }
    printf("Program is over!\n");
    printf("sum=%d\n",sum);
    return 0;
}
```

运行结果:

```
Please enter n:1↙
Please enter n:2↙
Please enter n:3↙
Please enter n:4↙
Please enter n:-6↙
Please enter n:5↙
Program is over!
sum=15
```

程序分析：

按提示输入 n 的值。如果是正整数，计算正整数的个数，并累加。如果输入负数或 0 时，执行 continue，直接进入下一次循环，既不计数，也不累加。直到输入的正整数达到 5 个，跳出 for 循环。

4.5 循环的嵌套

很多情况下，都需要用循环的嵌套。例如，矩阵的加法、乘法运算等。下面举一个简单的例子解释循环的嵌套。

【例 4.8】 编程输出九九乘法口诀表。

解题思路： 乘法口诀表一共需要输出 9 行，每行有 9 列。本题需要使用双重循环，外层循环输出行，内层循环输出列。行需要循环 9 次，每行列都要循环 9 次，用嵌套的 for 循环实现。外层循环次数由整型变量 i 控制，内层循环次数由整型变量 j 控制。

源程序如下：

```c
#include <stdio.h>
int main()
{int i,j;
for(i=1;i<=9;i++)
{
    for(j=1;j<=9;j++)
    {
        printf("%d*%d=%d\t",i,j,i*j);
    }
    printf("\n");
}
return 0;
}
```

运行结果：

```
1*1=1   1*2=2   1*3=3   1*4=4   1*5=5   1*6=6   1*7=7   1*8=8   1*9=9
2*1=2   2*2=4   2*3=6   2*4=8   2*5=10  2*6=12  2*7=14  2*8=16  2*9=18
3*1=3   3*2=6   3*3=9   3*4=12  3*5=15  3*6=18  3*7=21  3*8=24  3*9=27
4*1=4   4*2=8   4*3=12  4*4=16  4*5=20  4*6=24  4*7=28  4*8=32  4*9=36
5*1=5   5*2=10  5*3=15  5*4=20  5*5=25  5*6=30  5*7=35  5*8=40  5*9=45
6*1=6   6*2=12  6*3=18  6*4=24  6*5=30  6*6=36  6*7=42  6*8=48  6*9=54
7*1=7   7*2=14  7*3=21  7*4=28  7*5=35  7*6=42  7*7=49  7*8=56  7*9=63
8*1=8   8*2=16  8*3=24  8*4=32  8*5=40  8*6=48  8*7=56  8*8=64  8*9=72
9*1=9   9*2=18  9*3=27  9*4=36  9*5=45  9*6=54  9*7=63  9*8=72  9*9=81
```

程序分析：

1)该程序用两层嵌套的 for 循环实现输出九九乘法表。外层的循环控制变量 i 由 1 变到 9,即外层循环执行 9 次,在每次执行外层循环时,内层循环控制变量 j 的值都由 1 变到 9,即外层的变量 i 的每一个值,内层的循环要从开始执行到结束。为避免造成混乱,嵌套循环内外层的循环控制变量不应该同名。

2)代码在内循环的输出表达式后用 \t,它是水平制表符,效果是每个式子之间有空隙,然后在内循环结束后加一个输出 \n,目的是换行。

3)如果希望输出三角形的乘法口诀表,可以将列循环的次数修改成小于等于行数。

修改源程序如下:

```c
#include <stdio.h>
int main()
{int i,j;
for(i=1;i<=9;i++)
{
    for(j=1;j<=i;j++)
    {
        printf("%d*%d=%d\t",i,j,i*j);
    }
    printf("\n");
}
return 0;
}
```

运行结果:

```
1*1=1
2*1=2   2*2=4
3*1=3   3*2=6   3*3=9
4*1=4   4*2=8   4*3=12  4*4=16
5*1=5   5*2=10  5*3=15  5*4=20  5*5=25
6*1=6   6*2=12  6*3=18  6*4=24  6*5=30  6*6=36
7*1=7   7*2=14  7*3=21  7*4=28  7*5=35  7*6=42  7*7=49
8*1=8   8*2=16  8*3=24  8*4=32  8*5=40  8*6=48  8*7=56  8*8=64
9*1=9   9*2=18  9*3=27  9*4=36  9*5=45  9*6=54  9*7=63  9*8=72  9*9=81
```

4)如果希望输出上三角形的乘法口诀表,可修改源程序如下:

```c
#include <stdio.h>
int main()
{int i,j;
for(i=1;i<=9;i++)
{
```

```
        for(j=1;j<i;j++)
        {
            printf("\t");
        }
        for(j=i;j<=9;j++)
        {
            printf("%d*%d=%d\t",i,j,i*j);
        }
        printf("\n");
    }
    return 0;
}
```

运行结果:

```
1*1=1  1*2=2  1*3=3  1*4=4   1*5=5   1*6=6   1*7=7   1*8=8   1*9=9
       2*2=4  2*3=6  2*4=8   2*5=10  2*6=12  2*7=14  2*8=16  2*9=18
              3*3=9  3*4=12  3*5=15  3*6=18  3*7=21  3*8=24  3*9=27
                     4*4=16  4*5=20  4*6=24  4*7=28  4*8=32  4*9=36
                             5*5=25  5*6=30  5*7=35  5*8=40  5*9=45
                                     6*6=36  6*7=42  6*8=48  6*9=54
                                             7*7=49  7*8=56  7*9=63
                                                     8*8=64  8*9=72
                                                             9*9=81
```

4.6 循环程序应用举例

【例 4.9】 编程输出 2000 年至 2050 年中所有的闰年。

解题思路：用 for 循环实现。用整型变量 year 控制循环次数。year 的初始值为 2000，终止值为 2050。每次循环判断当前的 year 是否是闰年，是闰年，则输出。

源程序如下：

```
#include <stdio.h>
int main()
{
    int  year;
    printf("2000 至 2050 间闰年:\n");
    for(year=2000;year<=2050;year++)
    {
        if(((year%4==0)&&(year%100!=0))||(year%400==0))
```

```
        printf("%d 年!\t",year);
    }
    printf("\n");
}
```

运行结果:

```
2000 至 2050 间闰年:
2000 年!    2004 年!    2008 年!    2012 年!    2016 年!
2020 年!    2024 年!    2028 年!    2032 年!    2036 年!
2040 年!    2044 年!    2048 年!
```

【例 4.10】 编程:输入正整数 m,判断 m 是否是素数。

解题思路:素数(质数)是一个正整数,除了 1 和它本身之外,不能被其他任何正整数整除。用 2~m-1 逐个去除 m,如果 m 能被 2~m-1 之中任何一个整数整除,则提前结束循环,此时 i≤m-1;如果 m 不能被 2~m-1 之间的任一整数整除,则在完成最后一次循环后,i 的值为 m,表明 m 未曾被 2~m-1 之间任一整数整除过,m 是素数。

源程序如下:

```c
#include<stdio.h>
main()
{
    int m,i;
    scanf("%d",&m);
    for(i=2;i<=m-1;i++)
    {
        if(m%i==0)  break;
    }
    if(i>=m)
    {
        printf("%d is a prime number\n",m);
    }
    else
    {
        printf("%d is not a prime number\n",m);
    }
}
```

运行结果:

```
18↙
18 is not a prime number
```

```
13 ↙
13 is a prime number
```

【例 4.11】 编程输出 500 以内的全部素数,并输出 500 以内的素数个数。

源程序如下:

```
#include <stdio.h>
main()
{
int m,i,n=0;
for(m=2;m<=500;m++)
{
    for(i=2;i<=m-1;i++)
    {
        if(m%i==0)break;
    }
    if(i>=m)
    {   printf("%d,",m);
        n=n+1;
    }
}
printf("\n500 以内共有%d 个素数\n",n);
}
```

运行结果:

```
2,3,5,7,11,13,17,19,23,29,31,37,41,43,47,53,59,61,67,71,73,79,83,
89,97,101,103,107,109,113,127,131,137,139,149,151,157,163,167,173,
179,181,191,193,197,199,211,223,227,229,233,239,241,251,257,263,
269,271,277,281,283,293,307,311,313,317,331,337,347,349,353,359,
367,373,379,383,389,397,401,409,419,421,431,433,439,443,449,457,
461,463,467,479,487,491,499,
500 以内共有 95 个素数
```

4.7 本章知识点小结

内容	概述	备注

for 语句	for(表达式1;表达式2;表达式3)
	{
	  循环体语句
	}
		用于实现当型循环控制结构。在循环顶部进行循环条件测试,如果循环条件第一次测试就为假,则循环体一次也不执行。适合于循环次数已知、计数控制的循环

(续)

内容	概述	备注

while 语句	while(表达式)
	{
	　循环体语句
	}
		用于实现当型循环控制结构，适合于循环次数未知、条件控制的循环

do-while 语句	do { 　循环体语句 } while(表达式);	用于实现直到型循环控制结构。在循环底部进行循环条件测试，循环至少执行一次
break 语句	用于退出 switch 或一层循环结构	用于流程控制
continue 语句	用于结束本次循环，继续执行下一次循环	用于流程控制

累加求和	for(sum=0,i=0;i<n;i++)
	{
	　sum=sum+通项;
	}
		累加和变量的初始值通常设为 0。当累加的前后项无关时，需单独计算通项。当累加的前后项有关时，根据后项与前项的关系，用前项计算后项

4.8 本章常见错误小结

常见错误举例	常见错误描述	错误类型

while(i<=n)
{
sum=sum+i;
i++;
}
	在循环开始前，未将计数变量 i、累加求和变量 sum 初始化，导致运行结果出现乱码	运行时错误

while(i<=n)
sum=sum+i;
i++;
	循环体里是复合语句，忘了加花括号	运行时错误

for(i=0;i<n;i++);
{
sum=sum+i;
}
	在 for 语句表达式圆括号外写了一个分号，则循环体是空语句	运行时错误

while(i<=n);
{
sum=sum+i;
i++;
}
	在 while 后表达式圆括号外写了一个分号，则循环体是空语句。第一次执行循环，循环条件为真时，形成死循环	运行时错误

（续）

常见错误举例	常见错误描述	错误类型

while(i<100)
{
printf("n=%d",n);
}
	在while循环体中，没有改变循环控制条件的操作。在第一次执行循环，循环条件为真时，形成死循环	运行时错误

do
　{sum=sum+i;
　　i++;
　}
while(i<=10)
	do-while语句的while表达式后面忘记加分号	编译错误

for(i=0,i<n,i++);
{
sum=sum+i;
}
	for语句圆括号中的三个表达式应该用分号隔开	编译错误

习 题

1. 编写程序，求 1! + 2! + 3! + … + N! 的值，N 的值由键盘输入。

2. 求 s = a + aa + aaa + aaaa + aa…a 的值，其中 a 是一个数字。例如，2 + 22 + 222 + 2222 + 22222（此时共有 5 个数相加）。几个数相加由键盘控制。

3. 有一分数序列：2/1，3/2，5/3，8/5，13/8，21/13，…，求出这个数列的前 20 项之和。

4. 编写程序，输入 10 个整数，计算所有正数之和及所有负数之和，并分别打印出来。

5. 编写程序，输入某班 C 语言的考试分数，该班人数未知，用 -1 作为结束标志，若输入大于 100 分，则提示重新输入，然后计算全班的最高分、最低分与平均分。

6. 输入一行字符，分别统计出其中的英文字母、空格、数字和其他字符的个数。

7. 打印出所有的"水仙花数"。所谓"水仙花数"是指一个三位数，其中各位数字的立方和等于该数本身，如 $153 = 1^3 + 5^3 + 3^3$。

8. 编写程序，打印以下图形：

(图形 a)　　(图形 b)　　(图形 c)

9. 公鸡五元一只，母鸡三元一只，小鸡一元三只，一百元要买一百只鸡，且需包含公鸡、母鸡和小鸡。请编写程序，输出所有可能的方案。

10. 有 1、2、3、4 四个数字，能组成多少个互不相同且无重复数字的三位数？都是多少？

11. 有一对兔子，从出生后第 3 个月起每个月都生一对兔子，小兔子长到第 3 个月后每个月又生一对兔子，假如兔子都不死，问每个月的兔子总数为多少？

第 5 章

数　组

在前几章的 C 程序中，使用的变量都属于基本类型，如整型、字符型、浮点型，这些都是简单的数据类型。有些问题，只用简单的数据类型是不够的，难以反映出数据的特点，也难以有效地处理问题。例如，一个班有 30 个学生，每个学生有一个 C 语言成绩，可以定义 3 个浮点型变量：score、sum 和 aver，利用循环结构，可以求出这班学生的平均成绩。在每次循环时，首先从键盘读入一个学生的成绩存放在 score 中，然后把 score 累加到 sum 中，循环结束后，用 sum 除以 30，就求出了平均分 aver。但如果希望进一步统计高于平均分的学生人数。在计算出平均分以后，变量 score 中只存放了读入的最后一个学生的成绩，其他 29 个学生的成绩都没有保存下来，因此无法统计出高于平均分的学生人数。当然也可以用 30 个浮点型变量 s1，s2，s3，…，s30 来保存 30 个学生的成绩。但是这里存在两个问题：一是繁琐，要定义 30 个简单变量，如果有 1000 名学生怎么办？而且这些变量不能用循环语句来处理。二是没有反映出这些数据间的内在联系，实际上这些数据是同一个班级同一门课程的成绩，它们具有相同的属性。如果希望统计高于平均分的学生人数，还需将所有学生的成绩与平均分逐一比较，完成此任务需要保存所有学生的成绩，可以通过定义一个浮点型数组 score[30]，来存放全班学生的成绩。

5.1　一维数组的定义和初始化

C 语言引入数组类型来解决需要对相同类型的批量数据进行处理的问题。数组属于构造数据类型。一个数组可以分解为多个数组元素，这些数组元素可以是基本数据类型或是构造类型。因此按数组元素的类型不同，数组又可分为数值数组、字符数组、指针数组、结构体数组等各种类别。本章介绍数值数组，其余的在以后各章陆续介绍。

数组是一组具有固定数目的、有序的、类型相同的数据的集合，用数组名标识。数组中的各元素的存储是有先后顺序的，它们在内存中按照这个先后顺序连续存放在一起。数组元素用整个数组的名字和它自己在数组中的顺序位置来表示。例如，a[0] 表示名字为 a 的数组中的第 1 个元素，a[1] 代表数组 a 的第 2 个元素，以此类推；下标是数组元素在数组中的位置。

1. 一维数组的定义

一维数组的定义形式为：

　　数据类型　数组名[常量表达式]

例如：

```
float score[30];
```

表示定义一个名为 score 的数组,该数组有 30 个元素,数据类型为浮点型。

在定义数组时要注意以下几点:

1) 数据类型用来说明数组元素的类型,可以是 int、char、float、double 等。对于同一个数组,其所有元素的数据类型都是相同的。

2) 数组名的命名应遵守标识符的命名规则,但是不能与其他变量同名。

3) 数组名后是用方括号 [ ] 括起来的常量表达式。常量表达式表示的是数组元素的个数,即数组的长度。在上例中定义了数组 score[30],表示数组 score 有 30 个元素。但是其下标从 0 开始计算,因此 30 个元素分别为 score[0], score[1], score[2], …, score[29]。

4) 常量表达式中可以包括常量和符号常量,不能包含变量,因为 C 语言规定不允许对数组的大小做动态定义。

5) 允许在同一个类型说明中,说明多个数组和多个变量,彼此间以逗号相隔。例如:

```
int  a,b,k1[10],k2[20];   //定义了两个整型变量、两个一维数组
```

举例说明,判断下面的定义是否合法:

```
int b,b[5];        //不合法,数组名不能与变量名同名
#define size 10
int b[size];       //合法,size 已经在宏定义中说明,在程序中作为符号常量
int a(6);          //不合法,数组名后不能使用(),只能用[]
int n =5;
int a[n];          //不合法,不能用变量定义数组元素的个数
int a[n +2];       //不合法,不能用变量表达式定义数组元素的个数
```

C 语言在编译时给数组分配一段连续的内存空间。内存字节数的计算公式如下:

内存字节数 = 数组元素个数 × sizeof(元素数据类型)

数组元素按下标递增的次序连续存放。数组名是数组所占内存区域的首地址,即数组第 1 个元素存放的地址。例如,int a[5],假设数组 a 首地址是 0X0019FF24,一维数组的存储结构示意图如图 5-1 所示。

数组 a 占用字节数为 5 × sizeof(int) = 5 × 4 = 20 (在 VC6 中,此空间大小为 20)。

内存地址	数组元素	数组元素下标
0019FF24	a[0]	0
0019FF28	a[1]	1
0019FF2C	a[2]	2
0019FF30	a[3]	3
0019FF34	a[4]	4

图 5-1 一维数组的存储结构示意图

2. 一维数组的初始化

数组的初始化就是在定义数组时给数组元素赋初值。其初始化的一般格式为:

数据类型 数组名[数组元素个数] = {值1,值2,…,值n};

对数组全部元素赋初值,例如:

```
int a[5] = {2,4,6,8,10};
```

其作用是在定义数组的同时将常量 2、4、6、8、10 分别置于数组元素 a[0]、a[1]、a[2]、

a[3]、a[4]中。

对数组部分元素赋初值,其他数组元素自动赋以0值,例如:

    int a[4]={1,2};

执行后各元素的初值为a[0]=1,a[1]=2,a[2]=0,a[3]=0。

全部元素均初始化为0,可写成:

    int a[10]={0,0,0,0,0,0,0,0,0,0};或int a[10]={0};

不能写成int a[10]={0*10}。

在定义数组时初始化要注意以下几点:

1) 数组元素的值可以是数值型、字符型。
2) 数组元素的初值必须依次放在一对大括号{}内,各值之间用逗号隔开。
3) 在进行数组的初始化时,{}中值的个数不能超过数组元素的个数。例如:

    int a[5]={1,2,3,4,5,6};

是一种错误的数组初始化方式,所赋初值多于定义的数组元素个数。

4) 在给数组所有元素赋初值时,可以不指定数组长度。例如:

    int a[ ]={1,2,3,4,5};

则编译系统会根据初值的个数决定数组a的长度。但不能既不指定数组的长度,又不赋初值。

在定义时赋初值是一种简单而行之有效的方法,它适用于长度较小的数组或对长度较大的数组部分元素赋值,而且可对每个数组元素赋不同的值。

5.2 一维数组元素的输入/输出

数组元素是组成数组的基本单元,数组元素用数组名和下标确定。下标表示了元素在数组中的顺序号。C语言规定:数组必须先定义,后使用。一维数组的引用形式为:

    数组名[下标]

其中下标可以是整型常量、整型变量或整型表达式。例如,有30个学生的成绩要从键盘输入到数组保存,然后从数组输出到屏幕。有了数组,可以利用下标设计一个循环,使用相同名字引用一系列变量,并用下标来识别它们。例如:

```
float score[30];
int  i;
for(i=0;i<30;i++)
{    scanf("%f",&score[i]);
}
for(i=0;i<30;i++)
{    printf("%f\t",score[i]);
}
```

在对一维数组输入/输出时要注意以下几点:

1) 数组元素下标的最小值为 0,最大值是数组大小减 1。若定义了数组 score[30],使用的时候不能使用 score[30],否则产生数组越界。C 语言对数组不做越界检查,使用时要特别注意。

2) 在 C 语言中只能对数组元素进行操作,不能一次对整个数组进行操作。若要输入/输出有 30 个元素的数组,则必须使用循环语句逐个输入/输出每个数组元素,而不能用一个语句输出整个数组。下面的写法是错误的:

```
printf("%f\t",score);
```

3) 已经定义好的两个数组:

```
int a[5] = {1,2,3,4,5},b[5];
```

如何使两个数组的值相等呢?能否通过直接赋值呢?

```
b = a;
```

不能,因为数组名表示数组的首地址,其值不可改变,只能通过逐个元素赋值:

```
b[0] = a[0];
b[1] = a[1];
b[2] = a[2];
b[3] = a[3];
b[4] = a[4];
```

或者通过循环赋值:

```
int i;
for(i = 0;i < 5;i ++)
{
    b[i] = a[i];
}
```

【例 5.1】 读入全班 30 个学生的 C 语言成绩,求全班平均成绩,并统计高于平均分的学生人数。

源程序如下:

```
#include <stdio.h>
#define N 30
int main()
{   float score[N],aver,sum = 0;
    int  i;
    int  count = 0;
    printf("Input the scores of students:\n");
    for(i = 0;i < N;i ++)
```

```
        {   scanf("%f",&score[i]);
            sum += score[i];
        }
        aver = sum / N;
        for(i=0;i<N;i++)
        {   if(score[i]>aver)
            count++;
        }
        printf("aver=%f\n",aver);
        printf("count=%d\n",count);
        return 0;
}
```

本例第2行使用#define指令创建了一个指定数组大小的符号常量N，在定义数组和设置循环限制时使用这个常量。实际调试程序时，可将班级人数改成5，把N重新定义为5就可以了，不需要修改程序中使用了数组大小的每个地方。数组一旦定义，就不能再改变它的大小了。

C语言对数组的下标越界不做任何检查，即对有n个元素的数组，既可访问下标小于0的数组元素，也可访问下标大于等于n的元素。当然，这样的数组元素是不存在的，所以越界访问数组元素会给程序运行造成不可预测的后果，程序员应当自己控制数组下标越界的检查。

【例5.2】 编程演示数组元素的地址和值，分析数组下标值小于0或超过数组长度时的情况。

源程序如下：

```
#include <stdio.h>
int main()
{
int   a=1,c=2,b[5]={0},i;
for(i=0; i<=8; i++)
{     printf("b[%d]的地址是:%p,数组元素的值是:%d\n",i,&b[i],b[i]);
}
printf("a的地址是:%p,a的值是:%d\n ",&a,a);
printf("c的地址是:%p,c的值是:%d\n ",&c,c);
printf("i的地址是:%p,i的值是:%d\n ",&i,i);
return 0;
}
```

运行结果：

b[0]的地址是:0019FF24,数组元素的值是:0
b[1]的地址是:0019FF28,数组元素的值是:0
b[2]的地址是:0019FF2C,数组元素的值是:0
b[3]的地址是:0019FF30,数组元素的值是:0
b[4]的地址是:0019FF34,数组元素的值是:0
b[5]的地址是:0019FF38,数组元素的值是:2
b[6]的地址是:0019FF3C,数组元素的值是:1
b[7]的地址是:0019FF40,数组元素的值是:1703808
b[8]的地址是:0019FF44,数组元素的值是:4199097
a 的地址是:0019FF3C,a 的值是:1
c 的地址是:0019FF38,c 的值是:2
i 的地址是:0019FF20,i 的值是:9
```

程序分析：根据运行结果可以画出本程序里的变量和数组元素所占的内存单元，如图 5-2 所示。

| 内存地址 | 内存单元的值 | 内存单元的名称 |
| --- | --- | --- |
| 0019FF20 | 9 | i |
| 0019FF24 | 0 | b[0] |
| 0019FF28 | 0 | b[1] |
| 0019FF2C | 0 | b[2] |
| 0019FF30 | 0 | b[3] |
| 0019FF34 | 0 | b[4] |
| 0019FF38 | 2 | b[5] 或 c |
| 0019FF3C | 1 | b[6] 或 a |
| 0019FF40 | 1703808 | b[7] |
| 0019FF44 | 4199097 | b[8] |

图 5-2  数组 b 的各元素的地址和值

## 5.3  一维数组应用举例

**【例 5.3】** 编程实现输入某年某月某日，判断这一天是这一年的第几天。

**解题思路：**

1）不考虑闰年，在定义存放每个月天数的 days 数组时就直接将数组初始化，将每月的天数保存在 days 数组里。

源程序如下：

```
#include <stdio.h>
#define MONTHS 12
int main()
{
```
```

```
    int days[MONTHS] = {31,28,31,30,31,30,31,31,30,31,30,31};
    int i,year,month,d,sum = 0;
    do{
        printf("Input a data:");
        scanf("%d%d%d",&year,&month,&d);
    }while(month <1 || month >12);
    for(i =0; i <month-1; i ++)
    { sum + =days[i];
    }
    sum + =d;
    printf("The number of days is %d\n",sum);
    return 0;
}
```

运行结果:

```
Input a data:2018 4 29
The number of days is 119
```

程序分析:数组 days 的下标是从 0 开始的,即 days[0] 代表 1 月份的天数,days[1] 代表 2 月份的天数,依此类推,因此第 month 个月的天数应该为 days[month-1]。如果希望按照人的习惯用 days[1] 代表 1 月份的天数,days[2] 代表 2 月份的天数,可以将数组大小定义为 13,不使用数组元素 days[0]。

由于编译程序不检查数组下标值是否越界,一旦下标越界,将访问数组以外的空间,那里的数据是未知的,不受我们掌控,如果被意外修改,很可能会带来严重的后果。本例中为了防止访问数组以外的空间,也为了输出有意义的结果,用第 7~10 行的 do-while 语句来输入 month 的值,确保用户输入的 month 值在 1~12 范围之内。如果删掉第 7 行和第 10 行,那么程序在用户输入 13 时将输出无意义的结果值(即乱码)。因此,使用数组编写程序时,要格外小心,程序员要自己确保元素的正确引用,以免因下标越界而造成对其他存储单元中数据的破坏。

2)考虑闰年,可以在求总天数的时候加上是否是闰年的判断。

源程序如下:

```
#include <stdio.h>
#define  MONTHS 13
int main()
{
    int days[MONTHS] = {0,31,28,31,30,31,30,31,31,30,31,30,31};
    int i,year,month,d,sum = 0;
    do{
        printf("Input a data:");
        scanf("%d%d%d",&year,&month,&d);
```

```
    }while(month <1 ||month >12);
     for(i =1; i <month; i ++)
     { sum + =days[i];
     }
     if((year%4 ==0&&year%100! =0||year%400 ==0)&&(month > =3))
         sum + =d +1;
     else
         sum + =d;
      printf("The number of days is %d\n",sum);
         return 0;
}
```

运行结果：

```
Input a data:2020 4 29
The number of days is 120
```

使用批量数据时，用户可能需要在数组中查找一个特定元素。本节介绍两种查找算法：顺序查找和二分查找。顺序查找算法简单直观，但效率较低。二分查找算法稍微复杂一些，但效率较高。

【例5.4】 一个长度为10的数组里存放着10个整数，从键盘输入一个数，要求用顺序查找法查找该数，如果找到了，则输出该数在数组的位置，否则输出未找到的提示信息。

解题思路：本例要求用顺序查找法。其基本过程为：利用循环顺序扫描整个数组，依次将每个元素与待查找值比较，若找到，则停止循环，输出其位置值；若所有元素都比较后仍未找到指定的数据值，则结束循环，输出未找到的提示信息。

源程序如下：

```
#include <stdio.h>
#define  N  10
int  main()
{
   int a[N] ={10,20,30,40,50,60,70,80,90,100};
   int i,x;
   printf("输入你要查找的数:");
   scanf("%d",&x);
   for(i =0;i <N;i ++)           //循环,把x和数组中的每个元素一一比较
      {
        if(x ==a[i])             //如果x =a[i]说明已经找到
        {
          break;                 //跳出循环
        }
```

```
            }
        if(i < N)
            printf("你要查找的数%d在第%d个位置\n",x,i+1);
                                          //输出找到的相关信息
        else
            printf("无法找到你要查找的数\n");
        return 0;
    }
```

运行结果 1：

输入你要查找的数:90
你要查找的数 90 在第 9 个位置

运行结果 2：

输入你要查找的数:77
无法找到你要查找的数

本例中在定义数组的同时就对其初始化了，读者可以自己通过键盘输入数组元素值。

如果数组中数组元素的值是有序（升序或降序均可）的，可以采取一种高效率的查找方法即二分查找法。二分查找的基本思想是：以处于区间中间位置记录的数值与给定值比较，若相等，则查找成功；若不等，则缩小范围，直至新的区间中间位置记录的数值等于给定值或者查找区间的大小等于零时（表明查找不成功）为止。

【例 5.5】 有 15 个数按由小到大的顺序存放在一个数组中，输入一个数，要求用二分查找法找出该数是数组中第几个元素的值。如果该数不在数组中，则输出找不到信息。

解题思路：例 5.4 程序使用的是顺序查找法，它不要求被查找的数组元素事先是有序排列的，二分查找要求被查找表是有序的。所以在本例中先将待查找的数分别与第一个元素和最后一个元素相比较，如果比第一个元素小或比最后一个元素大，说明要查的数超出了查找区间，直接输出查找不到信息，否则就用二分查找法查找。循环条件为 low <= high，首先选取位于数组中间的元素，将其和待查找的数进行比较，如果它们的值相等，则查找成功，退出循环；否则将查找的区间缩小为原来区间的一半，即在一半的数组元素中继续查找，直到查找成功或循环条件不满足退出循环为止。

源程序如下：

```
#include <stdio.h>
#define N 15
int main()
{
    int a[N]={6,15,28,31,32,43,51,58,59,63,65,76,87,97,99};
    int i,number,low,high,mid;
    low=0;                              //low 是查找区间的起始
                                        位置
```

```
            high = N - 1;                              //high 是查找区间的最末
                                                             位置
    printf("数组元素值为:");
    for(i = 0;i < N;i ++)
    printf("%4d",a[i]);
    printf("\n 请输入要查找的数:");
    scanf("%d",&number);
    if((number < a[0]) || (number > a[N-1]))           //要查的数超出了查找区间
        printf("cannot find %d.\n",number);            // 输出找不到信息
      else
      { while(low < = high){
        mid = (low + high) / 2;                        //取数据区间的中点
        if(number == a[mid]){                          //查找成功
            printf("%d is %dth number!\n",number,mid +1);
            break;
        }
        else if(number > a[mid])                       //若 number > a[mid],修
                                                         改区间的左端点
            low = mid +1;
        else                                           //若 number < a[mid],修
                                                         改区间的右端点
            high = mid -1;
      }
      if(number ! = a[mid])                            //要查的数不在查找区间内
      printf("cannot find %d.\n",number);
    }
    return 0;
}
```

运行结果 1:

数组元素值为:6 15 28 31 32 43 51 58 59 63 65 76 87 97 99

请输入要查找的数:51

51 is 7th number!

运行结果 2:

数组元素值为:6 15 28 31 32 43 51 58 59 63 65 76 87 97 99
请输入要查找的数:44
cannot find 44.

程序分析:要求修改程序,数组数据从键盘输入,且设定输入的数据是无序的,则先要

对这些无序的数据进行排序,然后再采用二分查找法查找数据。为了学习排序算法,先讲解求最大值的算法。

【例5.6】 读10个整数存入数组,找出其中最大值和它的下标。

解题思路:本题采用的是"打擂台算法"。先让x[0]作为"擂主",把它的值赋给变量max,max用来存放当前已知的最大值,在开始还未进行比较时,把最前面的元素当作最大值。然后让下一个元素x[1]与max比较,如果x[1]>max,则表示x[1]是已经比较过的数据中值最大的,把它的值赋给max,取代了max的原值。后面的依此处理,值大的赋给max,直到全部比完后,max就是最大的值。若还要输出最大值的下标,可以再定义一个整型变量k,用来存放最大值的下标。

源程序如下:

```c
#include <stdio.h>
#define N 10
int main()
{   int a[N],i,k,max;
    printf("Enter 10 integers:\n");
    for(i=0;i<10;i++)
    scanf("%d",&a[i]);
    k=0;
    max=x[0];
    for(i=1;i<10;i++)
    {   if(max<a[i])                    //条件if(max<a[i])可改
                                        //  成if(a[k]<a[i])
        {
            k=i;
            max=a[i];
        }
    }
    printf("Max=%d,num=%d\n",a[k],k+1); //按人的习惯,从1开始计数
    return 0;
}
```

运行结果:

```
Enter 10 integers:
44 7 88 56 98 44 2 33 74 51
Max=98,num=5
```

程序分析:不定义变量max,也能实现程序功能,因为记录了最大数组元素的下标,每次将数组元素与max比较时,修改为将数组元素与下标被记录的数组元素比较。

为了提高查找的效率,需要对存储在数组中的大量数据进行排序。排序是把一系列无序的数据按照特定的顺序(如升序或降序)重新排列为有序序列的过程。排序是计算机内经

常进行的一种操作。下面介绍在求最值的基础上进一步进行排序的算法思想。

【例 5.7】 编程从键盘输入 n(n≤100) 个整数,用选择法对 n 个整数按从小到大排序,然后输出。

解题思路:第 1 趟选出一个最小值和无序序列的第 1 个数交换,第 2 趟选出一个次小值和无序序列的第 2 个数交换,以此类推,n 个数共选 n−1 趟。每趟选出最小值的方法可参看例 5.6,每趟最多进行一次交换,其余元素的相对位置不变。

定义外层 n−1 次循环,第 i 次循环时,假设数组的第 i 个数组元素为最小值,从第 i 个数以后找最小值,若后面有比前面假设的最小值更小的数组元素,就将此数组元素的下标存放在 k 中,然后将 k 与 i 值比较,若 k 的值与 i 的值不同,也就是假设的 i 不是最小值,那么就交换 k 和 i 指向的数组元素。

这里没有给出 n 的具体值,而定义数组时数组的长度不能是一个变量,所以使用#define 指令创建最大长度的数组。

源程序如下:

```c
#include <stdio.h>
#define  Size 100
int main()
{
int a[Size];
int i,j,k,t,n;;
printf("请输入 n 的值 :\n");            //输入 n 的具体值
scanf("%d",&n);
printf("请输入%d 个数 :\n",n);
for(i=0;i<n;i++)                        //依次输入 n 个整数,并将
                                        //  它们存放在数组 a 中
scanf("%d",&a[i]);
printf("\n");
printf("Before sort:");                 //输出排序前的数组元素
for(i=0;i< n;i++)
printf("%4d",a[i]);
printf("\n");
for(i=0;i<n-1;i++)                      //外循环控制趟数,n 个数选
                                        //  n−1 趟
    {
      k=i;                              //假设当前趟的第一个数为最
                                        //  小值,记在 k 中
      for(j=i+1;j<n;j++)                //从下一个数到最后一个数
                                        //  之间找最小值
```

```
                {if(a[k]>a[j])         //若其后有比最小值更小的
                    k=j;               //则将其下标记在k中
                }
            if(k!=i)                   //若k不为最初的i值,说明
                                       //  在其后找到比其更小的数
                { t=a[k]; a[k]=a[i]; a[i]=t; }//则交换最值和当前序列的
                                       //  第一个数
            }
        printf("The sorted numbers: ");
        for(i=0;i<n;i++)
            printf("%d ",a[i]);
        printf("\n");
    }
```

运行结果:

请输入 n 的值:
6
请输入 6 个数:
33 55 21 554 6 45
Before sort: 33   55   21   554   6   45
The sorted numbers:6   21   33   45   55   554

5.4 二维数组的定义和初始化

1. 二维数组的定义

前面介绍的数组只有一个下标,称为一维数组。在实际问题中有很多变量是二维的或多维的,因此 C 语言允许构造多维数组。多维数组元素有多个下标,以标识它在数组中的位置。多维数组可由二维数组类推而得到。

二维数组定义的一般形式是:

类型说明符 数组名[常量表达式1][常量表达式2]

其中,常量表达式1表示第1维下标的长度,常量表达式2表示第2维下标的长度。例如:

```
int a[3][4];
```

说明了一个 3 行 4 列的数组,数组名为 a,其下标变量的类型为整型。该数组的下标变量共有 3×4 个,即

```
a[0][0],a[0][1],a[0][2],a[0][3]
a[1][0],a[1][1],a[1][2],a[1][3]
a[2][0],a[2][1],a[2][2],a[2][3]
```

二维数组在概念上是二维的，其下标在两个方向上变化，下标变量在数组中的位置也处于一个平面之中，而不像一维数组只是一个向量。但是，实际的硬件存储器却是连续编址的，也就是说存储器单元是按一维线性排列的。如何在一维存储器中存放二维数组，可有两种方式：一种是按行排列，即放完一行之后顺次放入第 2 行；另一种是按列排列，即放完一列之后再顺次放入第 2 列。

在 C 语言中，二维数组是按行排列的。上例即先存放第 1 行，再存放第 2 行，最后存放第 3 行，每行中的 4 个元素也是依次存放。由于数组 a 说明为 int 类型，在 VC6 中该类型占 4 个字节的内存空间，所以每个元素均占有 4 个字节。

C 语言还允许使用多维数组。有了二维数组的基础，再掌握多维数组是不困难的。例如，定义三维数组的方法如下：

```
float a[2][3][4];   //定义三维数组a,它有2页,3行,4列
```

多维数组元素在内存中的排列顺序为：第 1 维的下标变化最慢，最右边的下标变化最快。例如，上述三维数组的元素排列顺序为：

a[0][0][0]→a[0][0][1]→a[0][0][2]→a[0][0][3]→a[0][1][0]→a[0][1][1]→a[0][1][2]→a[0][1][3] →a[0][2][0]→a[0][2][1]→a[0][2][2]→a[0][2][3]→a[1][0][0]→a[1][0][1]→a[1][0][2]→a[1][0][3]→a[1][1][0]→a[1][1][1]→a[1][1][2]→a[1][1][3] →a[1][2][0]→a[1][2][1]→a[1][2][2]→a[1][2][3]

二维数组的元素也称为双下标变量，其表示的形式为：

数组名[下标][下标]

其中下标应为整型常量或整型表达式。例如：

a[3][4]

表示 a 数组第 4 行第 5 列的元素。

注意：

1）其中下标可以是整型表达式。

2）不要写成 a[2,3] 等形式。

3）下标值应在已定义的数组大小范围内。

4）定义数组时的 a[3][4] 与引用数组元素时用的 a[3][4] 的区别。数组定义和引用数组元素时下标变量在形式中有些相似，但这两者具有完全不同的含义。数组定义的方括号中给出的是某一维的长度，即可取下标的最大值；而数组元素中的下标是该元素在数组中的位置标识。前者只能是常量，后者可以是常量、变量或表达式。

在引用数组元素时，下标值应在已定义的数组大小的范围内，在这问题上常出现错误。例如：

```
int a[3][4];       //定义a为3×4的二维数组
    ⋮
a[3][4]=1;         //不存在a[3][4]元素
```

按以上的定义，数组 a 的可用行下标的范围为 0~2，列下标的范围为 0~3，用 a[3][4] 表示元素显然超过了数组的范围。

2. 二维数组的初始化

二维数组初始化也是在类型说明时给各下标变量赋以初值。二维数组可按行分段赋值，也可按行连续赋值。例如，对数组 a[5][3]，按行分段赋值可写为：

```
int a[5][3] = { {80,75,92},{61,65,71},{59,63,70},{85,87,90},{76,77,85}};
```

按行连续赋值可写为：

```
int a[5][3] = {80,75,92,61,65,71,59,63,70,85,87,90,76,77,85};
```

这两种赋初值的结果是完全相同的。对于二维数组初始化赋值还有以下说明：

1）可以只对部分元素赋初值，未赋初值的元素自动取 0 值。例如：

```
int a[3][3] = {{1},{2},{3}};
```

是对每一行的第 1 列元素赋值，未赋值的元素取 0 值。赋值后各元素的值为：

```
1 0 0
2 0 0
3 0 0
```

又如：

```
int a[3][3] = {{0,1},{0,0,2},{3}};
```

赋值后的元素值为：

```
0 1 0
0 0 2
3 0 0
```

2）如对全部元素赋初值，则第 1 维的长度可以不给出。例如：

```
int a[3][3] = {1,2,3,4,5,6,7,8,9};
```

可以写为：

```
int a[][3] = {1,2,3,4,5,6,7,8,9};
```

数组是一种构造类型的数据。二维数组可以看作是由一维数组的嵌套而构成的。设一维数组的每个元素又都是一个数组，就组成了二维数组。当然，前提是各元素类型必须相同。根据这样的分析，一个二维数组也可以分解为多个一维数组。C 语言允许这种分解。

例如，二维数组 a[3][4]，可分解为 3 个一维数组，其数组名分别为：

```
a[0]
a[1]
a[2]
```

对这 3 个一维数组不需另做说明即可使用。这 3 个一维数组都有 4 个元素，如一维数组 a[0] 的元素为 a[0][0]，a[0][1]，a[0][2]，a[0][3]。

必须强调的是，a[0]、a[1]、a[2] 不能当作数组元素使用，它们是数组名，不是一个单纯的数组元素。

5.5 二维数组元素的输入/输出

【例 5.8】 定义一个 3 行 4 列的二维数组，从键盘输入数据给此二维数组元素赋值，输出此二维数组所有元素及最小元素的值及其所在的行号和列号。

解题思路：可以使用双重循环对 3×4 数组的全部元素逐一引用。

源程序如下：

```c
#include <stdio.h>
int main()
{   int a[3][4];
    int i,j,min,row=0,colum=0;
    printf("请输入 12 个数 :\n");
    for(i=0; i<3; i++)                  //控制行
     for(j=0; j<4; j++)                 //控制列
     {  scanf("%d",&a[i][j]);           // 输入数组元素
     }
    min=a[0][0];  row=0;  colum=0;     //min,row,colum 赋初值
     for(i=0; i<3; i++)
     {   for(j=0; j<4; j++)
            if(min>a[i][j])
                { min=a[i][j]; row=i; colum=j; }
     }
    printf("输出 3*4 的二维数组如下 :\n");
    for(i=0;i<3; i++)                   //控制行
    {  for(j=0; j<4; j++)               //控制列
            { printf("%d\t",a[i][j]);   //输出数组元素
            }
        printf("\n");
    }
    printf("min =:%d\n row =:%d\n colum =:%d\n ",min,row+1,colum+1);
    return(0);
}
```

运行结果：

```
请输入12个数：
55 8 74 66 32 12 1 36 94 45 65 88
输出 3*4 的二维数组如下：
55      8       74      66
32      12      1       36
94      45      65      88
min =:  1
row =:  2
colum =:  3
```

5.6 二维数组应用举例

【例5.9】 一个学习小组有5个人，每个人有3门课的考试成绩见表5-1，编程求每个人的总分和该学习小组各门课的平均成绩。要求每个人3门课的成绩是输入的，总分和各门课的平均成绩是计算出来的。

表5-1 学习小组成员的成绩单

姓名	高数	英语	C语言	总分
易紫琴	85	78	88	?
杨岩	90	80	91	?
杨盛	79	92	84	?
朱恩雄	83	86	80	?
杨勇	87	75	95	?

源程序如下：

```c
#include <stdio.h>
#define M 5
#define N 4
void main()
{   int  i,j,s[M][N],sum;           //二维数组 s 存放每个学生的成绩
    float  a[N-1];                   //数组 a 保存每门课的平均分
    for(i=0; i<M; i++)
       { for(j=0;j<N-1; j++)
               scanf("%d",&s[i][j]);     //输入一个学生 3 门课
                                          的成绩
         s[i][j]=s[i][0]+s[i][1]+s[i][2];//计算总分
       }
```

```
            for(j =0; j <3; j ++)
            {  sum =0;                      //注意赋初值的位置
                for(i =0; i <M; i ++)      //先将每列的 5 个成绩累加求和
                    sum = sum + s[i][j];
                a[j] = sum/(float)M;        //再将总和除以 5,得到每门课的平
                                            //  均分
            }
            for(i =0; i <M;i ++)
            { for(j =0; j <4; j ++)
                    printf("%4d",s[i][j]);
                printf(" \n ");
            }
            for(i =0; i <3; i ++)
                    printf(" %6.2f ",a[i]);
            printf(" \n ");
        }
```

5.7 本章知识点小结

内　容	实　例	备　注
下标运算符	[ ]	和圆括号一样,优先级最高
数组类型	int a[10]; float b[10]; char c[100];	数组是一组具有相同类型的变量的集合,它是一种构造数据类型。其他两种构造数据类型(结构体和共用体)在后面章节介绍
一维数组的定义和初始化	int days[12] = {31,28,31,30,31,30,31,31,30,31,30,31};	
二维数组的定义和初始化	int　days[2][12] = {{31,28,31,30,31,30,31,31,30,31,30,31}, {31,29,31,30,31,30,31,31,30,31,30,31}};	
常用算法	排序、查找、求最大值、求平均值	排序算法介绍了交换法、选择法,查找算法介绍了顺序查找和二分查找法

5.8 本章常见错误小结

常见错误举例	常见错误描述	错误分析及改正

`main()`
`{`
`int i,a[10];`
`for(i=0;i<10;i++)`
`  scanf("%d",a(i));`
`}`
	引用数组元素时误用圆括号	通常情况下，C程序编译出错，但是如果恰好有一个函数a()，则通常情况都可以通过编译，那查起错误来就更麻烦了

`main()`
`{`
`int i,a[5]={1,2,3,4,5};`
`for(i=1;i<=5;i++)`
`  printf("%d",a[i]);`
`}`
	引用数组元素越界	本意是想输出数组a的全部元素，实际上，定义的数组a[5]中，只有a[0]~a[4]五个元素，并不存在a[5]

`int a[5,4];`	对二维或多维数组定义和引用的方式不对	在C语言中，对二维数组和多维数组在定义和引用时必须将每一维数组中的数据分别用方括号括起来，因此定义一个二维数组应改为：int a[5][4];

`main()`
`{`
`int a[5]={1,2,3,4,5};`
`printf("%d,%d,%d,%d,%d",a);`
`}`
	误以为数组名代表整个数组	本意是想输出数组a中的全部元素，但是数组名a却只是代表数组的首地址，并不能代表数组中的所有元素，因此并不能得到所需的结果，应改为：
		`main()`
		`{`
		`int a[5]={1,2,3,4,5};`
		`printf("%d,%d,%d,%d,%d",a[0],a[1],a[2],a[3],a[4]);`
		`}`

`int a[4]={1,2,3,4,5};`	在对数组元素进行初始化时提供的初始值多于数组元素的个数	编译错误，初始值应小于或等于数组元素的个数
`int n;` `int a[n];`	使用变量而非整型常量来定义数组的长度	编译错误

习　题

1. 分析并写出下面程序的运行结果。

(1)
```
#include <stdio.h>
main()
{
  int k,a[6]={1,2,3,4,5,6};
for(k=5;k>0;--k)
  if(a[k]%2==0)
      printf("%d  ",a[k]);
}
```

(2)
```
#include <stdio.h>
int main()
{ int a[10]={7,3,5,2,9,1,0,6,8,4},i=0,j=9,t;
  while(i<j)
   {t=a[i]; a[i]=a[j]; a[j]=t;
   i+=2; j-=2;
   }
   for(i=0;i<10;i+=2)
       printf("%d",a[i]);
   return 0;
}
```

(3)
```
#include <stdio.h>
int main()
{ int a[5][5],i,j,n=1;
   for(i=0;i<5;i++)
       for(j=0;j<5;j++)
            a[i][j]=n++;
   printf("The result is:\n");
   for(i=0;i<5;i++)
   { for(j=0;j<=i;j++)
         printf("%4d",a[i][j]);
     printf("\n");
   }
   return 0;
}
```

2. 编写程序，使之具有如下功能：输入 10 个整数，按每行 4 个数输出这些整数，最后输出 10 个整数的平均值。

3. 编写程序，其功能是输入 10 个整数，找出最大数和最小数所在的位置，并把二者对调，然后输出调整后的 10 个整数。

4. 数组中已存在互不相同的 10 个整数，从键盘输入一个整数，查找该数是否在数组中。对查找的结果给出相应的说明，如果找到该数值，则输出"Found"信息，并给出该数是数组中的第几个元素；如果该数值不在数组中，则输出"Not found"信息。

5. 有 15 个数按由大到小的顺序存放在一个数组中，输入一个数，要求用二分查找法找出该数是数组中第几个元素的值。

6. 编写程序，任意输入 10 个整数的数列，先将整数按照从大到小的顺序进行排序，然后输入一个整数插入到数列中，使数列保持从大到小的顺序。

7. 输入 10 个互不相同的实数并存在数组中，找出最大元素，并删除。

8. 将两个有序的数组合并成一个有序数组。

9. 编写程序，从键盘上输入若干个学生的成绩，计算出平均成绩，并输出低于平均分的学生成绩，用输入负数结束输入。

10. 用冒泡法对 n 个整数排序。

11. 有一个 3 行 4 列的矩阵，现要求编程找出其中最大的那个元素，以及它所在的行号与列号。要求矩阵的元素从键盘输入。

12. 输出杨辉三角形（要求输出 10 行，用一维数组实现）。

```
1
1   1
1   2    1
1   3    3    1
1   4    6    4    1
1   5   10   10    5    1
```

13. 定义一个二维数组，存入 5 个学生的数学、语文、英语、物理、化学 5 门课程的成绩，计算并输出每一门课程的平均成绩和每一位学生的平均成绩。

第 6 章

指 针

指针是 C 语言中广泛使用的一种数据类型。C 程序设计中使用指针变量，可以使程序简洁、紧凑、高效。利用指针可以表示各种数据结构，能很方便地使用数组，并能像汇编语言一样处理内存地址，从而编出精练而高效的程序。学习指针是学习 C 语言的重要一环，能否正确理解和使用指针变量是判断是否学好 C 语言的标准之一。

6.1 指针的基本概念

在计算机中，所有数据都是存放在存储器中的。内存储器中的一个字节称为一个内存单元，每个内存单元都有一个编号，称为地址。简单理解，可以把计算机的内存看作是一条街道上的一排房屋，1 个字节算一个房屋，每个房屋可以容纳 8 比特数据，每个房屋都有一个门牌号用来标识自身的位置。这个门牌号就相当于内存的编号，就是地址。对于一个内存单元来说，单元的地址即为指针，其中存放的数据才是该单元的内容。

若在程序中定义了一个变量，C 编译系统就会根据定义中变量的类型，为其分配一定字节数的存储单元，此后，这个变量的内存地址也就确定了。例如，定义变量 a、b、c，代码如下：

```
char c = 'K';
int  b = 200, a = 100;
```

经过编译器编译之后，变量会被翻译成地址，地址用十六进制数表示，如图 6-1 所示。

内存中的每个字节都有唯一的编号（地址），地址是一个十六进制无符号整数，其字长一般与主机相同，地址按字节编号，按类型分配空间。

变量 a 占从 0014FF34 开始的 4 个字节的内存单元，&a 表示变量 a 的地址，这里 &a 的值就是 0014FF34，变量 a 存放的整型数据是 100。变量 b 的类型与变量 a 相同，占从 0014FF38 开始的 4 个字节的内存单元，&b 的值就是 0014FF38，变量 b 存放的整型数据是 200。变量 c 占从 0014FF3C 开始的 1 个字节的内存单元，&c 表示变量 c 的地址，这里 &c 的值就是 0014FF3C，变量 c 存放的字符数据是 K。可以通过变量名进行存取操作，例如：

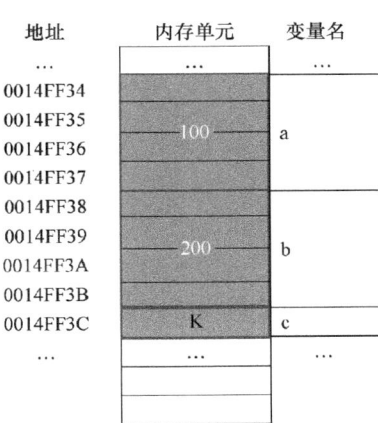

图 6-1 变量的内存单元与地址

```
scanf("%d,%d",&a,&b);
printf("%d,%d",a,b);
scanf("%c",&c);
printf("%c",c);
```

上述代码表示输入一个整数到变量 a 中，将整数存放在由 a 标识的内存中；或从内存特定的单元中读取整数，输出到屏幕。对变量的存取其实就是存取变量的值，通过变量名直接对变量的存储单元进行存取操作称为直接存取。

现在还可以通过地址存取变量的值。专门用来存放地址的变量称为指针变量。一个指针变量的值就是某个内存单元的地址。指针是 C 语言中的一种数据类型。这种类型的数据专门用来存储和表示内存单元的编号，实现通过地址完成各种变量的存取操作。

一个指针是一个地址，是一个常量。而一个指针变量却可以被赋予不同的指针值，是变量；指针是指地址，是常量；指针变量是指存取变量地址的变量。定义指针变量的目的是为了通过地址去访问内存单元的数据，举例说明，如图 6-2 所示。

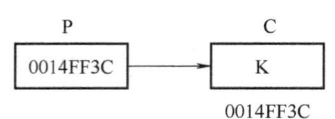

图 6-2 指针变量存储图

图 6-2 中，设有字符变量 C，其内容为 K，C 占用了 0014FF3C 号单元；设有指针变量 P，P 的值为 0014FF3C，即变量 C 的地址。通过指针变量 P，先在 P 的存储单元中找到变量 C 的地址，由此对变量 C 进行存取操作。通过变量的地址对变量的存储单元进行存取操作称为间接存取。下面讲解如何通过指针变量去访问变量。

6.2 指针变量的定义及使用

使用指针变量分为三步：定义指针变量；赋值，使指针变量指向一个变量；用指针变量操作它所指向的变量。

1. 定义指针变量

定义指针变量的一般形式为：

类型说明符　*变量名；

例如，定义存放变量地址的变量即指针变量如下：

```
int *p1;         //p1 是指向整型变量的指针变量
float *p2;       //p2 是指向浮点型变量的指针变量
char *p3;        //p3 是指向字符型变量的指针变量
```

符号"*"表示这是一个指针变量，变量名即为定义的指针变量名，类型说明符表示本指针变量所指向的变量的数据类型，是为指针变量指定的"基类型"，基类型指定指针变量可指向的变量类型。

p1 是一个指针变量，可以存放某个整型变量的地址。指针变量只能指向同一个数据类型的变量，因此从以上指针变量定义语句得知，p1 可以指向一个整型变量，但不能指向浮点型变量。p1 指向哪一个整型变量，由 p1 的值来决定。p2 只能指向浮点型变量，p3 只能指向字符型变量。

2. 赋值，使指针变量指向一个变量

指针变量同普通变量一样，使用之前不仅要定义说明，而且必须赋予具体的值。未经赋值的指针变量不能使用，否则将造成系统混乱，甚至死机。指针变量的值只能是地址，不能是任何其他类型的数据，不能是整数，不能是浮点数，不能是字符，否则将引起错误。在C语言中，变量的地址是由编译系统分配的，用户不知道变量的具体地址，但是C语言中提供了取地址运算符"&"来表示指针变量的地址。例如，&a 表示变量 a 的地址，&b 表示变量 b 的地址。变量本身必须预先定义，才有地址。

设有指向整型变量的指针变量 p，如要把整型变量 a 的地址赋予 p 可以有以下两种方式：

（1）指针变量初始化的方法

```
int a;
int *p = &a;
```

（2）赋值语句的方法

```
int a;
int *p;
p = &a;
```

在对指针变量赋值或使用时需要注意的问题：

1）不允许把一个整数赋给指针变量，故下面的赋值是错误的：

```
int *p;
p = 1000;
```

2）已经定义的指针变量被赋值时前不能再加"*"说明符，如写为 *p = &a 是错误的。

3）给指针变量赋"空值"，指针变量有了确定指向，才能参与其他运算。

```
int *p;
p = NULL;或 p = 0;
```

在程序中不允许使用没有确定指向的指针变量，否则有可能导致对系统或程序的危害。

4）可以通过另一个指针变量获得值，例如：

```
int i,*p,*q;
p = &i;
q = p;
```

3. 通过指针变量间接存取它所指向的变量

```
int a;
int *p;
p = &a;
```

```
scanf("%d",p);
printf("%d\n",*p);        //*p 代表指针变量 p 指向的变量 a
```

4. 两个与指针变量有关的运算符

(1) 取地址运算符 "&"

取地址运算符 "&" 是单目运算符，其结合性为自右至左，功能是取变量的地址。在学习 scanf 函数及前面介绍指针变量赋值中，已经了解并使用了 "&" 运算符。

(2) 取内容运算符 "*"

取内容运算符 "*" 是单目运算符，其结合性为自右至左，用来表示指针变量所指向的变量内容（值）。在 "*" 运算符之后跟的变量必须是指针变量。

注意：指针运算符 "*" 和指针变量定义中的指针说明符 "*" 不是一回事。在指针变量的定义中，"*" 是类型说明符，表示其后的变量是指针类型，而表达式中出现的 "*" 则是一个运算符，用以表示指针变量所指向的变量。

【例 6.1】 通过指针变量存取整型变量。

源程序如下：

```
#include <stdio.h>
int main()
{
    int x,y;
    int *p;                    //定义指针变量 p
    p = &x;                    //使指针变量 p 指向一个变量 x
    printf("please input x = ");
    scanf("%d",p);             //用指针变量 p 操作它所指向的变量 x
    printf("x = %d\n",*p);
    p = &y;                    //使指针变量 p 指向另一个变量 y
    printf("please input y = ");
    scanf("%d",p);             //用指针变量 p 操作它所指向的变量 y,与存取 x
                                 的语句统一
    printf("y = %d\n",*p);
    return 0;
}
```

运行结果：

```
please input x = 100
x = 100
please input y = 200
y = 200
```

程序分析：

1) 定义了两个整型变量 x、y，还定义了一个指向整型变量的指针变量 p。x、y 中可存放整数,而 p 中可存放整型变量的地址。

2) 把 x 的地址赋给 p:

```
p = &x;
```

以后便可以通过指针变量 p 间接存取变量 x,例如:

```
scanf("%d",p);
printf("%d\n",*p);
```

3) 指针变量和一般变量一样,存放在指针变量中的值是可以改变的,也就是说可以改变它的指向,如 p = &y;。

通过指针变量访问它所指向的一个变量是以间接访问的形式进行的,所以比直接访问一个变量要费时间,而且不直观。因为通过指针访问哪一个变量,取决于指针的值(即指向),但是指针变量可以通过改变它的指向,以相同的形式访问不同的变量,这给程序员编程带来较大的灵活性,也使程序代码编写得更为简洁和有效。

【例 6.2】 定义两个指针变量,交换指针变量的值。

源程序如下:

```
#include <stdio.h>
int main()
{
    int a =100,b =200;
    int *p1,*p2,*p;
    p1 = &a;
    p2 = &b;
    printf("a =%d,b =%d\n",a,b);
    printf("*p1 =%d,*p2 =%d\n",*p1,*p2);
    p = p1; p1 = p2; p2 = p;
    printf("a =%d,b =%d\n",a,b);
    printf("*p1 =%d,*p2 =%d\n",*p1,*p2);
    return 0;
}
```

运行结果:

```
a =100,b =200
*p1 =100,*p2 =200
a =100,b =200
*p1 =200,*p2 =100
```

程序分析:

指针变量可以向基本类型变量一样进行交换。交换前 p1 指向 a,p2 指向 b;交换后 p1 指向 b,p2 指向 a。

6.3 指针和一维数组间的关系

一个变量有一个地址,一个数组包含若干元素,每个数组元素都在存储器中占用存储单元,它们都有相应的地址。由于数组元素都是以数组起始地址开始顺序存放的,所以可以利用指向数组的指针变量来访问数组中的任一元素。

1. 指向一维数组的指针变量

一个数组是由连续的一块内存单元组成的,数组名就是这块连续内存单元的起始地址(首地址)。数组元素可以使用下标变量的方式表示,每个数组元素按其类型不同占有几个连续的内存单元。一个数组元素的首地址也是指它所占有的几个内存单元的首地址。定义一个指向数组元素的指针变量的方法与以前介绍的指针变量相同,一般形式为:

  类型说明符 *指针变量名;

其中类型说明符表示所指向的数组的类型。从一般形式可以看出,指向数组的指针变量和指向普通变量的指针变量的定义方法是相同的。例如:

```
int a[10] = {1,3,5,7,9,11,13,15,17,19};   //定义a为包含10个整型数据的
                                           数组
int *p;                                   //定义p为指向整型变量的指针
p = a;                                    //对指针变量p赋值,指向数组a
```

注意:指向数组的指针变量与数组的类型必须保持一致,如果数组为int型,指针变量也应为指向int型的指针变量。

指针变量p指向数组a表示数组a的首地址存放在指针变量p中。由于数组a的首地址即数组元素a[0]的地址,所以也可以理解为把a[0]元素的地址赋给指针变量p。也就是说,指针变量p指向数组a就是指指针变量p指向数组a的第0号元素,如图6-3所示。

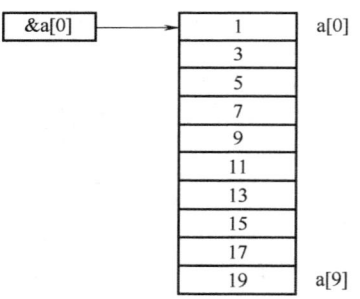

从图6-3中可以看出,p、a、&a[0]均指向同一单元,它们是数组a的首地址,也是0号数组元素a[0]的首地址。但是要注意p是变量,而a、&a[0]都是常量。

图6-3 指针变量p指向数组a

C语言规定,数组名代表数组的首地址,也就是第0号元素的地址。因此,下面两个语句是等价的。

```
p = a;
p = &a[0];
```

在定义指向数组的指针变量时,也可以同时赋初值。例如:

```
int a[10];
int *p = a;或int *p = &a[0];
```

以上语句等效于：

```
int *p;
p = a 或 p = &a[0];
```

注意：p = &a[0] 表示指针变量 p 存放数组第 0 个元素的地址，p 指向数组第 0 个元素，则 p = &a[n] 表示指针变量 p 存放数组第 n 个元素的地址，p 指向数组的第 n 个元素。

2. 指向数组元素的指针变量的运算

例如，有数组和指针变量的定义如下：

```
int a[10],*p = a;
```

如果 p 的初值为 &a[0]，则 p+i 和 a+i 就是数组元素 a[i] 的地址，或者说，它们指向 a 数组序号为 i 的元素，*(p+i) 或 *(a+i) 是 p+i 或 a+i 所指向的数组元素，即 a[i]。

(1) 指针变量与整数的加减运算

如果指针变量 p 已指向数组 a，假设 a[0] 的地址为 0x0022ff40，则 p 的值为 0x0022ff40，则 p+1 的值为 0x0022ff44，p+1 指向同一数组中的下一个元素，而 p-1 的值为 0x0022ff3c，p-1 指向同一数组中的上一个元素，数组已经越界，系统不做数组越界检查。

(2) 两个指针变量相减运算

两个指针变量 p1 和 p2 可以进行相减运算，但是只有在 p1 和 p2 都指向同一数组中的元素时才有意义，如果指针变量 p1 指向 a[3]，指针变量 p2 指向 a[5]，则 p2-p1 的值是 2。注意指针变量不能做加法运算，如不能有 p1+p2 的运算。

(3) 指针变量的关系运算

若 p1 和 p2 指向同一数组，则 p1<p2 表示 p1 指的元素在前，p1>p2 表示 p1 指的元素在后，p1==p2 表示 p1 与 p2 指向同一元素。

若 p1 与 p2 不指向同一数组，比较无意义。

指针变量还可以与 NULL 比较，表示是否指向了一个变量，如 p == NULL 或 p! = NULL。

3. 通过指针变量存取数组元素

对于指向数组的指针变量，可以加上或减去一个整数 n。如果定义如下：

```
int a[10];
int *p = a;        //p 指向数组 a,也是指向数组元素 a[0]
p = p + 2;         //p 指向数组元素 a[2],即 p 的值为 &a[2]
```

指针变量加或减一个整数，如 p+n、p-n、p++、++p、p--、--p 运算都是合法的。指针变量加一个整数 n 的意义是把指针指向的当前位置（如指向某数组元素）向后移动 n 个位置。因为数组可以有不同的类型，各种类型的数组元素所占的字节长度是不同的，所以指针变量加 1，即向后移动 1 个位置表示指针变量指向下一个数据元素的首地址，而不是在原地址基础上加 1。

注意：只有指向数组的指针变量进行与整数的加减运算才有意义，对指向变量的指针变量做与整数的加减运算是毫无意义的。

由于数组元素都是顺序存放的，C 语言规定数组名 a 表示数组的首地址，则 a+1 表示数组下一个元素的地址。现在指针变量 p 指向数组首地址，则 p+1 指向数组下一个元素，那么：

1) p+i 和 a+i 就是 a[i] 的地址，或者说它们指向 a 数组的第 i 个元素，如图 6-4 所示。

2) *(p+i) 或 *(a+i) 就是 p+i 或 a+i 所指向的数组元素，即 a[i]。例如，*(p+5) 或 *(a+5) 就是 a[5]。

3) 指向数组的指针变量可以使用下标表示，如 p[i] 与 *(p+i) 等价。

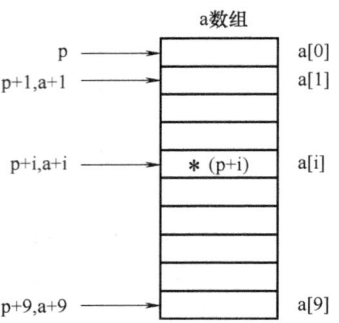

图 6-4　指针变量 p 指向数组 a

下面举例说明如何通过指针变量存取数组元素。

【例 6.3】　通过指针变量存取一维数组元素。

(1) 下标法，即用 a[i] 形式访问数组元素。在前面介绍数组时都是采用这种方法。

```c
#include <stdio.h>
int main()
{
    int a[10],i;
    printf("Please input array element:\n");
    for(i=0;i<10;i++)
    {
        scanf("%d",&a[i]);        //这里 &a[i]等价于(a+i)
    }
    printf("Array element output:\n");
    for(i=0;i<10;i++)
    {
        printf("%d\t",a[i]);        //这里 a[i]等价于*(a+i)
    }
    printf("\n");
    return 0;
}
```

(2) 指针法，用指针变量指向数组元素，指针变量 p 始终指向 a[0]，即 p 的值保持不变。

```c
#include <stdio.h>
int main()
{
    int a[10],i,*p;
    p=a;
    printf("Please input array element:\n");
```

```
    for(i=0;i<10;i++)
    {
        scanf("%d",p+i);        //这里 p+i 等价于 &p[i]
    }
    printf("Array element output:\n");
    for(i=0;i<10;i++)
    {
        printf("%d\t",*(p+i));  //这里*(p+i)等价 p[i]
    }
        printf("\n");
    return 0;
}
```

（3）用指针变量指向数组元素，指针变量与整数进行加减运算，使得指针变量 p 指向不同的数组元素。

```
#include <stdio.h>
int main()
{
    int a[10],*p;
    printf("Please input array element:\n");
    for(p=a;p<a+10;p++)           // p 指向 a[0]
    {
        scanf("%d",p);
    }
    //上述循环语句执行结束后 p 的值等于 a+10,已经不是一个合法的数组元素的地址了
    printf("Array element output:\n");
    for(p=a;p<a+10;p++)   //指针变量 p 重新指向数组元素 a[0]
    {
        printf("%d\t",*p);
    }
        printf("\n");
        return 0;
}
```

以上 3 个程序的运行结果参考如下：

```
Please input array element:
0  10  20  30  40  50  60  70  80  90
Array element output:
0  10  20  30  40  50  60  70  80  90
```

程序分析：

1）指针变量可以实现本身的值的改变，如 p ++ 是合法的；而 a ++ 是错误的，因为 a 是数组名，它是数组的首地址，是常量。由于指针变量的值可以改变，请一定要注意指针变量当前所指向的位置。

2）指针变量可以比较大小，指向同一数组的两个指针变量进行关系运算才有意义，可表示它们所指数组元素之间的关系。比如 p < a + 10，表示 p 指向的数组元素的地址没有越界，指向的是 a[0] ~ a[9] 中的某一个数组元素。

可以通过例 6.4 巩固一下指针变量的运算和指针变量存取数组元素的知识。

【例 6.4】 用指针方法将数组 a 中的 n 个整数按相反顺序存放。

源程序如下：

```c
#include <stdio.h>
int main()
{
    int a[10],*p,*q,temp;
    printf("Please input array element:\n");
    for(p=a;p<a+10;p++)              //p 指向 a[0]
    {
        scanf("%d",p);
    }
    for(p=a,q=a+9;p<q;p++,q--)       //p 指向 a[0],q 指向 a[9]
    {
        temp=*p; *p=*q; *q=temp;     //交换 p、q 指向的数组元素
    }
    printf("Array element output:\n");
    for(p=a;p<a+10;p++)              //指针变量 p 重新指向数组元素 a[0]
    {
        printf("%d\t",*p);
    }
    printf("\n");
    return 0;
}
```

运行结果：

```
Please input array element:
0  10  20  30  40  50  60  70  80  90
Array element output:
90  80  70  60  50  40  30  20  10  0
```

6.4 指针和二维数组间的关系

1. 二维数组的行地址与列地址

设有整型二维数组 a[3][4] 如下：

```
0  1  2  3
4  5  6  7
8  9  10 11
```

它的定义为：

```
int a[3][4]={{0,1,2,3},{4,5,6,7},{8,9,10,11}}
```

设数组 a 的首地址为 0019FF10，各下标变量的首地址及其值如图 6-5 所示。

0019FF10	0019FF14	0019FF18	0019FF1C
0	1	2	3
0019FF20	0019FF24	0019FF28	0019FF2C
4	5	6	7
0019FF30	0019FF34	0019FF38	0019FF3C
8	9	10	11

图 6-5 二维数组 a 存储图

C 语言允许把一个二维数组分解为多个一维数组来处理，因此数组 a 可分解为 3 个一维数组，即 a[0]、a[1]、a[2]，每个一维数组又含有 4 个元素，如图 6-6 所示。

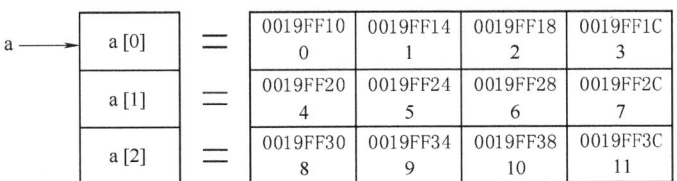

图 6-6 二维数组 a 存储分解图

其中 a[0] 数组，含有 a[0][0]、a[0][1]、a[0][2]、a[0][3] 四个元素，依此类推。

从二维数组的角度来看，a 是二维数组名，代表整个二维数组的首地址，也是二维数组 0 行的首地址，等于 0019FF10。a+1 代表第 1 行的首地址，等于 0019FF20。数组 a 及数组元素 a[0]、a[1]、a[2] 的地址表示如图 6-7 所示。

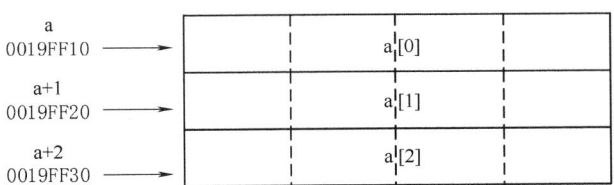

图 6-7 二维数组 a 地址图

a[0] 是第一个一维数组的数组名和首地址，因此也为0019FF10。*(a+0) 或*a 是与 a[0] 等效的，它表示一维数组 a[0] 的 0 号元素的首地址，也为 0019FF10。&a[0][0] 是二维数组 a 的 0 行 0 列元素的首地址，同样是 0019FF10。因此，a、a[0]、*(a+0)、*a、&a[0][0] 是等价的。

同理，a+1 是二维数组 1 行的首地址，等于 0019FF20。a[1] 是第二个一维数组的数组名和首地址，因此也为 0019FF20。&a[1][0] 是二维数组 a 的 1 行 0 列元素的首地址，也是 0019FF20。因此，a+1、a[1]、*(a+1)、&a[1][0] 是等价的。

由此可得出，a+i、a[i]、*(a+i)、&a[i][0] 是等价的。

此外，&a[i] 和 a[i] 也是等同的。在二维数组中不能把 &a[i] 理解为元素 a[i] 的地址，因为不存在元素 a[i]。C 语言规定，它是一种地址计算方法，表示数组 a 第 i 行首地址。由此可得出，a[i]、&a[i]、*(a+i) 和 a+i 也都是等价的。

另外，a[0] 也可以看成是 a[0]+0，是一维数组 a[0] 的 0 号元素的首地址，而 a[0]+1 则是 a[0] 的 1 号元素的首地址，由此可得出 a[i]+j 是一维数组 a[i] 的 j 号元素的首地址，它等于 &a[i][j]，如图 6-8 所示。

由 a[i]=*(a+i) 得出 a[i]+j=*(a+i)+j。由于*(a+i)+j 是二维数组 a 的 i 行 j 列元素的首地址，所以，该元素的值等于 *(*(a+i)+j)。

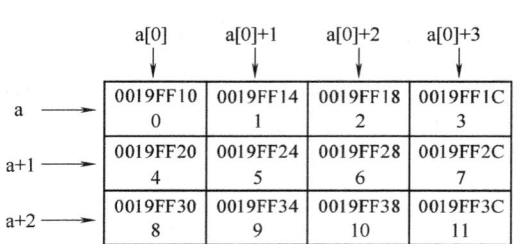

图 6-8 二维数组 a 存储图（地址/值）

2. 通过二维数组的行指针和列指针来引用二维数组元素

二维数组指针变量说明的一般形式为：

类型说明符 (*指针变量名)[长度]

其中，"类型说明符"为所指向的数组的数据类型；"*"表示其后的变量是指针类型；"长度"表示二维数组分解为多个一维数组时，一维数组的长度，也就是二维数组的列数。应注意"（*指针变量名）"两边的括号不可少，如缺少括号则表示是指针数组（本章后面介绍），意义就完全不同了。

把二维数组 a 分解为一维数组 a[0]、a[1]、a[2] 之后，设 p 为指向二维数组的指针变量，可定义为：

int (*p)[4]

表示 p 是一个指针变量，它指向包含 4 个元素的一维数组。若指向第一个一维数组 a[0]，其值等于 a、a[0] 或 &a[0][0] 等。而 p+i 则指向一维数组 a[i]。从前面的分析可得出*(p+i)+j 是二维数组 i 行 j 列的元素的首地址，而*(*(p+i)+j) 则是 i 行 j 列元素的值。

【例6.5】 编写程序，输入一个 3 行 4 列的二维数组的值，然后输出这个二维数组元素的值。

（1）下标法。

```c
#include <stdio.h>
int main()
{
    int a[3][4],i,j;
    printf("请输入 a[3][4]数组元素:\n");
    for(i=0;i<3;i++)
    {
        for(j=0;j<4;j++)
            scanf("%d",&a[i][j]);         //这里 &a[i][j]等价于*(a+i)+j
    }
    printf("a[3][4]数组元素如下:\n");
    for(i=0;i<3;i++)
    {
        for(j=0;j<4;j++)
            printf("%d\t",a[i][j]);       //这里 a[i][j]等价于*(*(a+i)+j)
        printf("\n");
    }
    printf("a[3][4]数组元素地址如下:\n");
    for(i=0;i<3;i++)
    {
        for(j=0;j<4;j++)
            printf("%p\t",&a[i][j]);      //这里 &a[i][j]等价于*(a+i)+j
        printf("\n");
    }
    printf("\n");
    return 0;
}
```

运行结果:

请输入 a[3][4]数组元素:
0 1 2 3 4 5 6 7 8 9 10 11
a[3][4]数组元素如下:
0	1	2	3
4	5	6	7
8	9	10	11

a[3][4]数组元素地址如下：

0019FF10	0019FF14	0019FF18	0019FF1C
0019FF20	0019FF24	0019FF28	0019FF2C
0019FF30	0019FF34	0019FF38	0019FF3C

程序分析：

1）本次运行结果仅作为参考，实际运行结果要以程序运行时系统分配的地址为准。不同的计算机，或者同一台计算机在不同的时间运行，分配的地址都会不一样，运行结果也会不同。

2）程序中的二维数组名为a，则a、*a、a[i]、&a[i]、&a[i][j]、a+i、a[i]、&a[i][j]、a[i]+j、*(a+i)+j表示地址。

3）程序中的二维数组名为a，则*(a[i]+j)和*(*(a+i)+j)表示数组元素值。

（2）指针法，使用行指针和列指针引用数组元素。

```c
#include <stdio.h>
int main()
{
  int a[3][4];
int (*pi)[4];    //定义pi为行指针,指向一个长度为4的整型数组
int *pj;       //定义pj为列指针,指向int型变量
printf("请输入a[3][4]数组元素:\n");
for(pi=a[0];pi<a+3;pi++)            // pi指向a[0]
{    for(pj=pi;pj<pi+1;pj++)             // pj初始指向a[i][0]
          scanf("%d",pj);
}
printf("a[3][4]数组元素的值如下:\n");
for(pi=a[0];pi<a+3;pi++)
{    for(pj=pi;pj<pi+1;pj++)
          printf("%d\t",*pj);
      printf("\n");
}
printf("输出引用a[3][4]数组元素的行指针和列指针的值变化情况:\n");
for(pi=a[0];pi<a+3;pi++)
{  printf("%p\t",pi);
    for(pj=pi;pj<pi+1;pj++)
          printf("%p,",pj);
  printf("\n");
}
printf("\n");
return 0;
}
```

运行结果：

请输入 a[3][4]数组元素：
0 1 2 3 4 5 6 7 8 9 10 11
a[3][4]数组元素的值如下：
0   1   2   3
4   5   6   7
8   9   10   11
输出引用 a[3][4]数组元素的行指针和列指针的值变化情况：
0019FF10   0019FF10,0019FF14,0019FF18,0019FF1C,
0019FF20   0019FF20,0019FF24,0019FF28,0019FF2C,
0019FF30   0019FF30,0019FF34,0019FF38,0019FF3C,

程序分析：定义 pi 为行指针，指向一个长度为 4 的整型数组；定义 pj 为列指针，指向整型变量。行指针和列指针配合访问二维数组 a 的数组元素。

可以修改二维数组的类型，测试数组元素的行指针和列指针的值变化情况，进一步加深对指针的理解。

6.5 指针数组

一个数组的元素值为指针变量则称该数组为指针数组，即指针数组是一组有序的指针变量的集合。指针数组的所有元素都必须是具有相同存储类型和指向相同数据类型的指针变量。

指针数组说明的一般形式为：

类型说明符 *数组名[数组长度]

其中类型说明符为指针值所指向的变量的类型。例如：

int *p[3]

表示 p 是一个指针数组，它有 3 个数组元素，每个元素值都是一个指针变量，指向整型变量。

【例 6.6】 通常可用一个指针数组来指向一个二维数组，指针数组中的每个元素被赋予二维数组每一行的首地址。

源程序如下：

```
#include <stdio.h>
int main()
{
    int a[3][4]={1,2,3,4,5,6,7,8,9,10,11,12};
    int *pa[3]={a[0],a[1],a[2]};
    int i;
```

```
        for(i =0;i <3;i ++)
        {  for(   ; pa[i] < (a +i +1);pa[i] ++)
               printf("%d \t",*pa[i]);
           printf("\n");
        }
        return 0;
    }
```

运行结果：

```
1       2       3       4
5       6       7       8
9       10      11      12
```

程序分析：pa 是一个指针数组，3 个元素分别指向二维数组 a 的各行，然后用 pa[i] 读取每行数组元素，数组元素的类型是 int 型。

注意：指针数组和指向数组的指针变量的区别。这两者虽然都可用来访问二维数组，但是其表示方法和意义是不同的。

指向数组的指针变量是单个的变量，其一般形式中"(*指针变量名)"两边的括号不可少。例如：

```
    int (*p)[3];
```

表示 p 是一个指向长度为 3 的 int 型数组的指针变量，指针变量 p 可指向一个列数为 3 的 int 型二维数组。

指针数组的每一个数组元素都是指针变量，在一般形式中"*指针数组名"两边不能有括号。例如：

```
    int *p[3];
```

表示 p 是一个指针数组，有 3 个数组元素 p[0]、p[1]、p[2]，每个数组元素均为指针变量。

指针数组也常用来表示一组字符串，这时指针数组的每个元素被赋予一个字符串的首地址。这部分内容将在第 8 章讲解。

6.6 指向指针的指针变量

如果一个指针变量存放的是另一个指针变量的地址，则称这个指针变量为指向指针的指针变量。

在前面已经介绍过，通过指针访问变量称为间接访问。由于指针变量直接指向变量，所以可以称为"单级间址"，而如果通过指向指针的指针变量来访问变量则构成"二级间址"，如图 6-9 所示。

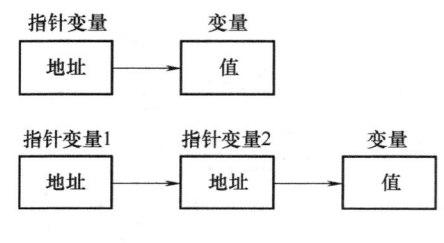

图 6-9 指针访问变量图

【例6.7】 使用指向指针的指针变量输出数组元素。
源程序如下：

```c
#include <stdio.h>
int main()
{
    int a;
    int *p;
    int **fp;
    a=1;
    p=&a;
    fp=&p;
    printf("a 的值:%d;a 的地址:%p\n",a,&a);
    printf("p 的值:%p;p 的地址:%p;p 指向的变量:%d\n",p,&p,*p);
    printf("fp 的值:%p;fp 的地址:%p;fp 指向的指针变量:%p;"
           "*fp 指向的变量:%d\n",fp,&fp,*fp,**fp);
    return 0;
}
```

运行结果：

a 的值:1;a 的地址:0019FF3C
p 的值:0019FF3C;p 的地址:0019FF38;p 指向的变量:1
fp 的值:0019FF38;fp 的地址:0019FF34;fp 指向的指针变量:0019FF3C;*fp 指向的变量:1

程序分析：指针变量也是一种变量，也会占用存储空间，也可以使用"&"获取它的地址。C语言不限制指针的级数，每增加一级指针，在定义指针变量时就得增加一个星号"*"。p是一级指针，指向普通int类型的数据，定义时有一个"*"；fp是二级指针，指向一级指针p，定义时有两个"*"。

6.7 基本数据类型、数组类型、指针数据类型的比较

指针数据类型和数组类型一样，是一种派生数据类型，即是一种借助其他数据类型构造出来的数据类型。对于任何类型，都可以构造出与之相对应的指针数据类型。没有纯粹的指针，正如同没有纯粹的数组一样，数组是在其他数据类型的基础上构造出来的，指针也必须与其他数据类型一道才能构成自己。

指针有自己特定的类型说明符"*"，指针也需要"*"与其他类型说明符一道才能完成对指针类型的完整描述，可以构造出"int *"类型的指针、"char *"类型的指针、"double *"类型的指针、"void *"类型的指针。void *指针是一种特殊的指针，不指向任何类型的数据，如果需要用此地址指向某类型的数据，应先对地址进行类型转换。可以在程序中进行显式的类型转换，也可以由编译系统自动进行隐式转换。无论用哪种转换，读者必

须了解要进行类型转换。

指针总是和另外一种数据类型联系在一起,每一种特定的指针类型都是一种派生数据类型,其值表示某个内存单元的地址,其用途是完成与地址有关的计算。

对于下面的变量定义:

```
double d;
```

在调用scanf("%ld",&d)函数输入变量d的值时,表达式"&d"就是一个指针类型的数据,那么"&d"的值是多少呢?变量d的内存单元是程序运行时编译器安排的,"&d"的值是变量d所占据的那块内存单元中第一个字节的编号,"&d"的值是个常量,叫作指针常量,类型是double *。改变"&d"的值就相当于改变变量d的存储空间的位置,因此这是根本不可能的。这样的常量不可以被赋值,也不可以进行类似"++""--"之类的运算。如果想查看一下"&d"的值是多少,可以通过调用printf()函数用"%p"格式输出(指针类型数据的输出格式是"%p")。

sizeof是C语言的一种单目运算符,返回一个变量或者类型所占内存的字节数,不仅可以返回基本数据类型所占内存的字节数,还可以返回构造数据类型所占内存的字节数。

【例6.8】 编程输出基本数据类型、数组和指针构造数据类型所占内存的字节数。

源程序如下:

```c
#include <stdio.h>
int main()
{
    printf("基本数据类型占字节数:\n");
    printf("int      =   %d\n",sizeof(int));
    printf("double   =   %d\n",sizeof(double));
    printf("char     =   %d\n",sizeof(char));
    printf("float    =   %d\n",sizeof(float));
    printf("指针数据类型占字节数:\n");
    printf("int*     =   %d\n",sizeof(int*));
    printf("double*  =   %d\n",sizeof(double*));
    printf("char*    =   %d\n",sizeof(char*));
    printf("float*   =   %d\n",sizeof(float*));
    printf("void*    =   %d\n",sizeof(void*));
    printf("数组类型占字节数:\n");
    printf("int [5]     =   %d\n",sizeof(int [5]));
    printf("int [10]    =   %d\n",sizeof(int [10]));
    printf("double [5]  =   %d\n",sizeof(double [5]));
    printf("double [10] =   %d\n",sizeof(double [10]));
    printf("char [5]    =   %d\n",sizeof(char [5]));
    printf("char [10]   =   %d\n",sizeof(char [10]));
    printf("float [5]   =   %d\n",sizeof(float [5]));
```

```c
        printf("float [10]      = %d\n",sizeof(float [10]));
        printf("指针数组类型占字节数:\n");
        printf("int *[5]         = %d\n",sizeof(int *[5]));
        printf("int *[10]        = %d\n",sizeof(int *[10]));
        printf("double *[5]      = %d\n",sizeof(double *[5]));
        printf("double *[10]     = %d\n",sizeof(double *[10]));
        printf("char *[5]        = %d\n",sizeof(char *[5]));
        printf("char *[10]       = %d\n",sizeof(char *[10]));
        printf("float *[5]       = %d\n",sizeof(float *[5]));
        printf("float *[10]      = %d\n",sizeof(float *[10]));
        return 0;
    }
```

运行结果:

```
基本数据类型占字节数:
int           =   4
double        =   8
char          =   1
float         =   4
指针数据类型占字节数:
int*          =   4
double*       =   4
char*         =   4
float*        =   4
void*         =   4
数组类型占字节数:
int [5]       =   20
int [10]      =   40
double [5]    =   40
double [10]   =   80
char [5]      =   5
char [10]     =   10
float [5]     =   20
float [10]    =   40
指针数组类型占字节数:
int *[5]      =   20
int *[10]     =   40
double *[5]   =   20
```

```
double *[10]    =    40
char   *[5]     =    20
char   *[10]    =    40
float  *[5]     =    20
float  *[10]    =    40
```

程序分析：

1）在程序里可以定义 void * 类型的指针变量，不能定义 void 类型的变量。所有类型的指针变量都占 4 个字节。

2）数组类型所占字节数与数组元素的类型和数组长度有关。

3）指针数组的数组元素都是指针类型，占 4 个字节，因此长度为 5 的指针数组都占 20 个字节，长度为 10 的指针数组都占 40 个字节。

将本例的运行结果与第 2 章例 2.3 的运行结果比较，区分基本数据类型和构造数据类型。

在 C++ 中，给用户提供了用于返回指针变量或引用所指对象的实际类型的操作符 typeid。运行时获知变量类型名称，可以使用 typeid（变量）.name（）。可以利用 typeid 操作符加强对本章学习的指针变量的理解，如例 6.9 所示（以下为 C++ 源码）。

【例 6.9】 编程输出基本数据类型、数组和指针类型的类型名称。

源程序如下：

```c
#include <stdio.h>
#include <typeinfo>
int main()
{
    int a,b[10],*c[10],*p1,**p2;
    printf("The type of a is :\t%s\n",typeid(a).name());
    printf("The type of &a is :\t%s\n",typeid(&a).name());
    printf("The type of b is :\t%s\n",typeid(b).name());
    printf("The type of b[0] is :\t%s\n",typeid(b[0]).name());
    printf("The type of c is :\t%s\n",typeid(c).name());
    printf("The type of c[0] is :\t%s\n",typeid(c[0]).name());
    printf("The type of *c[0] is :\t%s\n",typeid(*c[0]).name());
    printf("The type of p1 is :\t%s\n",typeid(p1).name());
    printf("The type of *p1 is :\t%s\n",typeid(*p1).name());
    printf("The type of p2 is :\t%s\n",typeid(p2).name());
    printf("The type of *p2 is :\t%s\n",typeid(*p2).name());
    printf("The type of **p2 is :\t%s\n",typeid(**p2).name());
    return 0;
}
```

运行结果：

```
The type of a is :        int
The type of &a is :       int *
The type of b is :        int *
The type of b[0] is :     int
The type of c is :        int **
The type of c[0] is :     int *
The type of *c[0] is :    int
The type of p1 is :       int *
The type of *p1 is :      int
The type of p2 is :       int **
The type of *p2 is :      int *
The type of **p2 is :     int
```

程序分析：变量 a 的类型是 int，变量 a 的地址 &a 是指针数据类型 int *。数组名 b 是 int * 类型，数组元素是 int 类型。这里就不一一陈述了，请读者仔细阅读运行结果，比较基本数据类型、数组类型与指针数据类型，以便学会区分不同类型的数据。

6.8 本章知识点小结

内　　容	描　　述	备　　注
指针数据类型的定义（以整型为例进行说明）	int * p	p 为指向整型数据的指针变量
	int * p [n];	定义指针数组 p，它由 n 个指向整型数据的指针元素组成
	int (* p) [n];	p 为指向含 n 个元素的一维数组的指针变量
	int ** p;	p 是一个指向一个指针数据的指针变量
指针变量赋值	p = &a	将变量 a 的地址赋给 p
	p = array	将数组 array 的首地址赋给 p
	p = &array [i]	将数组 array 第 i 个元素的地址赋给 p
	p1 = p2	p1 和 p2 都是指针变量，将 p2 的值赋给 p1
	p = NULL	指针变量可以有空值，即该指针变量不指向任何变量
指针运算	p ++ p -- p + i p - i p + = i p - = i	一个指针变量加（减）一个整数并不是简单地将原值加（减）一个整数，而是将该指针变量的原值（是一个地址）和它指向的变量所占用的内存单元字节数相加（减）
	p1 - p2	如果两个指针变量指向同一个数组的元素，则两个指针变量值之差是两个指针之间的元素个数

（续）

内　容	描　述	备　注
指针运算	p1 < p2 或 p1 > p2	如果两个指针变量指向同一个数组的元素，则两个指针变量可以进行比较。指向前面元素的指针变量"小于"指向后面元素的指针变量
void 指针类型	void *p;	ANSI 新标准增加了一种"void"指针类型，即可以定义一个指针变量，但不指定它是指向哪一种类型数据

6.9　本章常见错误小结

常见错误举例	常见错误描述	错误分析及改正

int x,a[10],*p;
p = x;
p = &a;
	指针变量赋值错误	对指针变量赋值时，非数组类型变量前需要使用符号"&"，数组类型变量不用符号"&"

int *p; p = 1000;	指针变量赋值错误	不允许把一个整数赋给指针变量
int a; int *p; *p = &a;	指针变量赋值错误	已经定义的指针变量被赋值时前面不能再加符号"*"
int *p; p = NULL; p ++ ;	无法实现指针变量运算，指针变量的错误使用	可以给指针变量赋值为"空值"，但是不允许使用"空值"指针变量（没有确定指向的指针变量），有可能导致对系统或程序的危害

int i;
float *p;
char *q;
p = &i;
q = p;
	指针变量类型不匹配	同类型的指针变量只能指向同类型的变量

int a,int *p;
p = &a;
scanf("%d",&p);
printf("%d\n",p);
	指针变量使用错误	使用 scanf 函数时，第二个参数为地址，指针变量前不需要符号"&"
		使用 printf 函数时，第 2 个参数为值，指针变量前应使用符号"*"

int a[10]; int *p1 = &a[3],*p2 = &a[7]; p1 + p2 p1*p2 p1/p2	指针运算错误	指针变量表示地址，对地址进行加"+"、乘"*"、除"/"等运算没有意义

（续）

常见错误举例	常见错误描述	错误分析及改正
| ```c
#include <stdio.h>
int main()
{
    int *p,i,a[10];
    p=a;
    for(i=0;i<10;i++)
    *p++=i;
    for(i=0;i<10;i++)
    printf("a[%d]=%d\n",i,*p++);
    return 0;
}
``` | 无法正确输出数组a的元素 | p=a;将指针变量指向数组a，第一个循环结束后，p指到数组以后的内存单元了，因此在第二个循环中无法输出a的值<br>注意：指针变量表示地址，虽然定义数组时指定它包含10个元素，但指针变量可以指到数组以后的内存单元，系统并不认为非法 |
| ```c
#include <stdio.h>
int main()
{
    int a[3][4]={0,1,2,3,4,
    5,6,7,8,9,10,11};
    p=a;
    printf("%d,",a);
    printf("%d,",*a);
    printf("%d,",a[0]);
    printf("%d,",&a[0]);
    printf("%d\n",&a[0][0]);
    return 0;
}
``` | 无法正确输出数组a的元素 | 程序中使用指针变量指向数组元素，并获得元素值输出的使用方式都是错误的，输出的均为数组a中的元素的地址 |

习 题

本章习题均要求用指针方法处理。

1. 分析以下程序，给出运行结果。

(1)

```c
#include <stdio.h>
int main()
{
    int *pn,n=10,m=20;
    double *pf,px=3.14159,py=2.71828;
    pn=&n;
    *pn+=m;
    printf("n=%d\n",*pn);
    pf=&px;
```

```
        py + =5* (*pf);
        printf("py=%lf\n",py);
        return 0;
}
```

(2)
```
#include <stdio.h>
int main()
{
        int a=3,b=6,*x=&a,*y=&b,k;
        k=*x;
        *x=*y;
        *y=k;
        printf("%d,%d\n",a,b);
        return  0;
}
```

(3)
```
#include<stdio.h>
int main()
{
        int arr[]={30,25,20,15,10,5},*p=arr;
        p++;
        printf("%d\n",*p+3);
        return  0;
}
```

(4)
```
#include<stdio.h>
int main()
{
        int a[5]={2,4,6,8,10},*p,**k;
        p=a;k=&p;
        printf("%d,",*(p++));
        printf("%d\n",**k);
        return 0;
}
```

2. 使用指针实现交换数组 a 和数组 b 中的对应元素。
3. 使用指针实现对输入的两个整数进行算术四则运算后输出结果。

4. 从键盘输入 3 个数，使用指针方法找到 3 个数中最大和最小的数并输出。

5. 使用指针实现从键盘输入 5 个数送入数组中，并求数组的平均值。

6. 使用指针完成输入数组，最大的数与第一个元素交换，最小的数与最后一个元素交换，并输出数组的功能。

7. 使用指针编写一个程序，将输入的 10 个整数逆置后输出。

8. 使用指针实现选择法对 10 个整数由大到小排序。

9. 设有一个数列包含 10 个数，已经按升序排好。要求编写一程序，它能够从指定位置开始的 n 个数按逆序重新排列并输出新的完整数列。进行逆序处理时要求使用指针方法（如原数列为 2，4，6，8，10，12，14，16，18，20，若要求从第 4 个数开始的 5 个数按逆序重新排列，则得到新数列为 2，4，6，16，14，12，10，8，18，20）。

10. 利用指向行的指针变量求 3×5 数组各行元素之和。

第 7 章 函 数

7.1 函数的基本概念

前面章节中的程序是把所有代码都写在 main 函数中，如果程序的功能比较多，规模比较大，就会使主函数变得庞杂、头绪不清，阅读和维护变得困难。有时程序中要多次实现某一功能，就需要多次重复编写实现此功能的程序代码，这使程序冗长，不精炼。

为了解决这个问题，用模块化程序设计的思路，采用"组装"的办法简化程序设计的过程，事先编好一批实现各种不同功能的函数，把它们保存在函数库中，需要时直接调用。

函数就是功能模块，每一个函数用来实现一个特定的功能，函数的名字应反映其代表的功能。在设计一个较大的程序时，往往把它分为若干个程序模块，每一个模块包括一个或多个函数，每个函数实现一个特定的功能。

C 程序可由一个主函数和若干个其他函数构成，主函数调用其他函数，其他函数也可以互相调用。同一个函数可以被一个或多个函数调用任意多次，可以使用库函数，也可以使用自己编写的函数。在程序设计中要善于利用函数，可以减少重复编写程序段的工作量，同时可以方便地实现模块化的程序设计。

图 7-1 所示为一个典型的 C 程序结构。一个 C 程序可以由一个或多个源程序文件组成，一个源程序文件可以由一个或多个函数组成。设计得当的函数可以把函数内部的信息对不需要这些信息的其他模块隐藏起来，让用户不必关注函数内部是如何做的，只要知道它能做什么及如何使用即可，从而使得整个程序的结构更加紧凑，逻辑也更加清晰。

从函数定义角度看，函数可分为库函数和用户自定义函数两种。

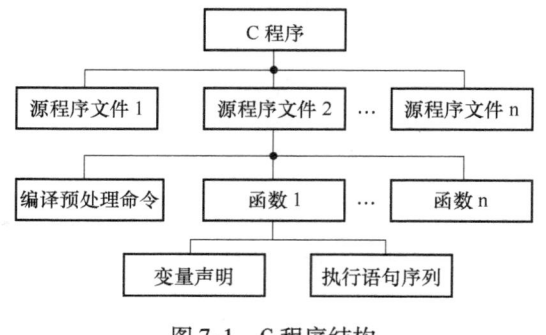

图 7-1　C 程序结构

1. 标准库函数

前面各章程序中反复用到的 printf( )、scanf( )、getchar( )、putchar( ) 等函数是标准库函数，符合 ANSI C 标准的 C 语言编译器，都必须提供这些库函数。当然，函数的行为也要符合 ANSI C 的定义。使用 ANSI C 的库函数，必须在程序的开头把该函数所在的头文件包含进来。例如，要使用在 math. h 内定义的数学函数 sqrt（ ）时，只要在程序开头将头文件 <math. h> 包含到程序中即可。

常见的库函数如下：
1) 输入/输出函数（头文件为 stdio. h）：用于完成输入/输出功能；
2) 字符串函数（头文件为 string. h）：用于字符串操作和处理；
3) 数学函数（头文件为 math. h）：用于数学函数计算；
4) 内存管理函数（头文件为 stdlib. h）：用于内存管理；
5) 日期和时间函数（头文件为 time. h）：用于日期、时间的转换操作；
6) 接口函数（头文件为 dos. h）：用于与 DOS、BIOS 和硬件的接口。

2. 用户自定义函数

用户自定义函数是指用户按需要自行定义和编写的函数。虽然 C 语言的标准库函数为用户提供了丰富的函数，但还是不能满足用户实际编程的需要。因此，大量的函数还需用户自行定义。如何定义一个函数以及如何正确调用函数是本章讨论的重点。

7.2 函数定义

在 C 语言中，所有自定义的函数都必须遵循"先定义，后使用"的原则，并且所有的函数定义都是相互平行和独立的，不允许出现嵌套定义。函数定义的基本格式为：

函数返回值类型　函数名（类型　形式参数1，类型　形式参数2，…）←——函数头部
{
　　声明语句序列　　　　　　　　　　　　　　函数体
　　可执行语句序列
}

函数名是函数的唯一标识，用于说明函数的功能，其命名规则与变量的命名规则相同。为便于区分变量名，通常变量名用小写字母开头的单词组合而成，函数名则用大写字母开头的单词组合而成。

函数体必须用一对花括号包围，这里的花括号 ｛｝是函数体的定界符。在函数体内部定义的变量只能在函数体内部访问，函数头部参数表里的变量称为形式参数，也是内部变量，也只能在函数体内部访问。

形参表是函数的入口。如果说函数名相当于说明运算的规则的话，那么形参表里的形参就相当于运算的操作数，而函数的返回值就是运算的结果。

若函数没有函数**返回值**，则需要用 void 定义返回值类型。若函数不需要入口参数，则用 void 代替函数头部中形参表中的内容，或者空着。这就意味着该函数不接收来自调用函数的任何数据。

函数定义中的"返回值类型"是指函数返回值的类型。函数返回值不能是数组，也不能是函数，除此之外任何合法的数据类型都可以是函数返回值的类型，如 char、int、long、float、指针或结构等。

综上所述，函数定义的第一行称为函数头部，它定义了函数返回值的类型、函数的名字以及调用该函数时需要给出的参数个数及参数的类型。

用花括号｛｝括起来的部分称为函数体，它包括函数的说明部分和执行部分。说明部分是对函数内部使用的变量进行定义，也即在此定义的变量仅在该函数内部有效；执行部分是函数的主体，它具体描述该函数所应实现的功能。

自定义函数从函数形式参数的个数角度来看，可分为以下两类：
1）无参函数，函数不带参数。
2）有参函数，函数带有至少一个参数。

自定义函数从函数是否有返回值角度来看，可分为以下两类：
1）有值函数，调用该函数后可以得到返回值。
2）无值函数，调用该函数后没有返回值。无值函数类似于其他高级语言中的过程。

定义函数的步骤：
1）确定输入数据类型及个数；
2）确定函数返回值类型及函数名；
3）确定函数体：函数实现的功能即对输入数据的处理过程。

【例 7.1a】 请定义下列函数：
1）编写求两个整数的和函数，并返回这两个整数的和；
2）编写求 x 的 n 次幂的函数，并返回计算结果；
3）编写判断整数 m 是否为素数的函数，无返回值；
4）编写求整数 m! 的函数，并返回计算结果。

解题思路： 这里要定义 4 个小函数，分别完成求两数之和、计算幂值、判断是否为素数和求阶乘的功能。这 4 个函数的定义如下：

1）
```c
int add(int x,int y)
{
    int  z;
    z = x + y;
    return(z);
}
```

2）
```c
int  power(int x,int n)
{
  int  t = 1;
  int i;
  for(i = 0;i < n;i ++)
  {    t = t*x;
  }
  return t;
}
```

3)
```
void prime(int m)
{
   int i;
   for(i=2;i<=m-1;i++)
   {  if(m%i==0)
         break;
   }
   if(i<m)
      printf("%d 不是素数.\n",m);
   else
      printf("%d 是素数.\n",m);
   return;
}
```

4)
```
long fact(int m)
{
   int i;
   long t=1;
   for(i=1;i<=m;i++)
   {  t=t*i;
   }
   return t;
}
```

上面分别定义了4个函数来完成各自的功能。add( ) 函数的功能是计算两个整数之和。power( ) 函数的功能是计算 x 的 n 次幂。prime( ) 函数的功能是判断整数 m 是否为素数。fact( ) 函数的功能是求整数 m 的阶乘。

add( ) 函数和 power( ) 函数都是带两个 int 型形参的函数，一个在函数体内进行加法运算，一个在函数体内进行求幂运算。函数体内部的语句决定了函数的功能，两个函数都有返回值。

对于计算两数之和的函数而言，在函数头部 int add(int x, int y) 中函数名 add 之前的 int 表明函数返回值类型为 int 类型。(int x, int y) 表明形参列表中有两个参数，形参 x、y 的类型均为 int 类型。将 add( ) 函数的定义与第 1 章例 1.3 的 subtract( ) 函数的定义比较发现，在 add( ) 函数和 subtract( ) 函数定义时不需要考虑形参的输入，是认为在已经有两个参数的基础上，将这两个参数相加或相减，然后通过 return(z)，将 z 的值作为函数的返回值返回，其中 return 后面的变量或者表达式的值代表函数要返回的值，它的类型应该与函数定义头部中声明的函数返回值类型一致。

power( ) 函数也是带两个 int 型形参的函数，其函数头部的构成结构与 add( ) 函数是一样的。与 add( ) 函数不同的是，在函数体内部对这两个形参的处理不一样，包含的是另外一组执行任务的语句，返回值也不一样，两个函数的功能不同。

prime( ) 函数和 fact( ) 函数都是带一个 int 型形参的函数，函数体内部的语句是对形参 m 进行操作的一组语句，prime( ) 函数没有返回值，fact( ) 函数有返回值。

判断整数 m 是否为素数的 prime( ) 函数，其函数头部 void prime（int m）中函数名 prime 之前的 void 表明函数返回值类型为 void，也就是 prime( ) 没有返回值。在 prime( ) 函数中是通过一条 return 语句来结束 prime( ) 函数的，但在 return 后没有跟任何变量或者表达式。这样的函数称为无值函数。对于求整数 m 的阶乘的 fact( ) 函数，其函数头部 long fact（int m）中函数名 fact 之前的 long 表明函数返回值类型为 long 型，是因为考虑到调用阶乘的值有可能会超出 int 型数据的表示范围。在程序代码中通过 return t，将 t 的值作为函数的返回值返回。

7.3 函数调用

例 7.1a 定义的 4 个函数并不是可单独运行的程序。在 C 语言中，有 main( ) 的程序才能运行，函数必须被 main( ) 直接或间接调用才能发挥作用。下面讲解如何调用自定义函数。

7.3.1 函数的形式参数和实际参数

为叙述方便，下面将调用其他函数的函数简称主调函数，被调用的函数简称被调函数。在定义函数时，函数名后面括号中的参数名称为**形式参数**（简称"形参"）。在主调函数中调用一个函数时，函数名后面括号中的参数称为**实际参数**（简称"实参"）。在调用函数过程中，主调函数会把实参的值复制给被调函数的形参，这个过程称为参数传递。

main 函数中要调用例 7.1a 中定义的 4 个函数时，必须要为这 4 个函数提供称为实际参数的表达式给被调用的函数。

【例 7.1b】 编写 main 函数，在 main 函数里输入两个正整数，调用例 7.1a 定义的 4 个函数完成以下功能。

1) 求这两个正整数的和；
2) 求这两个正整数的幂；
3) 求这两个正整数的组合数；
4) 判断这两个正整数是否是素数。

定义 main 函数如下：

```
int main()
{
    int a,b,sum,comn;
    printf("请输入两个正整数：\n");
    scanf("%d%d",&a,&b);
    sum=add(a,b);              //调用 add( )函数，并将返回值赋给 sum
    printf("两个数的和=%d.\n",sum);
```

```
            printf("两个数的幂=%d.\n",power(a,b));  //直接输出power()函
                                                      数值
        if(a>=b)
        {
            comn=fact(a)/(fact(b)*fact(a-b));
        }
        else
        {
            comn=fact(b)/(fact(a)*fact(b-a));
        }
        printf("两个数的组合数=%d\n",comn);
        prime(a);                                  //调用无返回值函数，
                                                      判断a是否是素数
        prime(b);                                  //判断b是否是素数
        return 0;
    }
```

注意：

1）main 函数中的变量 a、b 称为实参。执行函数调用语句

```
        sum=add(a,b);
```

时，add() 函数将主函数 main 传递过来的 a、b 值保存于系统为形参 x 和 y 分配的临时空间中，进行加法运算后，再通过 return 语句将计算的结果返回给 main 函数的变量 sum，形参 x 和 y 所占的临时空间被系统收回。

2）执行函数调用语句

```
        printf("两个数的幂=%d.\n",power(a,b));
```

时，power() 函数将主函数 main 传递过来的 a、b 值保存于系统为形参 x 和 n 分配的临时空间中，进行求幂运算后，再通过 return 语句将计算的结果返回给主调函数，同时形参 x 和 n 所占的临时空间被系统收回，回到主调函数后由 printf() 函数输出 power() 函数值。

3）当 a≥b 时，执行函数调用语句

```
        comn=fact(a)/(fact(b)*fact(a-b));
```

系统会三次调用 fact() 函数。第一次调用 fact() 函数时，fact() 函数将主函数 main 传递过来的 a 值保存于形参 m 中，计算出 a!；第二次调用 fact() 函数时，fact() 函数将主函数 main 传递过来的 b 值保存于形参 m 中，计算出 b!；第三次调用 fact() 函数时，fact() 函数将主函数 main 传递过来的 a-b 值保存于形参 m 中，计算出 (a-b)!。三次调用结束后，系统根据返回值计算出表达式 fact(a)/(fact(b)*fact(a-b)) 的值赋给 comn 变量。

同理，当 a<b 时，执行函数调用语句

```
        comn=fact(b)/(fact(a)*fact(b-a));
```

求阶乘的 fact() 函数被多次调用，与数学库函数的作用类似。

4）执行函数调用语句

```
prime(a);
```

时，prime() 函数将主函数 main 传递过来的 a 值保存于形参 m 中，判断 a 是否是素数后，通过 return 语句返回到 main 函数调用处。

同理，执行函数调用语句

```
prime(b);
```

时，prime() 函数判断的是 b 是否是素数。

下面以函数 add() 为例来详细讲解程序调用函数的执行过程，其他子函数的调用过程留给读者自己分析。

主函数中包含了一条函数调用语句

```
sum = add(a,b);
```

add 后面括号内的 a 和 b 是实参。a 和 b 是在 main 函数中定义的变量，x 和 y 是函数 add() 的形式参数。通过函数调用，在两个函数之间发生数据传递，实参 a 和 b 的值传递给形参 x 和 y，在 add() 函数中把 x 和 y 之和赋给变量 z，z 的值作为函数值返回 main 函数，赋给变量 sum，如图 7-2 所示，假设用户在键盘输入 3 给 a，4 给 b。

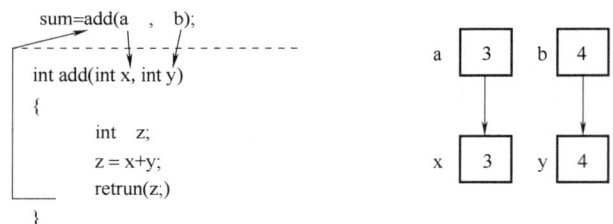

图 7-2　例 7.1b add() 函数调用

说明：

1）在未执行函数调用语句时，函数定义中指定的形参并不占内存中的存储单元。在发生函数调用时，函数 add() 的形参被临时分配内存单元。

2）将实参对应的值传递给形参。如图 7-2 所示，实参的值为 3，把 3 传递给相应的形参 x，这时形参 x 就得到值 3；同理，形参 y 得到值 4。

3）在执行 add() 函数期间，由于形参已经有值，就可以利用形参进行有关的运算了。

4）通过 return 语句将函数值带回到主调函数。上例中在 return 语句中指定的返回值是 z，这个 z 就是函数 add() 的返回值。执行 return 语句就把这个函数返回值带回主调函数 main。应当注意返回值的类型与函数类型要一致，如 add() 函数为 int 型，返回值是变量 z，也是 int 型。

5）调用结束，形参单元被释放。此时，实参单元仍保留并维持原值，没有发生变化。也即是说，在执行一个函数调用语句时，形参的值发生改变，不会影响到主调函数里的实参的值。

6）在函数调用中，这种实参向形参的数据传递称为"值传递"，它是单向传递，只能由实参传给形参，而不能由形参返回传给实参。实参和形参在内存中占有不同的存储单元，形参就像是实参的一个副本。对形参的任何修改不会影响到实参。

7.3.2 函数返回值

函数返回值通常由 return 语句返回给主调函数。return 语句的功能是计算表达式的值并返回给主调函数，只要执行 return 语句，则结束被调函数的执行并将返回值返回给主调函数。

在一个函数中可以有多条 return 语句，但每次函数调用只能有一条 return 语句被执行，当执行该条 return 语句后即返回到主调函数，故其余 return 语句无法执行。所以，一个函数只能返回一个函数值。

return 语句的格式分为下面三种：

1）return 表达式；
2）return（表达式）；
3）retrun。

return 语句表达式的类型与函数返回值的类型应保持一致，如果两者不一致，则以函数定义中的函数返回值类型为准，将 return 语句表达式的类型自动转换为函数返回值类型。

如果函数不需要返回值，则需用 void 定义返回值的类型，用第 3）种格式返回到主调函数调用处，也可以省略 return 语句。

函数的返回值类型可以省略，当不指明函数返回值类型时，系统默认为 int 型。

7.3.3 函数原型

在一个函数中调用另一个函数要求满足被调用的函数是已经定义了的函数，这里可以是系统定义的库函数，也可以是用户的自定义函数。

1）如果调用的是库函数，则要在本文件的开始用#include 指令将调用有关库函数时所需要用到的相关信息包含到本文件中来。例如，之前都用到的指令：

```
#include <stdio.h>
```

其中 stdio.h 是一个头文件，包含了标准输入/输出库函数的声明和定义。其他头文件还有 math.h（数学库函数头文件）等。

2）如果使用的是用户自己定义的函数，而定义该函数的位置在调用它的语句后面，则应该在主调函数中对被调用的函数做声明。声明的作用是将函数类型、函数名、函数参数的个数和参数类型等信息传递给编译系统，以便在调用该函数时，编译系统能正确识别函数并检查函数的调用是否合法。下面举例说明例 7.1a 中定义的函数的声明：

```
int add(int x,int y);
int  power(int  x,int n);
void  prime(int m);
long  fact(int m);
```

现将例 7.1a 和例 7.1b 合并成一个完整的程序。

【例 7.1】 将例 7.1a 和例 7.1b 合并成一个完整的程序。

```c
#include <stdio.h>
int   add(int x,int y);                         //add()函数声明
int   power(int x,int n);                       //power()函数声明
void  prime(int m);                             //prime()函数声明
long  fact(int m);                              //fact()函数声明
int main()
{
int a,b,sum,comn;
printf("请输入两个正整数：\n");
scanf("%d%d",&a,&b);
sum=add(a,b);                       //调用 add()函数,并将返回值赋给 sum
printf("两个数的和=%d.\n",sum);
printf("两个数的幂=%d.\n",power(a,b)); //直接输出 power()函数值
if(a>=b)
{
    comn=fact(a)/(fact(b)*fact(a-b));
}
else
{
    comn=fact(b)/(fact(a)*fact(b-a));
}
printf("两个数的组合数=%d\n",comn);
prime(a);                           //调用无返回值函数,判断 a 是否是素数
prime(b);                           //判断 b 是否是素数
return 0;
}
int add(int x,int y)                            //add()函数定义
{
        int  z;
        z=x+y;
        return(z);
}
int  power(int  x,int n)                        //power()函数定义
{
int  t=1;
```

```
    int i;
    for(i=0;i<n;i++)
    {
        t=t*x;
    }
    return t;
}
void  prime(int m)                    //prime()函数定义
{
  int i;
  for(i=2;i<=m-1;i++)
  { if(m%i==0)
    break;
  }
    if(i<m)
      printf("%d 不是素数.\n",m);
    else
      printf("%d 是素数.\n",m);
    return;
}
long  fact(int m)                     //fact()函数定义
{
  int i;
  long t=1;
  for(i=1;i<=m;i++)
    t=t*i;
  return t;
}
```

运行结果:

```
请输入两个正整数:
3 8
两个数的和=11.
两个数的幂=6561.
两个数的组合数=56
3 是素数.
8 不是素数.
```

注意,程序里4个子函数的定义在main()之后,在main()之前多了4条被称为函数原型声明的语句：

```
    int add(int x,int y);              //add()函数声明
    int  power(int  x,int n);          //power()函数声明
    void  prime(int m);                //prime()函数声明
    long  fact(int m);                 //fact()函数声明
```

当子函数的定义出现在函数调用之前时，编译器在编译 main() 时就知道了这 4 个子函数有哪些参数，以及返回值类型是什么，从而可以进行正确编译，即如果将 4 个子函数的定义放在 main() 的定义之前，函数原型声明语句是可以省略的。当子函数的定义出现在函数调用之后时，编译器在编译 main() 时就不知道有关这 4 个子函数的信息，在编译时就会报错，因而函数原型声明语句是必不可少的。函数原型声明语句包含了被调用函数的基本信息（包括函数值类型、函数名、参数个数、参数类型和参数顺序），在执行函数调用语句时要求实参类型、个数必须与函数声明中的形参类型、个数一一对应，否则就会按出错处理。

函数原型声明语句和函数定义中的第 1 行（函数头部）基本是相同的，差别在于函数声明比函数定义中的第 1 行（函数头部）多了一个分号。因此写函数声明时，可以对照着函数定义的头部书写，再加上一个分号即可。

在写函数原型声明语句时，形参名可以省略，只写形参的类型。例如，上例的声明可以只写为：

```
    int add(int ,int);                 //add()函数声明
    int  power(int ,int);              //power()函数声明
    void  prime(int);                  //prime()函数声明
    long  fact(int);                   //fact()函数声明
```

对于编译系统而言，只关心参数的个数和参数的类型，而不必考虑具体的形参名。

7.4 函数形式参数的类型

主调函数在调用自定义函数时，要将实参传递给被调函数的形参。下面根据形参的不同类型来了解函数参数的传递过程。

7.4.1 基本类型变量作函数形式参数

先来看用基本类型变量作函数形式参数的情况，例 7.1 的 4 个自定义函数的形式参数都是基本类型变量。下面举例说明实参向形参传递数据的单向性，即只能由实参传给形参，而不能由形参返回传给实参。实参和形参在内存中占有不同的存储单元，形参就像是实参的一个副本。对形参的任何修改不会影响到实参。

【例 7.2】 编程演示用基本类型变量作函数形式参数。

```
#include <stdio.h>
void Fun(int par);
int main()
```

```
    {
        int arg = 1;
        printf("arg = %d\n",arg);
        Fun(arg);                        //传递实参值的拷贝给函数
        printf("arg = %d\n",arg);
        return 0;
    }
    void Fun(int par)
    {
        par = 2;                         //改变形参的值
        printf("par = %d\n",par);
    }
```

运行结果:

```
arg = 1
par = 2
arg = 1
```

程序分析：虽然在子函数 Fun() 的执行过程中改变了形参 par 的值，但在回到主函数 main() 后再次输出实参 arg 的值，arg 的值保存不变。这是因为传给函数形参 par 的值只是实参 arg 的副本。那么，如何在子函数 Fun() 中改变实参 arg 的值呢？这就要用到第 6 章中介绍过的指针这个秘密武器了。大家可以思考下如何实现。具体的做法在下一小节中介绍。

如果希望在一个子函数里交换主函数里的两个变量，能否用基本类型变量作函数形式参数来实现呢。

【例 7.3】 在主函数中从键盘任意输入两个整数，编写子函数实现将两个整数交换，子函数形参为基本类型变量。

解题思路：定义一个子函数 swap（int a，int b），在其中实现两个变量的交换，并在 main() 中分别打印出交换之前和交换之后的 a、b 值。

源程序如下：

```
#include <stdio.h>
void  swap(int a,int b);                            //swap 函数声明
int main()
{
    int  a,b;
    printf("Please enter a,b:");
    scanf("%d,%d",&a,&b);
    printf("Before swap: a = %d,b = %d\n",a,b); //打印交换前的 a,b
    swap(a,b);                                      //调用函数 swap()
    printf("After swap: a = %d,b = %d\n",a,b);  //打印交换后的 a,b
```

```
        return 0;
    }
    void  swap(int a,int b)
    {
        int  temp;
        temp = a;
        a = b;
        b = temp;
    }
```

运行结果:

```
Please enter a,b: 10,20
Before swap: a = 10,b = 20
After swap: a = 10,b = 20
```

程序分析:swap() 函数的形参变量名字虽然也是 a 和 b,与 main() 函数中的实参名字相同,但还是没有实现 main() 函数中 a 值和 b 值的交换,原因与例 7.2 相同。在函数调用中,实参向形参的数据传递,只能由实参传给形参,而不能由形参返回传给实参。利用基本类型变量作函数形式参数是不能在 swap() 函数内部改变 main() 函数内部的变量值的,但是利用指针可以实现这个操作。

7.4.2 指针变量作函数形式参数

变量的地址属性是变量的一个重要特性,知道了变量的地址,就可以通过地址间接访问变量的值了。变量的地址在 C 语言中就是指针,通过地址间接访问变量的值就是通过指针间接访问指针所指的内容。指针作函数的参数就是在函数间传递变量的地址。

在函数间传递变量地址时,函数间传递的不再是变量的值,而是变量的地址。此时,被调函数使用指针变量作为形参接收传递的地址,主调函数向被调函数传递变量的地址,这里实参的数据类型要与作为形参的指针所指对象的数据类型一致。这种传递方式称为地址传递。

对于例 7.2 和例 7.3,在这里用指针变量作函数形式参数来实现相关功能。

【例 7.4】 编程演示用指针变量作函数形式参数。

解题思路:对于例 7.2 而言,在定义 Fun() 子函数时,应用指针变量作为形式参数。编写程序如下:

```
#include <stdio.h>
void Fun(int *par);
int main()
{
    int arg = 1;
    printf("arg = %d\n",arg);
```

```
        Fun(&arg);                      //传递变量 arg 的地址值给函数
        printf("arg = %d\n",arg);
        return 0;
    }
    void Fun(int *par)
    {
        * par = 2;                      //改变形参指向的变量的值
        printf("par = %d\n",*par);      // 输出形参指向的变量的值
    }
```

运行结果：

```
arg = 1
par = 2
arg = 2
```

程序分析：在程序中将子函数 Fun() 的形式参数声明为指针类型，使用指针变量作为函数形参，这意味着形参接收的数据是一个地址值。因此，在 main() 函数执行调用语句

```
    Fun(&arg);
```

时，给定的实参是变量 arg 的地址值，Fun() 函数的形参 par 接收到的是 main() 中变量 arg 的地址值，在 Fun() 函数内部，使用间接运算符 "*" 修改了形参 par 指向的变量 arg 的值，因此 Fun() 函数执行结束，回到主函数时，变量 arg 的值已经变成了 2。

【例 7.5】 在主函数中从键盘任意输入两个整数，编写子函数实现将两个整数交换，子函数形参为指针变量。

编写程序如下：

```
    #include <stdio.h>
    void swap(int *p1,int *p2);
    int main()
    {
        int a,b;
        printf("please input 2 numbers(a,b):");
        scanf("%d,%d",&a,&b);
        printf("Before swap:a = %d,b = %d\n",a,b);
        swap(&a,&b);
        printf("After swap:a = %d,b = %d\n",a,b);
        return 0;
    }
    void swap(int *p1,int *p2)
```

```
    {
        int temp;
        temp = *p1;
        *p1 = *p2;
        *p2 = temp;
    }
```

运行结果:

```
please input 2 numbers(a,b): 20,10
Before   swap:   a=20,b=10
After    swap:   a=10,b=20
```

程序分析:

1）设定 void swap（int *p1，int *p2）函数的形参为 p1、p2 两个指针变量，在 swap( ) 函数内部，交换这两个指针变量所指向的变量。

2）请分析以下 swap( ) 函数能否实现 a 和 b 互换。

```
swap(int *p1,int *p2)
{
    int *temp;
    temp = p1;
    p1 = p2;
    p2 = temp;
}
```

这里的 swap( ) 函数，仅仅是交换了两个形参的值，而不是像例 7.5 中交换了指针变量所指向的值。

3）请分析以下 swap( ) 函数能否实现 a 和 b 互换。

```
swap(int *p1,int *p2)
{
    int *temp;
    *temp = *p1;
    *p1 = *p2;
    *p2 = *temp;
}
```

这里的 swap( ) 函数，指针变量 temp 未初始化，指针 temp 指向哪里未知，对未知单元进行写操作是危险的，使用指针变量，一定要弄清楚每个指针指向了哪里。

C 语言中实参变量和形参变量之间的数据传递是单向传递，用指针变量作为函数参数时同样要遵循这一规则。函数执行过程中，不能通过改变形参变量的值来改变实参变量的值，无论形参是基本类型变量，还是指针变量。

7.4.3　一维数组作函数形式参数

函数的参数可以是基本类型变量、指针变量，也可以是数组。当整个数组作为函数的参数时，实际上是数组的地址作为参数。当数组名作为函数的参数时，传递的是数组的起始地址，形参是用来接收从实参传递过来的实参数组的地址的。因此，C 编译系统都是将形参数组名作为指针变量来处理的，只有指针变量才能存放地址。数组名就是数组的首地址，实参向形参传递数组名实际上就是传送数组的地址，形参得到该地址后也指向同一数组。

如果在被调用函数中声明了形参数组的大小为 10，例如：

```
float Average(int array[10]);
```

则在调用 Average() 函数时，形参数组 array 的值大小是不起任何作用的，array 被 C 编译器作为指针变量来处理，是将实参数组首元素的地址传给形参数组 array，而实参数组的元素个数可以通过在被调用函数形参表中增加一个整型变量来传递，例如：

```
float Average(int array[],int n);
```

在被调用 Average() 函数声明中的形参数组 array 数组名后面可以跟一个空的方括号。

【例 7.6】 编程从键盘输入某班学生 C 语言课的成绩（已知每班人数最多不超过 40 人，具体人数由键盘输入），计算该班的平均分，要求分别定义子函数进行输入分数和求平均分。

解题思路： 定义两个函数 ReadScore() 和 Average() 分别来读入分数和求平均成绩，用一维数组名作为函数形参接收一个存放某班 C 语言课成绩的数组，用一个整型变量来接收数组的长度。

编写程序如下：

```
#include <stdio.h>
#define N 40
float Average(int array[],int n);      // Average()函数原型声明
void ReadScore(int array[],int n);     // ReadScore()函数原型声明
int main()
{
    int score[N],n;
    float aver;
    printf("Input n:");
    scanf("%d",&n);
    ReadScore(score,n);                // 数组名作为函数实参调用函数
                                       //    ReadScore()
    aver = Average(score,n);           // 数组名作为函数实参调用函数
                                       //    Average()
    printf("Average score is %f\n",aver);
    return 0;
```

}
/* 函数功能:输入 n 个学生的某门课成绩 */
```c
void ReadScore(int array[],int n)     // ReadScore()函数定义
{
    int i;
    printf("Input score:");
    for(i =0; i <n; i ++)
    {
        scanf("%d",& array[i]);
    }
}
```
/* 函数功能:计算 n 个学生成绩的平均分 */
```c
float  Average(int array[],int n)     //Average()函数定义
{
    int i,sum =0;
    for(i =0; i <n; i ++)
    {
        sum + =array[i];
    }
    if(n >0)
        return  (sum /(float)n);
    else
        return  (-1);
}
```

运行结果:

```
Input n: 10
Input  score : 100 98 89 76 55 66 83 81 90 91
Average  score  is  82.900000
```

程序分析:

1) 实参数组与形参数组类型应一致,如不一致,结果将出错。

2) 实参数组与形参数组大小可以一致也可以不一致,C 编译器对形参数组大小不做检查,只是将实参数组的首地址传给形参数组,需要时可以另设一个参数传递数组元素的个数。

3) 数组名作函数参数时,是把实参数组的起始地址传递给形参数组,这样两个数组就共占一段内存单元了。这与之前所讲的形参和实参之间的值传递是完全不一样的,请大家仔细体会。

假如实参数组 score 的起始地址为 1000,则执行被调函数时形参 array 数组的起始地址也是 1000,显然 score 和 array 同占一段内存单元,即 score[0] 和 array[0] 同占一个单元……,这种传递方式叫"地址传递"。由此,形参数组中各元素的值如发生变化会使实参数组元素

的值同时发生变化,从图 7-3 看是很容易理解的。在程序设计中可有意识地利用这一特点来改变实参数组元素的值(如排序)。

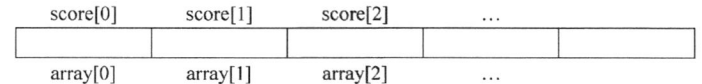

图 7-3　实参数组和形参数组共占同一段内存

在函数调用中,只要使用不带方括号的数组名作为函数实参调用函数就可以将一个数组传递给函数。此时,只需要数组名,后面的方括号和下标都不需要。

实参数组名是指针常量,但形参数组名是按指针变量处理的,在函数调用进行虚实结合后,它的值就是实参数组首元素的地址,调用子函数时,形参与实参数组因具有相同的首地址而实际上占用的是同一段存储单元。根据这个首地址就可以准确计算出实参数组中每个元素的存储地址,从而在被调函数中通过间接寻址方式读取或者修改这个数组的元素值。因此,当在被调函数内部修改形参数组元素时,实际上相当于是在修改实参数组中的元素值。

如果在读入分数之前不知道班级人数呢,请看下面例题。

【例 7.7】 从键盘输入某班学生某门课的成绩(已知每班人数最多不超过 40 人),当输入成绩为负值时,表示输入结束,请计算输出其最高分,并输出参加此门课程的学生实际人数。

解题思路: 在上例中,由于学生人数是由键盘输入的,为已知量,因此,在程序中可以使用 for 循环来输入参与此门课程的每个学生成绩。但在本例中,学生人数是未知的,只是给出了输入结束的标记值(负数),可以通过在 do-while 循环中设置结束条件(分数大于等于 0)来控制学生分数的输入,从而获得实际输入的学生人数。

源程序如下:

```c
#include <stdio.h>
#define N 40
int ReadScore(int array[]);            // 也可以这样声明 int ReadScore
                                       //   (int *array);

int FindMax(int array[],int n);        // int FindMax(int *array,int
                                       //   n);

int main()
{
    int score[N],max,n;
    n = ReadScore(score);              //调用函数 ReadScore()输入成绩,
                                       //  返回学生人数
    printf("Total students are %d\n",n);
    max = FindMax(score,n);            //调用函数 FindMax()计算最高分,
                                       //  返回最高分
    printf("The highest score is %d\n",max);
    return 0;
}
```

```c
/*函数功能:输入学生某门课的成绩,当输入负值时,结束输入,返回学生人数*/
int ReadScore(int array[])              // ReadScore()函数定义
{
    int i = -1;                         //i 初始化为-1,循环体内增1后可保证
                                        // 数组下标从0开始
    do{
        i++;
        printf("Input score:");
        scanf("%d",&array[i]);
    }while(array[i] >=0);               // 输入负值时结束成绩输入
    return i;                           // 返回学生人数
}
        /*函数功能:计算最高分*/
int FindMax(int array[],int n)          // FindMax()函数定义
{
    int max,i;
    max = array[0];                     // 假设score[0]值为当前最大值
    for(i =1; i<n; i++)
    {
        if(array[i] > max)              // 若score[i]值较大
        {
            max = array[i];             // 则用score[i]值替换当前最大值
        }
    }
    return max;                         // 返回最高分
}
```

运行结果:

```
Input    score:90
Input    score:87
Input    score:77
Input    score:70
Input    score:67
Input    score:100
Input    score:65
Input    score:-1
Total    students    are    7
The   highest   score   is   100
```

归纳起来，如果要把一个实际参数的起始地址传递到另一个函数中，形参和实参的对应表示形式可以有 4 种情况，见表 7-1。

表 7-1 形参和实参的对应表示形式

形 参	实 参
数组名	数组名
指针变量	数组名
数组名	指针变量
指针变量	指针变量

7.4.4 二维数组作函数形式参数

当形参被声明为一维数组时，形参列表中数组的方括号内可以为空。然而，当形参被声明为二维数组时，可以省略数组第一维的长度声明，但不能省略数组第二维的长度声明。因为数组元素在存储器中都是按行的顺序连续存储的，如它的第二行在存储器中总是存储在第一行之后。C 编译器必须已知一行中有多少元素（即列的长度），这样它才能知道跳过多少个存储单元来确定数组元素在存储器中的位置，从而准确地找到欲访问的数组元素，否则编译程序无法确定数组第二行从哪里开始。

如果不给定第二维长度，则只能先将其作为一维指针传递，然后利用二维数组的线性存储特性，在函数体内转化为对指定元素的访问。

【例 7.8】 从键盘输入数据给一个 3 行 4 列的二维数组赋值，输出此数组所有元素及最大元素的值及其所在的行号和列号。要求每个模块都用函数完成。

解题思路：这个任务与例 5.8 类似，例 5.8 只有一个主函数，现在要求每个模块都用函数完成，一个函数模块用来输入二维数组的数据，一个函数模块用来输出二维数组的数据，一个函数模块用来求二维数组的最大值及其所在的行号和列号。每个函数模块的形参设计为 3 个，第 1 个形参应该是一个二维数组，用来接收二维数组的首地址，还要用 2 个 int 型变量形参来接收二维数组的行数和列数。

源程序如下：

```
#include <stdio.h>
void Input(int array[][4],int m,int n); //不能省略掉形参组第二维
                                          大小
void Output(int array[][4],int m,int n);// Output()函数原型声明
int Maxvalue(int array[][4],int m,int n,int *r,int *c);
                                       // Maxvaluet()函数原型
                                          声明
int main()
{
    int a[3][4],max,row,col;
```

```
        Input(a,3,4);
        Output(a,3,4);
        max=Maxvalue(a,3,4,&row,&col);
        printf("最大值=%d\n 行数=%d\n 列数=%d\n",max,row+1,col+1);
         //行标和列标均从1开始计算
        return 0;
}
void Input(int array[][4],int m,int n)       //要与实参数组第二维大小
                                                          相同
{   int i,j;
    for(i=0;i<m;i++)
            for(j=0;j<n;j++)
                scanf("%d",&array[i][j]);
        return;
}
void  Output(int array[][4],int m,int n)    //要与实参数组第二维大小
                                                          相同
{   int i,j;
    for(i=0;i<m;i++)
    {   for(j=0;j<n;j++)
        {
                printf("%d\t",array[i][j]);
        }
        printf("\n");
    }
    return;
}
int Maxvalue(int array[][4],int m,int n,int *r,int *c)
{   int i,j,max;
    max=array[0][0];                           //选择第1个数组元素作为擂主
    *r=0;                                      //记录第1个数组元素的行号
    *c=0;                                      //记录第1个数组元素的列号
    for(i=0;i<m;i++)
    {
            for(j=0;j<n;j++)
                if(array[i][j]>max)
                { max=array[i][j]; *r=i;*c=j;}
```

```
            }
        return(max);
    }
```

运行结果：

```
11   17   8   90   99   86   1   6   7   14   16   77
11    17    8    90
99    86    1    6
7     14    16    77
最大值=99
行数=2
列数=1
```

程序分析：要求通过调用 Maxvalue() 函数得到 3 个结果：最大值、行号、列号，而一个函数只能返回一个值，其余两个值可以通过指针变量作函数的形参得到。在 main() 函数中定义 3 个整型变量 max、row、col，用 return 语句将最大值作为函数值返回赋给 max。在执行 Maxvalue() 函数求最大值时，通过形参指针变量 r 和 c，改变它们所指向的两个变量 row、col 的值。回到 main() 函数后，变量 row、col 中存储的就是最大值的行号和列号。

希望通过函数调用得到多个结果，还可以利用全局变量达到此目的。

7.5 函数的嵌套调用

在 C 语言中，函数的定义不允许嵌套。也就是说在定义函数时，在一个函数定义内（即函数体里）不能再出现另一个函数的定义以形成函数的嵌套定义。但是，函数的调用可以嵌套，即主调函数在调用被调函数的过程中，这个被调函数又去调用其他函数，从而形成函数的嵌套调用。

图 7-4 表示的是两层嵌套调用（包括 main 函数共三层函数）：

1）执行 main 函数的开头部分；
2）遇函数调用 a 的语句，流程转向 a 函数；
3）执行 a 函数的开头部分；
4）遇函数调用 b 的语句，流程转向 b 函数；
5）执行 b 函数，如果再无其他嵌套函数，则完成 b 函数的全部操作返回 a 函数；

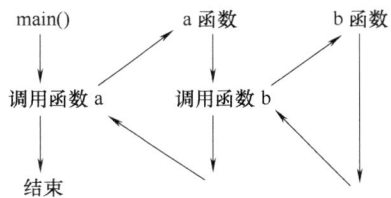

图 7-4 两层嵌套调用

6）继续执行 a 函数中尚未执行的部分，直到 a 函数结束；
7）返回 main 函数中调用 a 函数处；
8）继续执行 main 函数中尚未执行的部分，直到函数结束。

【例 7.9】 用函数嵌套的方法求 1!+2!+3!+4!+5!。

解题思路：主函数只提供数据 5 和输出结果；sum() 函数分别提供 1 至 x，并完成相加，返回相加后的结果；fact() 函数计算 x 的阶乘，并返回。调用过程是主函数调用 sum()，

sum() 函数调用 5 次 fact() 函数。

源程序如下：

```c
#include <stdio.h>
int main()
{
    int sum(int x);
    int s,i=5;
    s=sum(i);
    printf("1！+2！+3！+4！+5！=%d\n",s);
    return 0;
}
int sum(int x)
{
    int fact(int x);
    int z=0,i;
    for(i=1;i<=x;i++)
        z=z+fact(i);
    return z;
}
int fact(int x)
{
    int z=1,i;
    for(i=1;i<=x;i++)
        z=z*i;
    return z;
}
```

运行结果：

  1！+2！+3！+4！+5！=153

程序分析：因为在 main 函数中要调用 sum() 函数，所以在 main 函数的开头部分要声明 sum() 函数。在 sum() 函数中应用 for 循环 5 次调用 fact() 函数，因此在 sum() 函数的开头部分对 fact() 函数做声明。由于在 main() 函数中没有直接调用 fact() 函数，因此不需要在 main() 函数中对 fact() 函数做声明，而只用在 sum() 函数中声明即可。在这个例子中可以很清楚地看到函数之间的嵌套调用，在 main() 函数中调用 sum() 函数，sum() 函数中再调用 fact() 函数。

  sum() 的执行过程：第 1 次调用 fact() 函数得到的值是 1！的值，并把值累加到 z 上；第 2 次调用 fact() 函数得到的值是 2！的值，并把值累加到 z 上；第 3 次调用 fact() 函数得到的值是 3！的值，并把值累加到 z 上；第 4 次调用 fact() 函数得到的值是 4！的值，并把值累加到 z 上；第 5 次调用 fact() 函数得到的值是 5！的值，并把值累加到 z 上。

7.6 函数的递归调用

在数学中递归定义的数学函数是非常常见的。例如，当 n 为自然数时，有

$$n! = f(n) = \begin{cases} 1 & \text{当 } n = 0 \text{ 时} \\ n \times f(n-1) & \text{当 } n > 0 \text{ 时} \end{cases}$$

从数学角度来说，如果要计算出 f(n) 的值，就必须先算出 f(n-1)，而要求 f(n-1) 就必须先求出 f(n-2)，这样递归下去直到计算 f(0) 时为止。由于已知 f(0)，就可以向回推，计算出 f(n)。

在程序设计中，递归是一种常用的程序设计方法。递归调用是一种特殊的嵌套调用，是某个函数调用自己或是调用其他函数后再次调用自己，只要函数之间互相调用能产生循环的则一定是递归调用。如果函数 funA 在执行过程中又调用函数 funA 自己，则称函数 funA 为直接递归函数。如果函数 funA 在执行过程中先调用函数 funB，函数 funB 在执行过程中又调用函数 funA，则称函数 funA 为间接递归函数。

由图 7-5 可以看到，这两种递归调用都是无休止的自身调用（不论是直接调用还是间接调用）。在程序中如果出现这种情况，程序将陷入死循环。为避免出现死循环，可以用 if 语句来进行控制，只有在某一条件成立时才能继续执行递归调用，否则就不能继续调用。

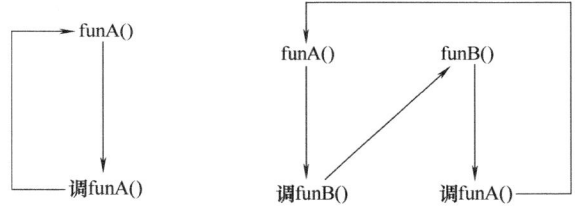

图 7-5 直接递归调用和间接递归调用

下面举一个具体例子来讲解递归的含义。

【例 7.10】 用递归方法求 n!。

解题思路：前面计算正整数 n 的阶乘时，是利用阶乘的定义即 n! = n × (n-1) × (n-2) × ⋯ × 2 × 1 来计算的。其实，还可以将 n! 写成 n! = n × (n-1)!，即利用 (n-1)! 来计算 n!，同理再用 (n-2)! 来计算 (n-1)!，即 (n-1)! = (n-1) × (n-2)!。依此类推，直到用 1! = 1 逆向递推出 2!，3!，⋯，n! 时为止。这说明阶乘是可以根据其自身来定义的问题，因此阶乘也是可递归求解的典型实例。这个递归问题可用如下递归公式表示：

$$n! = \begin{cases} 1 & n = 0, 1 \\ n \times (n-1)! & n \geq 2 \end{cases}$$

编写程序如下：

```
#include <stdio.h>
long Fact(int n);
int main()
{
```

```c
        int   n;
        long   result;
        printf("Input n:");
        scanf("%d",&n);
        result = Fact(n);                  // 调用递归函数 Fact() 计算 n!
        if(result == -1)                   // 处理非法数据
            printf("n<0,data error!\n");
        else                               // 输出 n! 值
            printf("%d!=%ld\n",n,result);
        return 0;
    }
    /* 函数功能:用递归法计算 n!,当 n≥0 时返回 n!,否则返回 -1 */
    long   Fact(int   n)
    {
        if(n<0)                            // 处理非法数据
            return   -1;
        else  if(n==0||n==1)               // 递归出口,即递归终止条件
            return  1;
        else                               // 一般情况
            return(n*Fact(n-1));           // 递归调用,利用(n-1)! 计算 n!
    }
```

递归是一种可根据其自身来定义或求解问题的编程技术，它是通过将问题逐步分解为与原始问题类似的更小规模的子问题来解决问题的，即将一个复杂问题逐步简化并最终转化为一个最简单的问题，那么这个最简单问题的解决也就意味着整个问题的解决。显然对于具体的问题首先需要关注的是，最简单的问题是什么？对于本例来说，n=0 或者 1 就是计算 n! 的最简单的问题。当函数递归调用到最简形式，即 n=1 时，递归调用就结束了，直接从函数返回值 1 给上一级调用者。因此，一个递归调用函数必须包含以下两个部分：

1）由其自身定义的与原始问题类似的更小规模的子问题。它使递归过程持续进行，称为一般情况。

2）递归调用的最简形式。它是一个能够用来结束递归调用过程的条件，通常称为递归的出口。

在本例中，递归的出口是 0!=1 和 1!=1；一般情况则是将 n! 表示成 n 乘以 (n-1)!，如 return (n * Fact (n-1));，在调用函数 Fact() 计算 n! 的过程中又调用了函数 Fact() 来计算 (n-1)!。像这种"在函数内直接或间接地自己调用自己"的函数调用就称为递归调用，这样的函数称为递归函数。

调用递归函数 Fact (5) 的过程如图 7-6 所示。请注意，每次调用 Fact() 函数后，其返回值返回到调用 Fact() 函数处。例如，当 n=2 时，从函数体中可以看到"return (2 * Fact (1))"，再调用 Fact (1)，返回值为 1，这个 1 就取代了"return (2 * Fact (1))"中

的 Fact（1），从而"return（2∗1）=2"。其余类似，递归终止条件为 n=0 或 n=1。

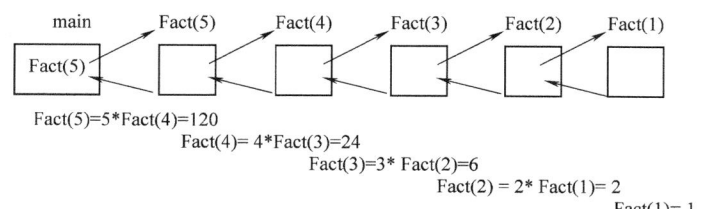

图 7-6　Fact（5）的递归调用

是否使用递归程序来解决问题，取决于问题本身和问题规模的大小。对于数值领域的许多问题，可以用迭代方法来代替递归方法，这样可以提高程序的执行效率。对于非数值计算领域，如 Hanoi 塔、骑士游历、八皇后问题，则建议采用递归方法来解决。

7.7　指向函数的指针

1. 指向函数的指针变量的定义和使用

在 C 语言中，一个函数总是占用一段连续的内存区，而函数名就是该函数所占内存区的首地址。可以把函数的这个首地址（或称入口地址）赋给一个指针变量，使该指针变量指向该函数，然后通过该指针变量就可以找到并调用这个函数了。把这种指向函数的指针变量称为函数指针变量。

函数指针变量定义的一般形式为：

类型说明符(*指针变量名)(函数参数表列);

其中，"类型说明符"表示被指函数的返回值的类型，"（*指针变量名）"表示"*"后面的变量是定义的指针变量。最后的圆括号表示指针变量所指的是一个函数。

例如：

int(*pf)(int,int);

定义 pf 是指向函数的指针变量，它可以指向函数值类型为整型且有两个 int 型形式参数的函数。pf 的类型用 int（*）（int，int）表示。

【例 7.11】　输入两个整数，然后让用户选择 1 或 2，选 1 时调用 max 函数，输出二者中的大数，选 2 时调用 min 函数，输出二者中的小数。

解题思路：定义两个函数 max 和 min，分别用来求大数和小数。在主函数中根据用户输入的数字 1 或 2，使指针变量指向 max 函数或 min 函数。

源程序如下：

```
#include <stdio.h>
int max(int,int);
int min(int x,int y);
int main()
{
```

```
        int(*p)(int,int);   int a,b,c,n;
        scanf("%d,%d",&a,&b);
        scanf("%d",&n);
        if(n==1)
            p=max;
        else if(n==2)
            p=min;
        c=(*p)(a,b);
        printf("a=%d,b=%d\n",a,b);
        if(n==1)printf("max=%d\n",c);
        else   printf("min=%d\n",c);
        return 0;
    }
    int max(int x,int y)
    { int z;
        if(x>y)   z=x;
        else    z=y;
        return(z);
    }
    int min(int x,int y)
    { int z;
        if(x<y)   z=x;
        else    z=y;
        return(z);
    }
```

运行结果1：

```
3,8
1
a=3,b=8
max=8
```

运行结果2：

```
3,8
2
a=3,b=8
min=3
```

程序分析：定义 p 为函数指针变量，可以把被调函数的入口地址 max 赋给该函数指针变量 p，也可以把 min 赋给该函数指针变量 p，存放同类型的不同函数的入口地址，然后用函数指针变量 p 调用函数。

使用函数指针变量还应注意以下两点：

1) 函数指针变量不能进行算术运算，这与数组指针变量是不同的。数组指针变量加减一个整数可使指针移动指向后面或前面的数组元素，而函数指针的移动是毫无意义的。

2) 函数调用中"(*指针变量名)"两边的括号不可少，其中的"*"不应该理解为求值运算，在此处它只是一种表示符号。

2. 用指向函数的指针作函数参数

指向函数的指针可以作为函数的参数，把函数的入口地址传递给形参，这样就能够在被调用的函数中使用实参函数了。原理如下：有一个函数（假设函数名为 fun），它有两个形参（x1 和 x2），定义 x1 和 x2 为指向函数的指针变量。在调用函数 fun 时，实参为两个函数名 f1 和 f2，给形参传递的是函数 f1 和 f2 的入口地址。这样在函数 fun 中就可以调用 f1 和 f2 函数了。例如：

```
实参函数名        f1                    f2
                  ↓                     ↓
void fun(int(*x1)(int)),int(*x2)(int,int))  //定义 fun 函数,形参是指向
                                                函数的指针变量
{
  int a,b,i = 3,j = 5;
  a = (*x1)(i);                         //调用 f1 函数,i 是实参
  b = (*x2)(i,j);                       //调用 f2 函数,i,j 是实参
}
```

在 fun 函数中声明形参 x1 和 x2 为指向函数的指针变量，x1 指向的函数有一个整型形参，x2 指向的函数有两个整型形参。i 和 j 是调用 f1 和 f2 函数时所要求的实参。函数 fun 的形参 x1 和 x2（指针变量）在函数 fun 未被调用时并不占用内存单元，也不指向任何函数。在 main() 中调用 fun() 函数时，把实参函数 f1 和 f2 的入口地址传给形参指针变量 x1 和 x2，使得 x1 和 x2 指向函数 f1 和 f2。这时，在函数 fun 中，用 *x1 和 *x2 就可以调用函数 f1 和 f2 了。其中，(*x1)(i) 就相当于 f1(i)，(*x2)(i, j) 就相当于 f2(i, j)。

下面通过一个例子来说明这种方法的应用。将例 7.11 做一个扩展，在 main() 中通过应用指向函数的指针作函数参数，来实现求两个整数中的最大值、最小值和两数之和 3 个功能。

【例 7.12】 输入两个整数，由用户输入 1、2 和 3，分别对应求取两数的最大值、两数的最小值和两数之和这 3 个功能。要求用指向函数的指针作函数参数。

解题思路：与例 7.11 相似，但现在要加上一个子函数求取两数之和，并在 main() 中根据用户的选择项进行调用。

编写程序如下：

```
#include <stdio.h>
  int max(int,int);                              //max 函数声明
```

```c
    int min(int,int);                               //min 函数声明
    int add(int,int);                               //add 函数声明
    void fun(int x,int y,int(*p)(int,int));         //fun 函数声明
int main()
 {
  int a,b,n;
  printf("please enter a ,b:");
  scanf("%d,%d",&a,&b);                             //输入a 和 b 的值
  printf("please choose 1,2 or 3:");
  scanf("%d",&n);                                   //输入1、2 和 3 之一
  if(n==1)
       fun(a,b,max);                                //输入1 时调用 max 函数
  else if(n==2)
       fun(a,b,min);                                //输入2 时调用 min 函数
  else if(n==3)
       fun(a,b,add);                                //输入3 时调用 add 函数
  return 0;
  }

void fun(int x,int y,int(*p)(int,int))              //fun 函数定义
   {int resout;
   resout = (*p)(x,y);
   printf("%d\n",resout);
   }

int max(int x,int y)                                //max 函数定义
   {int z;
   if(x>y)z=x;
   else z=y;
   printf("max =");
   return(z);
   }

int min(int x,int y)                                //min 函数定义
{int z;
if(x<y)z=x;
else z=y;
printf("min =");
```

```
    return(z);
}

int add(int x,int y)                                    //add 函数定义
{int z;
 z = x + y;
 printf("sum = ");
 return(z);
}
```

运行结果 1：

```
please enter a ,b:20,50
please choose 1,2 or 3:1
max = 50
```

运行结果 2：

```
please enter a , b: 20, 50
please choose 1, 2 or 3: 2
min = 20
```

运行结果 3：

```
please enter a , b: 20, 50
please choose 1, 2 or 3: 3
sum = 70
```

程序分析：定义了 3 个函数 max、min 和 add，分别用来实现求最大值、最小值和两数之和的功能，这 3 个函数类型一致，都是返回值为 int 型，有两个 int 型形参的函数。

定义一个指向上述类型函数的指针变量 p，当用户输入 1 时，调用 fun 函数，除了将 a 和 b 作为实参传给 fun 函数的形参 x 和 y 之外，还要将函数名 max 作为实参将其入口地址传递给 fun 函数中的形参 p。这时，fun 函数中的（*p）(x, y) 相当于 max (x, y)，调用 max (x, y) 就输出 a 和 b 中最大值。

当用户输入 2 时，调用 fun 函数，将函数名 min 作为实参将其入口地址传递给 fun 函数中的形参 p。这时，fun 函数中的（*p）(x, y) 相当于 min (x, y)，调用 min (x, y) 就输出 a 和 b 中最小值。同理，当用户输入 3 时，调用 fun 函数，将函数名 add 作为实参将其入口地址传递给 fun 函数中的形参 p。这时，fun 函数中的（*p）(x, y) 相当于 add (x, y)，调用 add (x, y) 就输出 a 和 b 之和。

在本例中，根据不同的情况，将不同的函数名作为调用 fun 函数的实参，把函数入口地址传送给函数 fun 中的形参，调用 fun 函数就可以分别执行不同的函数了。这样的做法使得调用函数的灵活性大大增强。

7.8 变量的作用域和存储属性

本章之前的程序大多数是一个程序只包含一个 main( ) 函数，变量是 main( ) 函数内部开头处定义的，这些变量在 main( ) 函数范围内有效。在本章中见到的程序包含两个或多个函数，分别在各函数内部定义变量。在一个函数体里定义的变量，在其他函数体中能否被引用呢？这就是变量的作用域问题。

在程序中被花括号括起来的区域叫作语句块。函数体是语句块，分支语句和循环体也是语句块。变量的作用域规则是，每个变量仅在定义它的语句块（包括下级语句块）内有效，并且拥有自己的存储空间。

7.8.1 变量的作用域

从变量作用域的角度来观察，变量可以分为局部变量和全局变量。

1. 局部变量

在一个函数内部定义的变量只在本函数范围内有效，也就是说只有在本函数内才能引用它们，在此函数以外是不能使用这些变量的。在复合语句内定义的变量只在本复合语句范围内有效，只有在本复合语句内才能引用它们，在该复合语句以外是不能使用这些变量的。也就是在函数内部定义的变量或者在复合语句内部定义的变量称为局部变量。

应用局部变量，在需要时建立，不需要时清除。经常的建立和清除看似麻烦，但它只在建立它的函数或复合语句中有效，可以提高程序模块的清晰度，函数作用的独立性和专一性为结构化程序设计提供了一种良好的手段。

下面看一个例子：

```
double f1(int x)              //函数 f1
{
    ...
    int y,z;                  //x、y、z 有效
    ...
}
float f2(int m,int n)         //函数 f2
{
    ...
    char i,j;                 //m、n、i、j 有效
    ...
}
int main()                    //函数 main
{
    ...
    int a,b,c;
```

```
    {
        int d;
        d = a + b - c;    //d在复合语句内有效,a、b、c在main函数内有效
    }
    ...
}
```

说明:

1) 主函数 main 中定义的变量在主函数中有效,而不会在其他函数中有效;各函数不能使用其他函数中定义的变量。

2) 不同的函数中,可以使用相同名字的局部变量,它们代表不同的对象,互不干扰。形式参数、局部变量和函数内复合语句中的局部变量同名时,在复合语句中,其内部的变量起作用,而本函数的同名局部变量、形参变量被覆盖。

再举一个例子说明局部变量的作用范围。

```
void func()
{
    char ch;                    //ch 只在本函数内有效
    ch = getchar();
    if(ch == 'f')
    {
        float r;                //r 只在本复合语句内有效
        scanf("%f", &r);
        printf("%f\n", 3.14*r*r);
    }else
        printf("ch = %c\n", ch);
    printf("end\n");
}
```

在函数 func() 中,定义了两个局部变量 ch 和 r。局部变量 ch 在进入函数 func() 时才建立,在退出时则被释放;局部变量 r 在进入 if 语句时才建立,在退出 if 语句时则被释放,并且只在 if 语句为真时才被引用,在其他部分甚至在 else 部分都无法引用它。

2. 全局变量

在函数之外定义的变量称为外部变量,外部变量也称为全局变量。全局变量可以被本文件中其他函数共用,它的有效范围是从变量定义的位置开始至本文件结束。

全局变量从程序运行开始起就占据内存,仅在程序结束后才将其释放。由于全局变量的作用域是整个程序,在程序运行期间始终占据着内存,因此在程序运行期间的任何时候,在程序的任何地方,都可以访问全局变量的值。

分析下面的程序段:

```
int p = 1, q = 5;           //定义全局变量p、q
```

```
float f1(int a)              //定义函数 f1
{ int b,c; … }               //定义局部变量 a、b、c
char c1,c2;                  //定义全局变量 c1、c2
char f2(int x,int y)         //定义函数 f2
{ int i,j; … }               //定义局部变量 x、y、i、j
int main()                   //定义主函数
{ int m,n;                   //定义局部变量 m、n
…
  return 0;
}
```

p、q、c1、c2 都是全局变量，但它们的作用范围不同，在 main 函数和函数 f2 中可以使用全局变量 p、q、c1、c2，但在函数 f1 中只能使用全局变量 p、q，而不能使用 c1 和 c2。

【例 7.13】 有一个一维数组，内放 10 个学生成绩，写一个函数，当主函数调用此函数后，能求出平均分、最高分和最低分。

解题思路：调用一个函数可以得到一个函数返回值，现在希望通过函数调用能得到 3 个结果，可以利用全局变量来达到此目的。

源程序如下：

```
#include <stdio.h>
float Max=0,Min=0;
 float average(float array[ ],int n);
int main()
{
    float ave,score[10];  int i;
    printf("Please enter 10 scores:\n");
    for(i=0;i<10;i++)
        scanf("%f",&score[i]);
    ave=average(score,10);
    printf("max=%6.2f\nmin=%6.2f\n
    average=%6.2f\n",Max,Min,ave);
    return 0;
}
float average(float array[ ],int n)
{ int i;  float aver,sum=array[0];
    Max=Min=array[0];
      for(i=1;i<n;i++)
        { if(array[i]>Max)Max=array[i];
```

```
            else if(array[i] <Min)Min = array[i];
            sum = sum + array[i];
        }
        aver = sum/n;
        return(aver);
    }
```

运行结果：

```
Please enter 10 scores:
100  90  92  88  87  91  79  76  77  81
max =100.00
min =76.00
average =86.10
```

程序分析：在 main() 函数中和 average() 函数中都能访问全局变量 Max、Min。请读者将例 7.8 改为用全局变量实现调用一个函数得到多个结果的功能。

同一程序文件中，外部变量和局部变量同名的情况下优先使用局部变量。

全局变量既然这么方便，那么能否在程序中大量使用全局变量呢？答案是否定的。建议不是非常必要时不要使用全局变量，主要原因在于：

1）全局变量是静态的，在程序的整个运行过程中都要占用内存单元，因此有可能造成不必要的内存资源浪费。

2）使用全局变量使得函数的通用性较差。

3）在编写大型程序时会遇到的一个重要问题是，由于某一变量在别处被引用而导致变量的值偶然改变。大量使用全局变量，很容易产生这种副作用，使程序出错，而且这种错误往往防不胜防，很难控制。从程序设计方法的角度来讲，最根本的原因在于，各模块之间除了用参数传递信息外，还增加了许多意想不到的渠道，造成模块之间的联系太多，降低了模块的独立性，给程序设计、调试和维护工作造成困难。

7.8.2 变量的存储属性

从变量值存在的时间（即生存期）观察，变量的存储有两种不同的方式：静态存储方式和动态存储方式。

静态存储方式是指在程序运行期间分派固定的存储空间，程序执行完毕才释放。动态存储方式是在程序运行期间根据需要动态地分派存储空间，一旦函数调用过程结束，不论程序是否结束，即释放存储空间。

内存提供用户使用的空间分为 3 个部分：程序区、静态存储区和动态存储区，如图 7-7 所示。程序区存放用户程序；静态存储区存放全局变量、静态变量；动态存储区存放局部变量、函数形参变量。另外，CPU 中的寄存器存放寄存器变量。

图 7-7 内存用户区的划分

在 C 语言中每一个变量和函数都有两个属性：数据类型和存储类别。在定义变量时，存储类别声明符要放在数据类型的前面，一般格式如下：

存储类别　数据类型　变量标识符

变量的存储类别是指编译器为变量分配内存的方式，它决定变量的生存期，即决定变量何时"生"，何时"灭"。

C 语言有 4 种变量存储类别声明符，用来通知编译程序采用哪种方式存储变量。这 4 种变量存储类别声明符是：

1）自动变量声明符：auto（一般可以省略）；
2）静态变量声明符：static；
3）外部变量声明符：extern；
4）寄存器变量声明符：register。

1. 自动变量

自动变量的标准定义格式为：

　　auto 类型名　变量名；

例如：

　　auto int temp;

由于自动变量极为常用，所以 C 语言把它设计成默认的存储类型，即 auto 可以省略不写。也就是说，如果没有指定变量的存储类型，那么变量的存储类型就默认为 auto。

前面章节的例程中使用的局部变量（包括形参）都是 auto 存储类型。自动变量的"自动"体现在进入语句块时自动申请内存，退出语句块时自动释放内存。它仅能被语句块内的语句访问，在退出语句块以后不能再访问。因此，自动变量也称为动态局部变量。

例如，在函数内部定义的变量就是局部变量，每次进入函数（包括 main( ) 在内）时，都为其重新分配内存空间，函数结束时，释放为其分配的内存空间用于其他用途，存储在其中的数值也将伴随着内存空间的释放而丢失，因而只能在定义它的函数内部访问。

正因如此，在不同的并列语句块内可以定义同名变量，而不会相互干扰，因为它们各自占据着不同的内存单元，并且有着不同的作用域。例如，形参和实参可以同名，如例 7.3。

对于如下自定义函数：

```
int f(int a)                //定义函数 f,a 为形参
{
    ...
    auto int  b,c =3;       //定义 b、c 为自动变量
    ...
}
```

其中，a 是形参，b 和 c 是自动变量，对 c 赋初值 3。调用函数 f( ) 时，系统自动为变量 a、b、c 分配内存单元，并且变量 a、b 的值为随机数，系统不会对自动变量进行初始化，执行结束后自动释放 a、b、c 所占的存储单元。

大家可能已经发现，这里对 b、c 的定义与之前定义变量的写法不一样，多了存储类别

(auto)。正如前面所述,关键字"auto"可以省略,不写 auto 则隐含指定为"自动存储类别"。所以,之前章节对于变量和函数的定义都是省略了 auto 这个存储类别,也即默认为 auto 存储类别。

2. 静态变量

有时希望函数中的局部变量的值在函数调用结束后不消失而继续保留原值,即其占用的存储单元不释放,在下一次再调用该函数时,该变量已有值(就是上一次函数调用结束时的值)。这时就应该指定该局部变量为"静态局部变量",用关键字 static 进行声明。通过下面简单的例子可以了解它的特点。

【例 7.14】 利用静态变量计算 n 的阶乘。

```c
#include <stdio.h>
int main()
{
    long Func(int n);
    int i,n;
    printf("Input n:");
    scanf("%d",&n);
    for(i=1;i<=n;i++)
    {
        printf("%d!=%ld\n",i,Func(i));
    }
    return 0;
}
long Func(int n)
{
    static long p=1;            /*定义静态局部变量*/
    p=p*n;
    return p;
}
```

运行结果:

```
Input n:10
1!=1
2!=2
3!=6
4!=24
5!=120
6!=720
7!=5040
8!=40320
```

```
9!=362880
10!=3628800
```

静态变量与全局变量相比有何不同呢？需要从生存期和作用域两个角度来分析。首先静态变量与全局变量都是在静态存储区分配内存的，都只分配一次存储空间并且仅被初始化一次，都能自动初始化为0，其生存期都是整个程序运行期间，即从程序运行起就占据内存，程序退出时才释放内存。

但是它们的作用域有可能是不同的，这取决于静态变量是在哪里定义的。在函数内定义的静态变量称为静态局部变量，静态局部变量只能在定义它的函数内被访问，而在所有函数外定义的静态变量称为静态全局变量，静态全局变量可以在定义它的文件内的任何地方被访问，但不能像非静态的全局变量那样被程序的其他文件所访问。

静态局部变量与自动变量相比又有什么区别呢？由于它们都是在函数内部定义的，因此它们的作用域都是局部的，即仅在函数内可被访问。因为自动变量是在动态存储区分配内存的，其占据的内存在退出函数后立即被释放了，在每次调用函数时都需要重新初始化，所以，自动变量的值不能保持到下一次进入函数时。

但不同于自动变量的是，静态局部变量仅在第一次调用函数时被初始化一次，其占据的内存在退出函数后不会被释放，因此，静态局部变量的值可保持到下一次进入函数时。在下一次进入函数时，静态局部变量的值仍保持上一次退出函数前所拥有的值，这使得定义了静态局部变量的函数具有一定的"记忆"功能。而本例正是利用了这一记忆功能才实现了累乘计算阶乘的值。然而，函数的这种"记忆"功能也使得函数对于相同的输入参数输出不同的结果，因此建议尽量少用静态局部变量。

3. 外部变量

如果在所有函数之外定义的变量没有指定存储类别，那么它就是一个外部变量。外部变量是全局变量，它的作用域是从它的定义点到本文件的末尾。但是，如果要在定义点之前或者在其他文件中使用它，那么就需要用关键字 extern 对其进行声明（注意不是定义，编译器并不对其分配内存），格式为：

```
extern  类型名  变量名；
```

外部变量保存在静态存储区，在程序运行期间分配固定的存储单元，其生存期是整个程序的运行期。没有显式初始化的外部变量由编译程序自动初始化为0。

4. 寄存器变量

寄存器变量就是用寄存器存储的变量，其定义格式为：

```
register  类型名  变量名；
```

寄存器（Register）是CPU内部的一种容量有限但速度极快的存储器。由于CPU进行访问内存的操作是很耗时的，使得有时对内存的访问无法与指令的执行保持同步。因此，将需要频繁访问的数据存放在CPU内部的寄存器里，即将使用频率较高的变量声明为register，可以避免CPU对存储器的频繁数据访问，使程序更小、执行速度更快。

现代编译器能自动优化程序，自动把普通变量优化为寄存器变量，并且可以忽略用户的register指令，所以一般无需特别声明变量为register。

对一个变量的属性可以从两个方面分析，一是变量的作用域，一是变量值存在时间的长短，即生存期。前者是从空间的角度来分析，后者是从时间的角度来分析。二者有一定的联系但不是同一个概念。图 7-8 是变量作用域的示意图，图 7-9 是变量生存期的示意图。

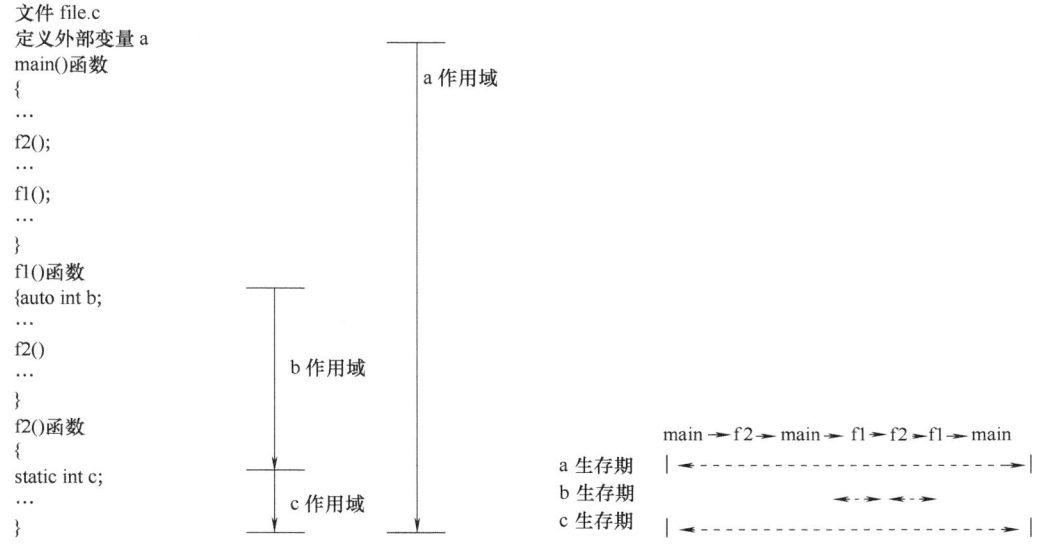

图 7-8　变量的作用域　　　　　　　　图 7-9　变量的生存期

如果一个变量在某个文件或函数范围内是有效的，则称该文件或函数为该变量的作用域，在此作用域内可以引用该变量。所以又称变量在此作用域可见，这种性质又称变量的可见性。例如，变量 a、b 在函数 f1 中"可见"。如果一个变量值在作用域某一时刻是存在的，则认为这一时刻属于该变量的"生存期"，或称该变量在此时刻"存在"。表 7-2 表示各种类型变量的作用域和生存期的情况。

表 7-2　变量的作用域和生存期

存储类别	变量声明的位置	变量作用域	变量生存期
static	函数外部	文件内的定义点到结束	程序的整个执行过程
	函数内/复合语句内	函数内/复合语句内	进入函数内时/进入复合语句内时
extern	函数外部	文件内的定义点到结束	程序的整个执行过程
	函数内/复合语句内	函数内/复合语句内	程序的整个执行过程
auto	函数内/复合语句内	函数内/复合语句内	进入函数内时/进入复合语句内时
register	函数内/复合语句内	函数内/复合语句内	进入函数内时/进入复合语句内时
定义变量时无存储类型声明	函数外部	文件内的定义点到结束，或有外部声明的文件的外部声明点到文件结束	程序的整个执行过程
	函数内/复合语句内	函数内/复合语句内	进入函数内时/进入复合语句内时

7.8.3 关于函数和变量的声明和定义

一个函数一般由声明部分和执行部分组成。声明部分的作用是对有关的标识符（如变量、函数、结构体、共用体等）的属性进行声明。对于函数而言，声明和定义的区别是明显的，在本章7.2和7.3节中已说明，函数的声明是函数的原型，而函数的定义是对函数功能的定义。对被调用函数的声明是放在主调函数的声明部分中的，而函数的定义显然不在声明部分的范围内，它是一个独立的模块。

对变量而言，一种是需要建立存储空间的（如int a;），另一种是不需要建立存储空间的（如extern a;）。前者称为定义，后者称为引用性声明。对"int a;"而言，它既是定义，又是声明；对"extern a;"而言，它是声明而不是定义。一般把建立存储空间的称为定义，把不需要建立存储空间的称为声明。例如：

```
int main()
{
extern  A;     //是声明,不是定义。声明将已定义的外部变量A的作用域扩展到此
…
return 0;
}
int   A;       //是定义,定义A为整型外部变量
```

外部变量定义和外部变量声明的含义是不同的。外部变量的定义只能有一次，它的位置在所有函数之外。在同一文件中，可以有多次对同一外部变量的声明，它的位置可以在函数之内（哪个函数要用就在哪个函数中声明），也可以在函数之外（在外部变量的定义点之前）。系统根据外部变量的定义（而不是根据外部变量的声明）分配存储单元。对外部变量的初始化只能在"定义"时进行，而不能在"声明"中进行。所谓"声明"，其作用是声明该变量是一个在其他地方已定义的外部变量，仅仅是为了扩展该变量的作用范围而做的"声明"。

7.9 返回指针值的函数

函数类型是指函数返回值的类型，在C语言中允许一个函数的返回值是一个指针（即地址）。定义返回指针值的函数的一般形式为：

```
类型说明符*函数名(形参表)
{
…         /*函数体*/
}
```

其中，函数名之前加了"*"号表明这个函数的返回值是一个指针，此函数是指针型函数（函数值是指针）；类型说明符表示了返回的指针值所指向的数据类型。例如：

```
int*fp(int x,int y)
```

```
{
    ···        /*函数体*/
}
```

表示 fp 是一个返回值为指针的函数,它返回的指针指向一个整型变量。

编写指针型函数时要注意返回值,总体原则是返回的指针对应的内存空间不会因函数返回而被释放掉。常用的返回指针有以下几种:

1) 函数中动态分配内存空间(通过 malloc 等实现)的首地址(将在第 10 章介绍);
2) 静态变量(static)或全局变量所对应变量的首地址;
3) 通过指针形参所获得的实参的有效地址。

【例 7.15】 输入两个整数,要求输出其中较大的整数。要求用指针型函数方法实现。

解题思路:比较两个整数的大小,输出较大的整数。在这里要求用指针型函数方法实现,定义 int * max() 函数,可以将两个整数中较大者的指针值返回到主函数中。

编写程序如下:

```
#include <stdio.h>
    int*max(int*,int*);        //函数 max 的返回值为指向整型变量的指针
int  main()
{
    int a,b,*pmax;              //指针变量 pmax 指向较大者
    printf("please enter two numbers:\n");
    scanf("%d,%d",&a,&b);
    pmax = max(&a,&b);          //调用 max 时的实参为 a、b 的地址
    printf("the max number is %d\n",*pmax);
    return 0;
}
int*max(int*x,int*y)
{
    if(*x > = *y)
    return(x);
    else
    return(y);
}
```

运行结果:

```
please enter two numbers:2,9
the max number is 9
```

程序分析:本例中定义了一个指针型函数 max,它的返回值指向一个整型变量。在主函数中,把存放输入整数变量 a、b 的地址作为实参,在执行语句

```
    pmax = max(&a,&b);
```

时，调用 max 函数，把 a、b 的地址值传送给形参 x 和 y。max 函数中的 if 语句将 a、b 中较大者的地址作为函数值返回到主函数，赋值给指针变量 pmax。本例是返回指针的第 3) 种情况，返回的是通过指针形参所获得的实参的有效地址。

在使用返回指针值的函数时，注意不要返回被调函数内部的局部变量的指针值。在被调函数内部定义自动变量时，编译器为其在栈区分配内存，在被调函数调用完毕后，这个自动变量的存储单元被系统收回，此时如果将此自动变量的地址作为函数值返回，带出被调函数体外，回到主调函数，将会使程序不稳定。也就是说，返回失去意义的地址会使程序存在隐患。

【例 7.16】 返回局部变量的地址即指针。

编写程序如下：

```
#include <stdio.h>
  double* treble(double);
  int max(int x,int y);
int main(void)

{
  double num = 5.0;
  double* ptr;                              // 接收返回的局部指针变量
  int maxNum;
  printf("Three times num = %f\n",3.0*num);
  ptr = treble(num);
  maxNum = max(5,9);
  printf("The max is %d\n",maxNum);
  printf("Result   = %f\n",*ptr);           //输出返回的局部指针变量所指向
                                            的变量值
  return 0;
}
double* treble(double data)                 //treble 函数定义
{
  double result = 0.0;
  result = 3.0*data;
  return &result;                           //返回局部变量的地址值
}
int max(int x,int y)                        //max 函数定义
  {int z;
    if(x>y)
      z = x;
```

```
        else
            z = y;
        return z;
    }
```

运行结果：

```
Three times num =15.000000
The max is 9
Result   =0.000000
```

程序分析：从运行结果来看，Result 并没有得到所期望的结果，并且在编译时给出了一条警告信息 "warning C4172：returning address of local variable or temporary"。这是怎么回事呢？仔细分析一下，result 是作用域在 treble 函数中的局部变量，当函数执行结束后，变量 result 已经消亡，其原先占用的内存区域已经被系统回收，可以存储任何数据，而返回的指向该地址的指针也失去了其原有的意义。因此，永远不要从被调函数中返回局部自动变量的地址。

还要注意的是，函数指针变量和指针型函数这两者在写法和意义上的区别，如 int（*p）() 和 int *p() 是两个完全不同的概念。

int（*p）() 是一个变量说明，说明 p 是一个指向函数入口的指针变量，该函数是返回值为 int 型的无参函数，（*p）两边的括号不能少。

int *p() 则不是变量说明而是函数说明，说明 p 是一个指针型函数，其返回值是一个指向 int 型变量的指针，*p 两边没有括号。作为函数说明，对于指针型函数定义，int *p() 只是函数头部分，还应该有函数体部分。

7.10 模块化程序设计

模块化程序设计是指在进行程序设计时将一个大程序按照功能划分为若干小程序模块，每个小程序模块完成一个确定的功能，并在这些模块之间建立必要的联系，通过模块的互相协作完成整个功能的程序设计方法。其基本思想是自顶向下、逐步分解、分而治之，即将一个较大的程序按照功能分割成一些小模块，各模块相对独立、功能单一、结构清晰、接口简单。

当面对一个复杂的处理对象时，要求对其求解过程按人类大脑容易理解的方式进行组织，通过由整体到局部的层层分解，把一个复杂的问题分解为几个较为简单的问题再分别加以解决。而且，任何程序逻辑都可以只利用顺序、选择、循环三种基本结构的重复、组合、嵌套来实现，因此一个复杂的求解过程最终都可以转化成模块化程序。

所谓模块是指程序系统的结构单位，在 C 语言环境中表现为函数的形式。在模块化设计中，往往把一个大程序分割成一些模块，并把这些模块按照层次关系进行组织，这样，设计大程序的抽象任务就转化成了设计一个个模块的具体任务。按照这种方法设计出来的程序结构好，各模块之间的关系简单，每个模块均由基本单元组成，各个模块相对独立，使程序清晰易读，便于理解、调试和维护。

模块是按 C 程序的三种基本结构进行组合的，作为软件层次结构的基本部分，其功能要相对独立，彼此间的接口关系应尽量简单。衡量模块独立性的度量是耦合与内聚，前者用来度量模块之间的关联程度，后者用来度量模块内各成分之间的松紧程度。

耦合度标志着模块间联系的强弱。高耦合意味着模块之间有强的连接关系，低耦合意味着模块之间有弱的连接关系。耦合度是影响软件产品复杂程度的重要因素。在高耦合的系统中，一个模块的修改往往要牵动其他模块；在低耦合系统中，一个模块的变化对其他模块的影响不大。内聚是指模块内各元素结合的紧密程度。高内聚模块内各元素关系密切，低内聚模块内各元素关系松散。为提高模块独立性，应把软件分解为模块内聚度高、模块间耦合度弱的程序结构。

模块的划分有两种基本的考虑方法，即以数据为中心和以功能为中心，一般是按功能划分模块，把完成相对独立功能的操作划分为一个模块。

在一个复杂的系统设计中，将一个大系统分解为若干个功能模块，同样，对划分出来的模块又可以继续划分为几个下一层模块，如此不断向下扩展，直到得到每一功能模块都是实现一个基本的功能为止。上层的模块只是抽象地提出问题，说明"做什么"，当向下细化时，由抽象逐渐变为具体，直到最底层，才是对"怎么做"的细节描述。由顶层模块到底层模块的逐步细化，是越来越精细地描绘"怎么做"的过程。这样可以使人们在某一抽象级上集中地考虑该模块的结构，而不必急于考虑其细节，从而保证程序层次鲜明、逻辑清晰。

一般来说，模块化设计应该遵循以下几个主要原则：

1）模块独立。模块的独立性原则表现在模块完成独立的功能，与其他模块的联系应该尽可能的简单，各个模块具有相对的独立性。

2）模块的规模要适当。模块的规模不能太大，也不能太小。如果模块的功能太强，可读性就会较差；若模块的功能太弱，就会有很多的接口。读者需要通过较多的程序设计来进行经验的积累。

3）分解模块时要注意层次。在进行多层次任务分解时，要注意对问题进行抽象化。在分解初期，可以只考虑大的模块；在中期，再逐步进行细化，分解成较小的模块进行设计。

对于模块化编程可采用以下步骤进行：

1）分析问题，明确需要完成的任务；

2）对任务进行逐步分解和细化，分成若干个子任务，每个子任务只完成部分完整功能，并且可以通过函数来实现；

3）确定模块（函数）之间的调用关系；

4）优化模块之间的调用关系；

5）在主函数中进行调用实现整个功能。

7.11 本章知识点扩充内容

代码风格是一种习惯，养成良好的代码风格对保证程序的质量至关重要，因为很多程序错误是程序员的不良编程习惯引起的。

代码风格包括程序的版式、标识符命名、函数接口定义、文档等内容。在本节中只介绍程序的版式。

程序的版式好比是程序的"书法",比书法好得多,基本不需要特别练习,但是坏习惯一旦养成,就像书法一样难以改变。虽然程序的版式不会影响程序的功能,但却影响程序的可读性,它是保证代码整洁、层次清晰的主要手段。代码风格是最易获得和实践的软件工程规则。

1. 代码行

1)一行内只写一条语句,一行代码只定义一个变量。这样的代码容易阅读,便于程序测试和写注释。

2)在定义变量的同时初始化该变量。这样可以避免变量的初始化被遗忘,或者引用未初始化的变量。

3)if、for、while、do等语句各自一行,分支或循环体内的语句一律用"{"和"}"括起来,这样便于以后的代码维护。

2. 对齐与缩进

1)程序的分界符"{"和"}"一般独占一行,且位于同一列,同时与引用它们的语句左对齐,这样便于查看"{"和"}"的配对情况。

2)采用梯形层次对应好各层次,同层次的代码在同层次的缩进层上,即位于同一层"{"和"}"之内的代码在"{"右边数格处左对齐。

3)一般用设置为4个空格的Tab键缩进。现在的许多开发环境、编辑软件都支持自动缩进,即根据用户代码的输入,智能判断应该缩进还是反缩进,替用户完成调整缩进工作。例如,在Visual C++编译环境中,只要选取需要的代码,按Alt+F8键可实现代码格式的自动整理。

3. 空行及代码行内的空格

1)在每个函数定义结束后加一空行,能起到使程序布局更加美观、整洁和清晰的作用。

2)在一个函数体内,相邻的两组逻辑上密切相关的语句块之间加空行。需要说明的是,本书为了节省篇幅,所有的程序都没有加空行。

3)关键字之后加空格,以便突出关键字。例如,关键字int、float等后面至少加一个空格;关键字if、for、while等后面一般只加一个空格。

4)函数名之后不加空格,紧跟左括号,以便与关键字相区别。

5)赋值、算术、关系、逻辑等运算符的前后各加一个空格,但单目运算符前后不加。

6)对表达式较长的for和if语句,为了紧凑,可在适当地方去掉一些空格。例如:

```
for(i=0;i<10;i++)
```

7)左圆括号向后紧跟,右圆括号、逗号和分号向前紧跟,紧跟处不留空格。例如:

```
Function(x,y,z)
```

8)函数参数的逗号分隔符和for中的分号后面加一个空格,可以增加单行的清晰度。

4. 长行拆分

为了便于阅读,如果代码太长,则要考虑在适当位置进行拆分,拆分出的新行要进行适当的缩进,使排版整齐。

5. 程序注释

注释对于程序犹如眼睛对于人的重要性一样，程序越复杂，注释就越显得有价值。没有注释的程序对于读者好比眼前一团漆黑。当然，注释也要有度，无意义和多余的注释如同垃圾，不但白写，还可能扰乱读者的视线，甚至可能出现二义性，比不加注释还要糟糕。良好的注释就是使用简明易懂的语言来对程序中的特殊部分的功能和意义进行说明，既简单明了，又准确易懂，能精确地表述和清晰地展现程序的设计思想，并能揭示代码前后隐藏的重要信息。程序员开发程序的思维具体体现在注释和规范的代码本身。

书写注释的最重要的功效在于传承，即让继任者能够轻松阅读、复用、修改代码，所以程序员应该养成写注释的习惯。那么通常在哪些地方需要写注释呢？

1）在重要的程序文件的首部，对程序的功能、编程者、编程日期以及其他相关信息（如版本号等）加以注释说明。例如，C风格的注释如下：

```
/*程序功能    :介绍变量的使用
  编程者      :Zang hui
  日期        :8/2/2018
  版本号      :1.0            */
```

2）在用户自定义函数的前面，对函数接口加以注释说明。

3）在一些重要的语句行的右方，如在定义一些非通用的变量、函数调用、较长的多重嵌套的语句块结束处，加以注释说明。

4）在一些重要的语句块的上方，尤其是在语义转折处，对代码的功能、原理进行解释。

写注释时，要注意以下几点：

1）注释不是白话文翻译，不要鹦鹉学舌。
2）不写做了什么，要写想做什么，如何做。
3）注释可长可短，但应画龙点睛，重点加在语义转折处。
4）边写代码边注释。
5）修改代码的同时也修改注释。
6）供别人使用的函数必须严格注释，特别是入口参数和出口参数，内部使用的函数以及某些简单的函数可以简单注释。

7.12 本章知识点小结

内容	实例	备注

函数定义	`long Fact(int n)`
	`{`
	`    …`
	`    Return result;`
	`}`
		形参相当于在函数内定义的变量。实参和形参的数目和类型必须一致（类型匹配的原则与变量赋值的原则一致）。实参向形参的参数传递是单向值传递。形参与实参有各自的存储空间，所以形参值的改变不会影响实参

函数调用	`ret = Fact(m);`	调用和定义函数时一定要明确参数和返回值的类型

(续)

内　容	实　例	备　注
函数原型	long Fact(int n);	若省略函数原型，则函数返回值默认为整型。如果函数返回值不是整型，那么编译器将给出错误信息提示。始终在程序中包含每个函数的原型，可以避免出现此类错误信息提示
函数返回值	return result;	从函数返回一个数值
指针作函数参数		指针作函数参数是地址传递方式，需要将函数外的某个变量的地址作为实参赋给函数相应的指针形参，这为函数提供了在函数内修改实参变量的手段。而基本类型变量作函数参数是值传递方式，函数内的代码不能通过基本类型的形参改变函数外的实参变量的值

函数的递归调用	if(n<0)return -1;
	else if(n==0‖n==1)
	return1;
	else return(n*Fact(n-1));
		任何递归函数都必须至少有一个基线情况，并且一般情况必须最终能简化为基线情况，否则程序将无限递归下去

全局变量	extern count;	全局变量是在所有函数之外定义的变量。局部变量是在函数或复合语句内定义的变量，其作用域在定义它的语句块内。静态的全局变量只限在本文件内使用。非静态的全局变量允许在其他文件中使用，但需用extern声明
静态变量	static int n;	在离开函数时，静态局部变量的值仍然保留，但不能被访问
自动变量	auto int n;	在离开函数时，动态局部变量的值将变成随机值

7.13　本章常见错误小结

常见错误举例	常见错误描述	错误类型

void　Fun(double　x,y)
{
　…
}
	在函数定义时，省略了形参列表中的某些形参的类型声明	编译错误

#include <stdio.h>
intFun(double x,double y);
int main()
{
}
void　Fun(double x,double y)
{
　…
}
	函数定义时与函数原型中给出的函数返回值类型不一致	编译错误

(续)

常见错误举例	常见错误描述	错 误 类 型
| ```
int main()
{ double a=10,b=20;
  Fun(a,b);
}
void Fun(double x,double y)
{
  ...
}
``` | 在函数返回值类型不是 int 且该函数的调用语句出现在它的定义之前时,没有给出函数原型 | 编译错误 |
| `long Fact(int n)` | 在函数原型的行末,忘记写上一个分号 | 编译错误 |
| ```
long Fact(int n);
{
  ...
}
``` | 在函数定义的行末,即形参列表右侧圆括号后面,多写了一个分号 | 编译错误 |
| ```
long Fact(int n);
{
  void Fun(int x, int y)
  {
    return x+y;
  }
  ...
}
``` | 在一个函数体内,定义另外一个函数 | 编译错误 |
| ```
long Fact(int n);
{
  int n;
  ...
}
``` | 在一个函数体内,将一个形参变量再次定义成一个局部变量 | 编译错误 |
| ```
int Fun(int x, int y)
  {int sum;
   sum=x+y;
  }
``` | 在定义一个有返回值的函数时,忘记用 return 返回一个值 | 提示 warning |
| ```
void Fun(int x, int y)
{
  return x+y;
}
``` | 从返回值类型是 void 的函数中返回一个值 | 提示 warning |
| ```
...
swap(a,b);
...
void swap(int *x,int* y)
{...
}
``` | 没有意识到某些函数形参是传地址调用,把变量的值而非变量的地址当作实参传给了这些形参 | 运行时错误 |

168
```

习 题

1. 分析下列程序，写出运行结果。

(1)
```c
#include <stdio.h>
int abc(int x,int y);
int main()
{
  int a=24,b=16,c;
  c=abc(a,b);
  printf("%d\n",c);
  return 0;
}
int abc(int x,int y)
{  int t;
  while(y)
    {t=x%y;
     x=y;
     y=t;}
  return x;
}
```

(2)
```c
#include <stdio.h>
void swap(int*p1,int*p2)
{
    int*t;
    t=p1,p1=p2,p2=t;
    printf("*p1=%d,*p2=%d\n",*p1,*p2);
}
void  main()
{
    int x=10,y=20;
    swap(&x,&y);
    printf("x=%d,y=%d\n",x,y);
}
```

(3)
```c
#include <stdio.h>
```

```c
void f(int a[])
{
    int i=0;
    while(a[i]<=10)
    {
        printf("%3d",a[i]);
        i++;
    }
}
int main()
{
    int a[]={1,5,10,9,11,7};
    f(a);
    return 0;
}
```

(4)

```c
#include <stdio.h>
func(int a[][3])
{
    int i,j,sum=0;
    for(i=0;i<3;i++)
        for(j=0;j<3;j++)
        {
            a[i][j]=i+j;
            if(i==j)
                sum=sum+a[i][j];
        }
    return(sum);
}

int main()
{
    int a[3][3]={1,3,5,7,9,11,13,15,17},sum;
    sum=func(a);
    printf("\nsum=%d\n",sum);
    return 0;
}
```

(5)
```
#include <stdio.h>
int fun(int a,int b)
{
    return(a+b);
}
int main()
{
    int x=2,y=5,z=8,r;
    r=fun(fun(x,y),z);
    printf("%d\n",r);
    return 0;
}
```

(6)
```
#include <stdio.h>
int  d=1;
fun(int p)
{
    static int d=5;
    d+=p;
    printf("%d  ",d);
    return(d);
}
int main()
{
    int a=3;
    printf("%d\n",fun(a+fun(d)));
    return 0;
}
```

(7)
```
#include <stdio.h>
int a=5;
void fun(int b)
{
    int a=10;
    a+=b;
    printf("%d",a);
```

```
}
int main()
{
    int c =20;
    fun(c);
    a + = c;
    printf("%d\n",a);
    return 0;
}
```

2. 编写一个函数实现从键盘任意输入一个自然数,判断该整数是否为素数。

3. 编写一个函数实现输出 Fibonacci 数列 1,1,2,3,5,8,13,21……的前 n 项(n 不超过 20)。

4. 设计一个函数,用穷举法求两个正整数的最大公约数。

5. 设计一个函数,用递归法求两个正整数的最大公约数。

6. 输入 n×n 阶矩阵,用函数编程计算并输出其两条对角线上的各元素之和。

7. 输入 10 个整数,将其中最小的数与第一个数对换,将最大的数与最后一个数对换。写成 3 个函数:(1)输入 10 个整数;(2)对换;(3)输出对换后的 10 个整数。(要求用一维数组通过指针参数传递的方式由主函数传递到子函数中)

8. 输入 10 个学生的成绩,分别用函数实现:

(1)求平均成绩;

(2)按分数高低进行排序并输出。

9. 编写一程序,从一个 4 行 4 列的二维数组中找出最小数及其所在的行和列,并将最小值及其所在行列值打印出来。要求将二维数组的输入、查找、打印功能分别定义函数实现,将二维数组通过指针参数传递的方式由主函数传递到子函数中。

10. 编写一个函数(参数用指针)将一个 3×3 的矩阵转置。

11. 编写一个函数,使用指针交换数组 a 和数组 b 中的对应元素。

12. 设有一个数列包含 10 个数,已经按升序排好。现要求编写一函数,它能够从指定位置开始的 n 个数按逆序重新排列并输出新的完整数列(例如,原数列为 2,4,6,8,10,12,14,16,18,20,若要求从第 4 个数开始的 5 个数按逆序重新排列,则得到新数列为 2,4,6,16,14,12,10,8,18,20)。进行逆序处理时要求使用指针方法。

13. 请编写函数 fun,将 M 行 N 列的二维数组中的数据按行的顺序依次放到一维数组中。例如,若二维数组中的数据为

33	33	33	33
44	44	44	44
55	55	55	55

则一维数组中的内容应是 33 33 33 33 44 44 44 44 55 55 55 55。

第 8 章

字 符 串

8.1 字符串的基本概念

1. 字符串常量

电子邮件、文字处理系统、QQ 聊天等应用程序的普及使得现代计算机处理的文字信息超过了数字运算。数据在计算机中的表示主要有两大类：数值型数据和非数值型数据。在前面章节所学的程序中，处理的数据基本上是数值型的，存储数值型数据的变量类型有整型、单精度型、双精度型，编写的是输入 20 个学生的成绩，计算最高分、最低分、平均分等这一类程序。如果希望能像处理学生的成绩一样处理学生的姓名、住址等文本信息，就要学习在计算机里处理非数值类型数据：字符型、字符串型。

计算机中表示文本的最基本的单位是字符，字符常量是用单撇号括起来的一个字符，如 'A'、'B'、'C'、'?'、'\n'、'\t' 等，一般都对应有一个 ASCII 码，可以保存在字符变量里。字符常量分普通字符常量和转义字符常量。注意，一个字符变量只能保存一个字符常量。

字符串常量和字符常量是不同的量。字符串常量是由一对双引号括起的字符序列。例如，"CHINA"，"C program"，"＄12.5" 等都是合法的字符串常量。字符常量与字符串常量之间主要有以下区别：

1）字符常量由单引号括起来，字符串常量由双引号括起来。

2）字符常量只能是单个字符，字符串常量则可以含一个或多个字符，字符串常量才能表达一个语义。

3）可以把一个字符常量赋值给一个字符变量，但不能把一个字符串常量赋予一个字符变量。在 C 语言中没有相应的字符串变量，但是可以用一个字符数组来存放一个字符串常量。

4）字符常量占一个字节的内存空间。字符串常量占的内存字节数等于字符串中字符数加 1，增加的一个字节中存放 ASCII 码为 0 的字符 '\0'，这是字符串结束的标志。例如，字符常量 'a' 和字符串常量 " a" 虽然都只有一个字符，但在内存中的情况是不同的，'a' 在内存中占一个字节，" a" 在内存中占两个字节，其中一个存放 '\0'。

5）" " 表示空串，在内存中保存的是空字符 '\0'，占一个字节。

2. 字符串的存储及输入/输出

在 C 语言中，字符串的存储可以用两种方法：一是用字符数组存放一个字符串，例如：

```
char string[] = "I love China!";
```

二是用字符串指针指向一个字符串，例如：

```
char* string = "I love China!";
```

有专门的系统函数实现字符串的输入/输出。

3. 字符串的基本操作

对于字符串类型的数据有很多运算，下面举例说明几种常见运算。

（1）求一个字符串的长度

字符串的长度是字符串中所包含的字符个数。例如，"CHINA" 的长度是5，"C program" 的长度是9。

（2）比较两个字符串的大小

字符串在计算机中是可以比较大小的。字符串比较的规则就是将两个字符串自左至右逐个比较对应位置上字符的 ASCII 码值，直到出现不同的字符或者达到某个字符串的结尾为止。若全部字符相同，则认为两个字符串相等；若出现不相同的字符，则以第一对不相同的字符的比较结果为准。例如，"AC" 与 "B" 比较，因为 A 的 ASCII 码值比 B 小，那么后面的字符就不再比较了，所以 "AC" 比 "B" 小；"ACA" 与 "ACAX" 比较，前面3个字符 "ACA" 都相同，前面的字符串已到末尾，所以 "ACA" 比 "ACAX" 小；"Computer" 与 "computer" 比较，因为大写 C 的 ASCII 码值比小写 c 小，所以 "Computer" 比 "computer" 小。

（3）字符串的连接

字符串类型的数据不能像整数、浮点数一样进行加法运算，但经常需要将两个字符串连接起来，把一个字符串接到另一个字符串的后面，得到一个新字符串。例如，将 "Hubei" 和 "Huangshi" 连接，可以得到 "HubeiHuangshi" 这个新字符串。

在实际开发中，字符串的应用非常广泛，还有很多其他常见字符串运算，如字符串的修改运算、判断一个字符串中是否包含一个给定的子字符串的运算、将一个字符串逆置的运算等。在 C 语言中，字符串只有常量形式，没有变量形式，不能通过定义变量来存储字符串。但是前面讲过的数组和指针却可以存储字符串，实现对字符串的各种运算。

8.2 字符串的存储及输入/输出

8.2.1 用字符数组存储字符串及输入/输出

在 C 语言中没有专门的字符串变量，通常用一个一维字符数组来存放和处理一个字符串。例如：

```
char s[10];
```

对字符数组初始化，最容易理解的方式是逐个字符赋给数组中各元素。例如：

```
char s[10]={'C',' ','P','r','o','g','r','a','m'};
```

表示把9个字符分别赋给 s[0]~s[8] 这9个数组元素。如果花括号中提供的初值个数（即字符个数）大于数组长度，则按语法错误处理。如果初值个数小于数组长度，则只将这些字符赋给数组中前面那些元素，其余的元素自动定为空字符（即 '\0'）。

第8章 字符串

如果提供的初值个数与预定的数组长度相同，例如：

```
char s[9]={'C',' ','P','r','o','g','r','a','m'};
```

那么 C 编译系统不会自动加上字符串结束标志 '\0'，数组 s 中存放的不是字符串"C Program"。如果一个字符数组中，结尾处不包含空字符 '\0'，那么它仅是一个存放字符的数组，不能当作字符串来处理。只有在字符结尾处有空字符 '\0' 的字符数组，才存放的是字符串。

当定义字符数组并逐个字符赋给数组中各元素，且数组的长度大于字符串长度时，才能正确地将字符串保存在这个字符数组中。如果在定义数组时，没有预留 '\0' 的位置，则系统不认为数组存储了一个字符串。

逐个字符赋给数组中各元素比较麻烦，可以用字符串常量来初始化字符数组。例如：

```
char s[15]={"C Program"};
```

也可以省略花括号，直接写成：

```
char s[15]="C Program";
```

不是用单个字符作为初值，而是用一个字符串作为初值。显然，这种方法直观、方便、符合人们的习惯。

注意，字符串的长度与字符数组的长度的区别。在定义字符数组时应估计实际字符串长度，保证数组长度始终大于字符串实际长度。如果在一个字符数组中先后存放多个不同长度的字符串，则应使数组长度大于最长的字符串的长度。例如，定义一个长度为 15 的字符数组 s，在字符数组 s 中存放字符串"C Program"，如图 8-1 所示。

s[0]	s[1]	s[2]	s[3]	s[4]	s[5]	s[6]	s[7]	s[8]	s[9]	s[10]	s[11]	s[12]	s[13]	s[14]
C		P	r	o	g	r	a	m	\0	\0	\0	\0	\0	\0

图 8-1　字符串"C Program"存放在数组 s 中

在字符数组 s 中也可以存放另一个字符串"Hello!"，如图 8-2 所示。

s[0]	s[1]	s[2]	s[3]	s[4]	s[5]	s[6]	s[7]	s[8]	s[9]	s[10]	s[11]	s[12]	s[13]	s[14]
H	e	l	l	o	!	\0	\0	\0	\0	\0	\0	\0	\0	\0

图 8-2　字符串"Hello!"存放在数组 s 中

字符数组 s 中可以存放不同的字符串，但字符串的长度不能超过 14。

在用字符串赋初值时也可以不指定数组的大小，C 编译系统自动在字符串的末尾加上 '\0'，故数组大小一定是比字符串长度多 1。例如：

```
char s[]="C Program";
```

"C Program"的长度是 9，系统为数组 s 分配的大小就是 10。如果定义

```
char s[9]="C Program";
```

会产生语法错误，编译通不过。

必须强调的是，对字符数组只能在定义的同时初始化，不能先定义再对字符数组赋值。

下面这样是错误的：

```
char  s[15];
s = "C Program";
```

如何实现先定义字符数组，再将字符串存入字符数组，请看下例。

字符串的代码段如下：

```
char s[15];
for(i = 0;i < 15;i ++)
    scanf("%c",&s[i]);
for(i = 0;i < 15;i ++)
    printf("%c",s[i]);
```

如果运行这一段代码时输入 apple，会是什么结果？输入 dog，又会是什么结果？上述代码段实际是根据字符数组的长度来逐个输入/输出字符串的字符，这种字符串输入/输出的方法基本无法使用。

字符数组存放的字符串输入/输出可以有两种方法：

1) 整个字符串一次输入/输出。可用 scanf 函数和 printf 函数一次性输入/输出一个字符数组中的字符串，%s 是格式符，输出项是数组名。在采用字符串方式后，字符数组的输入/输出将变得简单方便。例如：

```
char s[20];
scanf("%s",s);
printf("%s",s);
```

若从键盘输入"Hubei Huangshi"，会输出"Hubei"。这是因为 scanf 函数遇到空格、回车和 Tab 键都会认为输入结束，所以不能接收带空格的字符串。而 printf 函数，输出直到遇 '\0' 结束。如果一个字符数组中包含一个以上 '\0'，则遇第一个 '\0' 时输出就结束。

2) 字符串的初始化及输出。在定义字符数组的同时将字符串存放在字符数组里，例如：

```
char s[20] = "Hubei Huangshi";
printf("%s\n",s);
```

通过后面的学习还可以实现用此字符数组 s 保存另一个字符串的值。

【例8.1】 编程演示字符数组存储字符串及输入/输出。

```
#include <stdio.h>
int main()
{
char str1[15],str2[15] = " love C!";
printf("字符数组存储字符串及输入/输出:\n");
printf("input string:\n");
```

```
    scanf("%s",str1);
    printf("output string:\n");
    printf("%s %s\n",str1,str2);
    return 0;
}
```

运行结果：

```
字符数组存储字符串及输入/输出：
input string:
zhangsan
output string:
zhangsan love C!
```

8.2.2 用字符指针存储字符串及输入/输出

C 语言中使用字符指针来处理字符串也很方便。首先需要定义一个基类型为字符型的指针变量，如 char * pstr。使用字符指针存储字符串有两种赋值方法：

```
1) char*pstr = "Welcome";        //  定义指针变量的同时赋初值
2) char*pstr;
   pstr = "Welcome";              //  先定义指针变量,后赋值
```

上面两种定义是等效的，首先定义 pstr 是一个字符指针变量，然后把字符串的首地址赋予 pstr，应写出整个字符串，以便编译系统把该字符串装入连续的一块内存单元。

注意，使用字符指针变量与字符数组的区别：

1) 字符数组是由若干个元素组成的，每个数组元素中存放一个字符；而字符指针变量存放的是字符串的首地址（字符串第 1 个字符的地址），决不是把整个字符串 "Welcome" 的所有字符赋值给指针变量，而只是把字符串首字符的地址赋值给了指针变量 pstr。

2) 对字符指针变量，可以采用以下方法赋值：

```
    char*pstr;
    pstr = "C Language";
```

等价于：

```
    char*pstr = "C Language";
```

而对字符数组的初始化：

```
    char  str[14] = "We love C!";
```

不能等价于：

```
    char str[14];
    str = "We love C!";
```

还可以用字符指针变量存放一个字符数组的首地址，例如：

```
char  str[14]="We love C!",*p;
p=str;
```

请注意，字符指针变量既可以存放一个字符串常量的第1个字符的地址，也可以存放一个字符数组的首地址。换一种说法是字符指针变量既可以指向一个字符串常量，也可以指向一个字符数组。

【例8.2】 编程演示字符指针存储字符串及输入/输出。

```
#include<stdio.h>
int main()
{
char str1[15],*ps1,*ps2="Hello!";
printf("字符指针存储字符串及输入/输出:\n");
printf("input string:\n");
ps1=str1;
scanf("%s",ps1);
printf("output string:\n");
printf("%s %s \n",ps1,ps2);
ps1="China";
printf("%s %s \n",ps1,ps2);
ps1=ps2;
printf("%s %s \n",ps1,ps2);
return 0;
}
```

运行结果：

```
字符指针存储字符串及输入/输出:
input string:
zhangsan
output string:
zhangsan Hello!
China Hello!
Hello! Hello!
```

程序分析：只有当指针变量ps1存放字符数组str1的首地址后，才能通过键盘输入字符串，保存在字符数组str1中。

如果希望将字符串"zhangsan"直接赋值给字符数组str1，而不是从键盘输入，需要调用系统的字符串处理函数。

8.3 字符串处理函数

字符串的基本运算比数值型数据复杂,为减轻编程的负担,提高编程的效率,C语言提供了丰富的字符串处理函数来实现字符串的运算,大致可分为字符串的输入、输出、连接、修改、比较、转换、复制、查找等,使用这些系统字符串函数应包含头文件"string.h"。

下面介绍几个最常用的系统字符串处理函数,其他系统字符串函数见附录D。

1. 字符串输出函数 puts( )

格式: puts(字符数组)

功能:把字符数组中的字符串输出到显示器,即在屏幕上显示该字符串。

说明:字符数组必须以'\0'结束,等价于printf("%s\n",str);有换行。

2. 字符串输入函数 gets( )

格式: gets(字符数组)

功能:从键盘输入一以回车结束的字符串放入字符数组中,并自动加'\0'。本函数返回值是该字符数组的首地址。

说明:字符串长度应小于字符数组长度,gets函数读取字符串,直至遇到换行符为止。因此输入有空格的字符串时,需用gets函数,而不能使用scanf函数。

3. 字符串长度函数 strlen( )

格式:strlen(字符数组)

功能:计算字符串的实际长度(不含字符串结束标志'\0')并作为函数返回值。

说明:sizeof返回数组的大小,strlen返回字符串的长度。

【例8.3】 编写程序用gets( )函数和puts( )函数演示字符串的输入/输出,注意区分字符数组的长度和字符串的长度。

```c
#include <stdio.h>
#include <string.h>
int main()
{
char str[20];
printf("input string:\n");
gets(str);
printf("output string:\n");
puts(str);
printf("数组大小 =%d\n",sizeof(str));
printf("字符串长度 =%d\n",strlen(str));
return 0;
}
```

运行结果:

```
input string:
Hubei Huangshi
output string:
Hubei Huangshi
数组大小=20
字符串长度=14
```

程序分析：字符数组 str 的长度为 20，存放的是从键盘输入的字符串，字符串中可以包含空格，本例中输入的字符串长度为 14。

4. 字符串连接函数 strcat( )

格式： strcat（字符数组 1，字符数组 2）

功能：把字符数组 2 中的字符串连接到字符数组 1 中字符串的后面，并删去字符串 1 后的串结束标志 '\0'，新串最后加 '\0'。本函数返回值是字符数组 1 的首地址。

说明：字符数组 1 必须足够大，否则不能全部装入被连接的字符串。

【例 8.4】 从键盘输入自己的籍贯和名字，试将它们连接在一起成为一个字符串，并输出在屏幕上。

```c
#include<stdio.h>
#include<string.h>
int main()
{
    char str1[30],str2[10];
    printf("Please input 2 string:\n");
    gets(str1);
    gets(str2);
    strcat(str1,str2);
    printf("String str1=%s\n",str1);
    return 0;
}
```

运行结果：

```
Please input 2 string:
Hubei Huangshi
Zhang San
String str1=Hubei HuangshiZhang San
```

5. 字符串复制函数 strcpy( )

格式： strcpy（字符数组 1，字符数组 2）

功能：把字符数组 2 中的字符串复制到字符数组 1 中，串结束标志 '\0' 也一同复制。字符数组 2 也可以是一个字符串常量。本函数返回值是字符数组 1 的首地址。

说明：字符数组 1 必须足够大，复制时字符数组 2 的 '\0' 一同复制。

注意：不能使用赋值语句为一个字符数组赋值。

【例8.5】 从键盘输入两个字符串，交换后输出这两个字符串的值。

```c
#include <stdio.h>
#include <string.h>
int main()
{
    char st1[15],st2[15],t[15];
    printf("Please input 2 string:\n");
    gets(str1);
    gets(str2);
    printf("Old string is:\n");
    puts(st1);
    puts(st2);
    strcpy(t,st1);strcpy(st1,st2);strcpy(st2,t);
    printf("Now string is:\n");
    puts(st1);
    puts(st2);
    return 0;
}
```

运行结果：

```
Please input 2 string:
Old string is:
Hubei Huangshi
Hubei Wuhan
Now string is:
Hubei Wuhan
Hubei Huangshi
```

6. 字符串比较函数 strcmp( )

格式：　strcmp（字符数组1，字符数组2）

功能：按从左向右顺序逐个比较两串字符的 ASCII 码，直到遇到不同字符或 '\0' 为止。本函数返回值为 int 型整数，如下：

若字符串1 == 字符串2，返回零；

若字符串1 > 字符串2，返回正整数；

若字符串1 < 字符串2，返回负整数。

说明：本函数也可用于比较两个字符串常量，或比较字符数组和字符串常量。比较的结果由函数值带回。

注意，对两个字符串比较，不能用以下形式：

```c
if(str1 == str2)printf("yes");
```

而只能用以下语句：

```
    if(strcmp(str1,str2)==0)printf("yes");
```

【例8.6】 从键盘输入任意3个字符串，求最大的字符串。

```c
#include <stdio.h>
#include <string.h>
int main()
{
char st1[15],st2[15],st3[15],max[15];
printf("Please input 3 string:\n");
gets(st1);
gets(st2);
gets(st3);
strcpy(max,st1);
if(strcmp(max,st2)<0)
    strcpy(max,st2);
if(strcmp(max,st3)<0)
    strcpy(max,st3);
puts(max);
return 0;
}
```

运行结果：

```
Please input 3 string:
Huangshi
Xiangyang
Wuhan
Xiangyang
```

程序分析：请读者将本程序与"从键盘输入3个整数，求最大的整数"比较，算法思想是一致的，只是本程序处理的数据对象不是整数，而是字符串。如果要求100个字符串中最大的字符串，是否要定义100个一维数组，用99个if语句来求最大字符串呢？显然答案是否定的。在下面将会用二维字符数组来表示批量字符串。

8.4 字符串应用举例

1. 用二维字符数组同时存储和处理多个字符串

C语言规定可以把一个二维数组当成多个一维数组来处理。二维字符数组用于同时存储和处理多个字符串，其定义格式与二维数值数组一样。例如：

```
    char s[7][10];
```

则二维字符数组 s 的大小为 7×10，包含 7 个长度为 10 的一维数组 str[0]，str[1]，…，str[6]，可以存放 7 个长度不超过 9 的字符串。

二维字符数组定义且初始化的时候可以缺省行下标，但不能缺省列下标。例如：

```
char s[][10]={"Monday","Tuesday","Wednesday","Thursday","Friday",
"Saturday ","Sunday"};
```

系统根据初值定义二维字符数组 s 的大小为 7 行 10 列，str[0]、str[1]、str[2] 等分别存放"Monday","Tuesday","Wednesday" 等 7 个字符串。

【例8.7】 从键盘任意输入多个字符串，编程找出并输出最大字符串。用二维字符数组存放批量字符串。

```
#include <stdio.h>
#include <string.h>
#define N 20
int main()
{char str[N][10];char max[10];int i,n;
printf("友情提醒:最多只能输入 20 个字符串。\n");
printf("请问待输入的字符串一共有多少个? \n");
scanf("%d",&n);
fflush(stdin);              //清空输入缓冲区
printf("请输入%d 个字符串:\n",n);
for(i=0;i<n;i++)
    gets(str[i]);
strcpy(max,str[0]);
for(i=1;i<n;i++)
{
    if(strcmp(str[i],max)>0)
        strcpy(max,str[i]);
}
printf("\nthe largest:\n%s\n",max);
return 0;
}
```

运行结果：

友情提醒:最多只能输入 20 个字符串。
请问待输入的字符串一共有多少个?
3
请输入 3 个字符串:
襄阳
武汉

```
黄石
the largest:
襄阳
```

程序分析：fflush( ) 是一个系统函数，此函数仅适用于部分编译器（如 VC6），但是并非所有编译器都要支持这个功能（如 GCC3.2），它是一个对 C 标准的扩充。

scanf( ) 函数接收输入数据时，遇以下三种情况结束一个数据的输入：遇空格、回车、跳格键；遇宽度格式修饰符；遇非法输入，键盘缓冲区就可能有残余信息问题。fflush(stdin) 的功能是清空输入缓冲区，通常是为了确保不影响后面的数据读取。例如，在 scanf( ) 函数读完一个数据 n 之后，紧接着又要读取一个字符或字符串，此时应该先执行 fflush(stdin)。

将本程序与例 8.6 比较，本程序使用的是二维字符数组，可以方便地扩充为求多个字符串中最大的字符串。

字符串能够进行比较大小的运算，就可以进行排序的运算。下面利用前面学习的对实数进行排序的选择法对字符串进行排序。

【例 8.8】 编写程序，将二维字符数组存储的字符串按从小到大的顺序排序并且输出这些字符串。

```c
#include <stdio.h>
#include <string.h>
int main()
{
    char st[10],cs[][10] = {"Monday","Tuesday","Wednesday","Thursday","Friday","Saturday","Sunday"};
    int i,j,k;
    for(i = 0;i < 7;i ++)
    {
        k = i;
        for(j = i +1;j < 7;j ++)
        {
            if(strcmp(cs[j],cs[k]) <0)
            {
                k = j;
            }
        }
        if(k! = i)
        {
            strcpy(st,cs[i]);strcpy(cs[i],cs[k]);strcpy(cs[k],st);
        }
    }
```

```
        printf("排序后的字符串如下:\n");
        for(i = 0;i < 7;i ++)
        {
            puts(cs[i]);
        }
        printf("\n");
        return 0;
    }
```

运行结果:

```
排序后的字符串如下:
Friday
Monday
Saturday
Sunday
Thursday
Tuesday
Wednesday
```

程序分析：二维字符数组 cs 存储空间固定，排序前如图 8-3 所示，排序后如图 8-4 所示。

	0	1	2	3	4	5	6	7	8	9
cs [0]	M	o	n	d	a	y	\0	\0	\0	\0
cs [1]	T	u	e	s	d	a	y	\0	\0	\0
cs [2]	W	e	d	n	e	s	d	a	y	\0
cs [3]	T	h	u	r	s	d	a	y	\0	\0
cs [4]	F	r	i	d	a	y	\0	\0	\0	\0
cs [5]	S	a	t	u	r	d	a	y	\0	\0
cs [6]	S	u	n	d	a	y	\0	\0	\0	\0

图 8-3 排序前二维字符数组 cs 存储结构图

	0	1	2	3	4	5	6	7	8	9
cs [0]	F	r	i	d	a	y	\0	\0	\0	\0
cs [1]	M	o	n	d	a	y	\0	\0	\0	\0
cs [2]	S	a	t	u	r	d	a	y	\0	\0
cs [3]	S	u	n	d	a	y	\0	\0	\0	\0
cs [4]	T	h	u	r	s	d	a	y	\0	\0
cs [5]	T	u	e	s	d	a	y	\0	\0	\0
cs [6]	W	e	d	n	e	s	d	a	y	\0

图 8-4 排序后二维字符数组 cs 存储结构图

思考题：请将本例修改为从键盘输入多个字符串，然后将字符串排序后输出。

2. 字符指针数组用于同时存储和处理多个字符串

【例 8.9】 编写程序,将字符指针数组存储的字符串按从小到大的顺序排序并且输出这些字符串。

```c
#include <stdio.h>
#include <string.h>
int main()
{
    char* w[] = {"Monday","Tuesday","Wednesday","Thursday","Friday","Saturday","Sunday" };
    char* st;
    int i,j,k;
    printf("排序前的字符串地址,字符串的值如下:\n");
    for(i=0;i<7;i++)
    {
        printf("%p\t%s\n",w[i],w[i]);
    }
    for(i=0;i<7;i++)
    {
        k=i;
        for(j=i+1;j<7;j++)
        {
            if(strcmp(w[j],w[k])<0)
            {   k=j;
            }
        }
        if(k!=i)
        {
            st=w[i];w[i]=w[k];w[k]=st;
        }
    }
    printf("排序后的字符串地址,字符串的值如下:\n");
    for(i=0;i<7;i++)
    {
        printf("%p\t%s\n",w[i],w[i]);
    }
    return 0;
}
```

运行结果:

```
排序前的字符串地址,字符串的值如下:
00423024            Monday
0042207C            Tuesday
00422040            Wednesday
00422070            Thursday
00422064            Friday
00422058            Saturday
00422050            Sunday
排序后的字符串地址,字符串的值如下:
00422064            Friday
00423024            Monday
00422058            Saturday
00422050            Sunday
00422070            Thursday
0042207C            Tuesday
00422040            Wednesday
```

程序分析:本例中指针数组的每个数组元素都是一个指针变量,存放字符串常量的首地址,排序前如图 8-5 所示,排序后如图 8-6 所示,字符串常量的首地址在排序前后没有改变。

图 8-5 排序前字符指针数组 w 存储的 7 个字符串

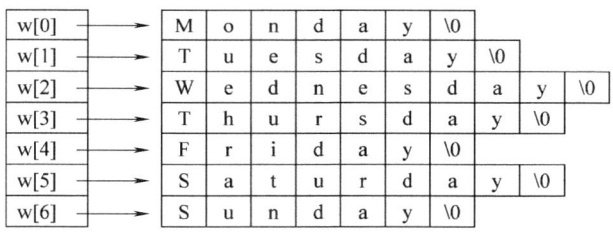

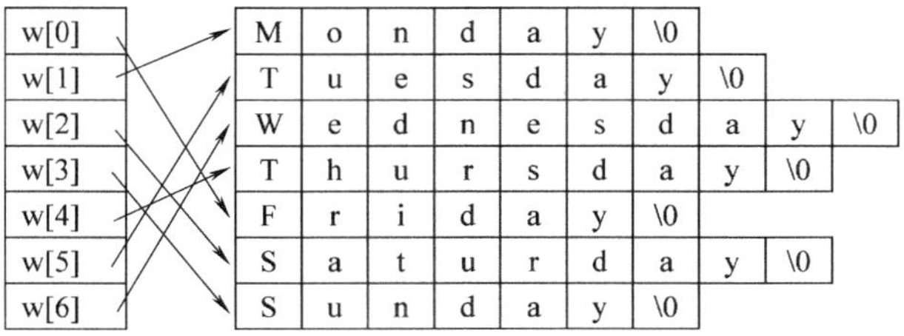

图 8-6 排序后字符指针数组 w 存储的 7 个字符串

请读者将例 8.9 与例 8.8 比较,字符指针数组不能存放从键盘输入的字符串。

8.5 自定义字符串处理函数

前面介绍了几种常用的系统字符串处理函数，应当再次强调：系统库函数并非 C 语言本身的组成部分，而是人们为使用方便而编写的提供大家使用的公共函数。字符串是一种常见的数据结构，对字符串的处理又可以十分灵活，所以在实际开发，尤其是非数值处理中，字符串的应用非常广泛。虽然很多字符串操作都封装在了函数库里，应用程序可以直接通过调用库函数来实现对字符串的处理，然而对于开发者而言，若能了解其底层实现原理，对于编程能力的提高是很有好处的。下面介绍几种常用的字符串处理函数的实现原理。

自定义字符串处理函数既可使用字符数组作函数参数，也可使用字符指针作函数参数。字符串本身带有特定的结束标志，不需要传递字符数组的长度。

1. 自定义字符串长度函数 mystrlen( )

【例8.10】 自定义字符串长度函数 mystrlen( )，从第 1 个字符开始扫描，直到遇见第 1 个 '\0' 停止扫描，返回字符串长度。

```c
#include <stdio.h>
int  mystrlen(char str[]);
int  main()
{
    char  a[80];
    printf("Input a string:\n");
    gets(a);
    printf("The length of the string is:%d\n",mystrlen(a));
    return 0;
}
/*函数功能:用字符型数组作函数参数,计算字符串的长度*/
int  mystrlen(char str[])
{
    int  i;
    int len = 0;          //计数器置0*/
    for(i = 0;str[i]! = '\0';i ++)
    {
        len ++;                       // 利用循环统计不包括'\0'在内的字符个数
    }
    return len;                       //返回实际字符个数
}
```

运行结果：

```
Input a string:
湖北武汉
The length of the string is:8
```

程序分析：传给 mystrlen 函数的是一个数组，则实参自动地转换成指向首元素的指针，虽然一开始函数并不知道数组的确切大小，但字符串存储在字符数组中，并且在最后一个字符后面跟着一个空字符，函数遇到空字符就停止计算长度，跳出循环。

从运行结果可以看出，一个汉字是用两个字节表示的。

请读者仔细阅读系统字符串长度函数源代码，与上述自定义字符串长度函数做对比。字符串长度函数源代码如下：

```
unsigned int strlen(const char* str)
{
    assert(str!=NULL);//字符指针为空,则终止程序
    unsigned int length=0;
    while(*str++!='\0')
    {
        length++;
    }
    return length;
}
```

对比系统字符串长度函数 strlen()，其返回类型是整型，又因长度不能为负，系统定义的是无符号型 unsigned int；函数参数类型为 char * 指针类型，但是为了防止字符串在函数体内被修改，定义参数类型为 const char * 类型；为了检查 str 是否为空，源代码使用了断言 assert()，如果 str 为空，则终止程序执行。assert() 是一个调试程序时经常使用的宏，在程序运行时计算括号内的表达式，如果表达式为 0，程序将报告错误，并终止执行；如果表达式不为 0，则继续执行后面的语句。这个宏通常用来判断程序中是否出现了明显非法的数据，如果出现了，终止程序以免导致严重后果，同时也便于查找错误。

const 是一个 C 语言（ANSI C）的关键字，可以定义 const 常量具有不可变性。例如：

```
const int Max=100;
```

表示 Max 被定义为一个 int 型变量，其值为 100，而且在变量存在期间其值不能改变。

常变量与常量的异同是：常变量具有变量的基本属性，有类型，占存储单元，只是不允许改变其值。可以说，常变量是有名字的不变量，而常量是没有名字的不变量。

define 宏定义和 const 常变量的区别：

1）define 是宏定义，程序在预处理阶段将用 define 定义的内容进行了替换，因此程序运行时，常量表中并没有用 define 定义的常量，系统不为它分配内存。const 定义的常量，在程序运行时在常量表中，系统为它分配内存。

2）define 定义的常量，预处理时只是直接进行了替换，所以编译时不能进行数据类型检验。const 定义的常量，在编译时进行严格的类型检验，可以避免出错。

strlen() 函数的形参类型采用指针类型,加上 const 可以防止意外地改动该指针,起到保护作用。

2. 自定义字符串复制函数 mystrcpy( )

mystrcpy( ) 函数在调用时传入一个字符数组和一个字符串,这个字符数组的大小至少要比字符串的字符个数大一,用来放结束标志 '\0',当程序运行完之后这个字符串就被复制在字符数组中了。很多读者以为库函数 strcpy( ) 的实现方式很简单,把一个字符串的内容复制到另一个字符数组中,下面列出 4 个层次的实现方式。

第一层次:

```
void mystrcpy(char* strDest,char* strSrc)
{
   int  i = 0;                       // 数组下标初始化为 0
   while(strSrc[i]! = '\0')         // 若当前取出的字符不是字符串结束标志
   {
      strDest[i] = strSrc[i];       //复制字符
      i ++;                          // 移动下标
   }
   strDest[i] = '\0';               //在字符串 strDest 的末尾添加字符串结束标志
}
```

上述函数参数是字符指针,字符指针 strSrc 指向源字符串,strDest 指向目标字符串,字符指针 strSrc 和 strDest 的值在复制过程中一直保持不变。请注意,程序中的 while 语句还可以省略 i,写成如下形式:

```
while(   (*strDest = *strSrc)! = '\0')
{
   strDest ++;
   strSrc ++;
}
```

在此 while 语句中,在 strSrc 指向的源字符串的字符不是 '\0' 时,复制到 strDest 所指向的目标字符串中,strDest 和 strSrc 都加 1,指向下一字符;否则,表明源字符串结束,不再循环。字符指针 strSrc 和 strDest 的值在复制过程中都在改变。上述 while 语句还可简化为以下形式:

```
while((*strDest ++ = *strSrc ++)! = '\0');
```

即把指针的移动和赋值合并在一个语句中,只要表达式的值为非 0 就循环,为 0 则结束循环,这样使程序更加简洁。

第二层次:

```
void mystrcpy(char* strDest,const char* strSrc)
{
    //将源字符串加 const,表明其为输入参数
```

```
    while((*strDest ++ =*strSrc ++)!='\0');
}
```

第三层次：

```
void mystrcpy(char* strDest,const char* strSrc)
{
    //对源地址和目的地址加非0断言
    assert((strDest!=NULL)&&(strSrc!=NULL));
    while((*strDest ++ =*strSrc ++)!='\0');
}
```

第四层次：

```
char* mystrcpy(char* strDest,const char* strSrc)
{
    char* address =strDest;
    //为了实现链式操作,将目的地址返回
    assert((strDest!=NULL)&&(strSrc!=NULL));
    while((*strDest ++ =*strSrc ++)!='\0');
    return address;              //引用返回地址,方便链式操作!
}
```

现在来看看什么是链式操作，什么是链式表达式。设：

```
char strDest[12];
int length;
```

如果调用系统字符串处理函数有：

```
strcpy(strDest,"hello world");
length = strlen(strDest);
```

那么链式表达式就是将上述两式合并成一个表达式：

```
length = strlen(strcpy(strDest,"hello world"));
```

如果调用的是自定义的前三层次字符串复制函数 mystrcpy()，由于前三层次的 mystrcpy() 函数返回值是 void，就不能用链式表达式。如果使用第四层次的自定义 mystrcpy() 函数，返回值是 char * 类型，也可以使用链式表达式，如下所示：

```
char strDest[12];
int length;
length = mystrlen(mystrcpy(strDest,"hello world"));
```

链式表达式增加了函数调用时的灵活性，方便一些级联操作。这种调用函数的方法看起来就像链子链在一起一样。

mystrcpy( ) 函数返回的是通过指针形参所获得的实参的有效地址。

第四层次的 mystrcpy( ) 函数定义就是系统库函数中字符串复制函数的源代码，分析源码发现，strcpy( ) 的原函数并没有加两个字符串长度的限制条件，它只是把源字符串中的内容——地复制到目标字符串中，而且到最后还给目标字符串加上了结束符 '\0'。那么，如果目标字符串长度不够时会怎么样呢？它还会继续一个一个地复制字符。

举例说明，如果有：

```
char str1[3],str2[20]="this is a test";
strcpy(str1,str2);
```

str2 往 str1 里复制，当复制 str2 里的 thi 到 s 的时候，str1 的长度不够了，但是数组中的地址是连续的。假如 str1 的首地址是 1000，那么 str1 [0]＝1000，str1 [1]＝1001，str1 [2]＝1002，这个时候系统还要继续往 str1 里复制，地址还会继续增加，那么继续增加的地址是没有申请的空间。如果没有申请的地址空间未被系统占用还好，如果被系统占用的话，系统可能就会崩溃，所以在使用 strcpy 函数时要小心谨慎，确保源字符串长度小于目标字符串的长度。

3. 自定义字符串连接函数 mystrcat( )

mystrcat( ) 函数在调用时传入一个字符数组和一个字符串，字符数组剩余的字符个数至少要比字符串的字符个数多一个，用来放结束字符，当程序运行完之后字符串就被拼接在字符数组的后面。如果希望自定义的字符串连接函数，可将

```
mystrcat(str1,str2);
printf("%s",str1);
```

直接写成链式表达式：

```
printf("%s",mystrcat(str1,str2));
```

则函数返回值定义为 char *。自定义字符串连接函数如下：

```
char* mystrcat(char* str1,char* str2)
{
    int i,j,count=0;
    for(i=0;str1[i]!='\0';i++)
        count++;
    for(j=0;str2[j]!='\0';j++)
    {
        str1[count+j]=str2[j];
    }
    str1[count+j]='\0';
    return str1;
}
```

当参数传入函数之后，首先函数会用字符串中的第一个字符覆盖字符数组的结束字符，

然后再把字符串中剩余的字符复制其后，最后加一个结束字符。

4. 自定义字符串比较函数 mystrcmp( )

```
int mystrcmp(char* str1,char* str2)
{
    int i=0,j=0,k=0;
    do
    {
        k=str1[i++]-str2[j++];
    }while(k==0 &&(str1[i]!='\0'||str2[j]!='\0'));
    return k;
}
```

当参数传进来之后，两个字符串的首个字符相比较，如果比较结果为相等且两个字符串都没有到结束，则循环一次，两个字符串的第二个字符相比较，再判断，这样一直执行下去，直到判断结果不相等，或者两个字符串中的某个字符串到结尾了，或者两个字符串都到结尾了。

5. 其他字符串自定义函数

【**例 8.11**】 要求不能使用库函数，编写函数将一个字符串内容首尾倒置，如"ABCDE"倒置后结果为"EDCBA"。

```
#include<stdio.h>
char* revers(char s[]);
int main()
{
    char s[81],*p,*q,ch;
    printf("Input a string:\n");
    gets(s);
    revers(s);
    printf("s=%s\n",s);
    return 0;
}
char* revers(char s[])
{
    char*p,*q,ch;
    for(p=q=s;*q;q++);
    q--;
    while(p<q)
    {
        ch=*p;
```

```
                *p = *q;
                *q = ch;
                p ++;
                q --;
        }
        return (s);
}
```

请注意，如果编写一个将数值型数组元素逆置的函数，用数组名称作函数参数，C 编译器对形参数组大小不做检查，只是将实参数组的首地址传给形参数组。数值型数组本身不带结束标志，为了在被调用函数中处理到所有数组元素，需要另设一个参数传递数组元素的个数。本例中形参为字符数组，字符数组自带结束标志，不需要另设参数传递字符串的长度。如果编写处理一批字符串的函数，还需另设参数传递字符串的个数。

C 语言的头文件（*.h 文件）也可以是自己写的。头文件是一种文本文件，使用文本编辑器将代码编写好之后，以扩展名 .h 保存就行了。头文件中一般放一些重复使用的代码，如函数定义、宏定义等。当使用#include 语句将头文件引用时，相当于将头文件中所有内容复制到#include 处。为了避免因为重复引用而导致的编译错误，头文件常具有

```
#ifndef   LABEL
#define   LABEL
//代码部分
#endif
```

的格式。其中，LABEL 为一个唯一的标号，命名规则跟变量的命名规则一样。常根据它所在的头文件名来命名。例如，如果头文件的文件名叫作 mystring.h，那么可以这样使用：

```
#ifndef   _MYSTRING_H_
#define   _MYSTRING_H_
//代码部分
#endif
```

意思就是，如果没有定义_MYSTRING_H_，则定义_MYSTRING_H_，并编译下面的代码部分，直到遇到#endif。这样，当重复引用时，由于_MYSTRING_H_已经被定义，则下面的代码部分就不会被编译了，这样就避免了重复定义。

另外要注意的是，使用#include 时，使用引号与尖括号的意思是不一样的。使用引号（" "）时，首先搜索工程文件所在目录，然后再搜索编译器头文件所在目录。而使用尖括号（< >）时，刚好是相反的搜索顺序。假设有两个文件名一样的头文件 mystring.h，但内容却是不一样的。一个保存在编译器指定的头文件目录下，把它叫作文件Ⅰ；另一个则保存在当前工程的目录下，把它叫作文件Ⅱ。如果使用的是#include < mystring.h >，则引用到的是文件Ⅰ。如果使用的是#include " mystring.h"，则引用的将是文件Ⅱ。怎样引用自己编写的头文件呢？

在 VC6 下新建 mystring.h 头文件，内容如下：

```c
#ifndef _MYSTRING_H_
#define _MYSTRING_H_
    int mystrlen(char str[])
    {
        int i;
        int len = 0;                       //计数器置0
        for(i = 0;str[i]! = '\0';i ++)
        {
            len ++;                        // 利用循环统计不包括'\0'在内的字符个数
        }
        return len;                        //返回实际字符个数
    }
    char* mystrcpy(char* strDest,const char* strSrc)
    {
                                           //为了实现链式操作,将目的地址返回
        char* address = strDest;
        assert((strDest! = NULL)&&(strSrc! = NULL));
        while((*strDest ++ = *strSrc ++)! = '\0');
        return address;                    //引用返回地址,方便链式操作!
    }
    char* mystrcat(char* str1,char* str2)
    {
        int i,j,count = 0;
        for(i = 0;str1[i]! = '\0';i ++)
            count ++;
        for(j = 0;str2[j]! = '\0';j ++)
        {
            str1[count + j] = str2[j];
        }
        str1[count + j] = '\0';
        return str1;
    }
    int mystrcmp(char* str1,char* str2)
    {
        int i = 0,j = 0,k = 0;
        do
        {
            k = str1[i ++]-str2[j ++];
```

```c
        }while(k==0 &&(str1[i]!='\0'||str2[j]!='\0'));
        return k;
    }
#endif
```

将自己定义的头文件 string.h 保存在与源程序同一个目录下,使用引号(" ")就能引用,即用#include" string.h" 就可以了。在下面的程序中将引用自己定义的头文件。

【例 8.12】 在主函数中输入/输出批量字符串,请编写将 n 个字符串排序的函数,要求调用自定义的字符串处理函数完成字符串的复制、比较操作。

```c
#include <stdio.h>
#include <string.h>
#include <assert.h>
#include"mystring.h"
#define N 20
void mysort(char str[][30],int n);
void input(char str[][30],int n);
void output(char str[][30],int n);
int main()
{
    char str[N][30];char max[30];int i,n;
    printf("友情提醒:最多只能输入长度不能超过29的20个字符串。\n");
    printf("请问待输入的字符串一共有多少个?\n");
    scanf("%d",&n);
    fflush(stdin);
    printf("请输入需要排序的字符串:\n");
    input(str,n);
    mysort(str,n);
    printf("排序后的字符串:\n");
    output(str,n);
    return 0;
}
void input(char str[][30],int n)
{   int i;
    for(i=0;i<n;i++)
        gets(str[i]);
}
void output(char str[][30],int n)
{   int i;
    for(i=0;i<n;i++)
```

```
            puts(str[i]);
    }
    void mysort(char s[][30],int n)
    { char t[30];
      int i,j,k,n;
      for(i=0;i<n;i++)
      { k=i;
          for(j=i+1;j<n;j++)
          if(mystrcmp(s[j],t)<0)
          {
              k=j;
          }
          if(k!=i)
          {
              mystrcpy(t,s[i]);mystrcpy(s[i],s[k]);  mystrcpy(s[k],t);
          }
      }
      return;
    }
```

注意：本例中调用自定义函数 mysort() 时，实参批量字符串必须是用二维字符数组存放的，不能是用字符指针数组存放的。

8.6 本章知识点小结

内容	实例	备注
字符串常量	"C Program"	字符串常量是用双引号引起来的字符序列
字符数组	char s[]="C Program";	把字符串赋给字符型数组代表在内存中开辟了一片连续的存储单元，把该字符串存储到这片存储单元中去
字符指针	char* str="Welcome";	把字符串赋给字符型指针，代表一个指针指向一个字符串，但系统没有为它开辟存储单元
字符串的输入/输出	gets(); puts();	字符串输入/输出处理函数需要头文件"stdio.h"

字符串处理函数	strlen(str);
	strcpy(str1,str2);
	strcmp(str1,str2);
	strcat(str1,str2);
		常用字符串处理函数需要头文件"string.h"

(续)

内容	实例	备注

自定义字符串处理函数	int mystrlen(char str[]);
	char*mystrcpy(char str1*,char str2*);
	int mystrcmp(char str1*,char str2*);
	char*mystrcat(char str1*,char str2*);
		注意函数的返回值的类型

批量字符串的处理	char str[ ][10]={"China","Japan","American"}; char*month[ ]={"January","February","March"};	二维字符数组与字符指针数组的区别

8.7 本章常见错误小结

常见错误举例	常见错误描述	错误类型
'abc'	一对单引号中有多个字符	编译错误
"a"	把"a"看作字符常量	理解错误
char str[9]={'C',' ','P','r','o','g','r','a','m'};	str是存放字符的数组，不是存放字符串"C Program"	理解错误
char s[8]="C Program";	数组长度小于初值的字符个数	编译错误
char s[4]; strcpy(s,"GIRL");	数组s长度不够	运行时错误
char*p; scanf("%s",p);	p没指向任何内存空间	运行时错误
char*p; strcpy(p,"BOY");	p没指向任何内存空间	运行时错误
char*p="BOY"; *p='T';	试图修改p指向的字符串常量	运行时错误
char a[10]; scanf("%s",&a);	读取字符串时，代表地址值的数组名前面添加了取地址符&	运行时错误
char a[10]; a++;	将数组名当指针变量进行增1和减1的操作	编译错误
if(str1==str2) printf("相等");	直接用关系运算符而未使用函数strcmp()比较字符串的大小	编译错误
char s[4]; s="BOY";	直接用赋值运算符而未使用函数strcpy()对字符串赋值	编译错误

习题

1. 编写一个函数，求字符串的长度。
2. 编写一个函数，将两个字符串连接起来并输出结果。
3. 编写一个函数，将字符串s1复制到s2中并输出结果。

4. 编写一个函数实现对两个字符串的比较。不要使用 C 语言提供的标准函数 strcmp。要求在主函数中输入两个字符串，并输出比较的结果（相等时结果为 0，不等时结果为第一对不相等字符的 ASCII 差值）。

5. 若字符串中包含数字与字符，编写一个函数删除数字后输出剩下的字符。

6. 请编写一个函数 void fun（char * tt，int pp［］），统计在字符串中 a～z 26 个字母各自出现的次数，并依次放在 pp 所指数组中。例如，当输入字符串 abcdefgabcdeabc 后，程序的输出结果应该是 3 3 3 2 2 1 1 0 0 0 0 0 0 0 0 0 0 0 0 0 0 0 0 0 0 0。

7. 编写函数 fun，将一个数字字符串转换为一个整数，例如，输入字符串" - 1234"，则函数把它转换为整数值 - 1234。

8. 不使用库函数编程将一个整数转换成对应的数字串，例如，输入"1234"，转换成"1234"输出。

9. 编写函数，移动字符串中的内容，移动的规则如下：把第 1 到第 m 个字符平移到字符串的最后，把第 m + 1 到最后的字符移到字符串的前部。例如，字符串中原有的内容为 ABCDEFGHIJK，m 的值为 3，移动后，字符串中的内容应该是 DEFGHIJKABC。

10. 编写程序，输入若干个字符串，求出每个字符串的长度，并打印最长一个字符串的内容。以"stop"作为输入的最后一个字符串。

11. 编写程序，输入字符串 s1 和 s2 以及插入位置 f，在字符串 s1 中的指定位置 f 处插入字符串 s2，如：输入"Beijing"、"123" 和位置 3，则输出:"Bei123jing"。

第 9 章 用户自定义数据类型

C 提供了许多种基本的数据类型（如 int、float、double、char 等）供用户使用。但是，由于程序需要处理的问题往往比较复杂，而且呈多样化，已有的数据类型显得不能满足使用要求。因此 C 允许用户根据需要自己定义一些类型，用户可以自己定义的类型有结构体类型（struct）、共用体类型（union）、枚举类型（enum）等，这些统称为自定义数据类型。

9.1 结构体类型

9.1.1 结构体类型的定义

假如现在要编写一个学生信息管理程序，一个学生的学号（num）、姓名（name）、性别（sex）、成绩（score）等都是这个学生的属性，但是如果在程序中将学号、姓名、性别、成绩定义为互相独立的变量，就难以反映出它们之间的内在联系。应当将不同类型的数据组合成一个有机的整体，以供用户方便地使用，这些组合在一个整体中的数据是互相联系的，如图 9-1 所示。

num	name	sex	score
10010	"zhangsan"	'm'	84.5

图 9-1 一个学生的数据信息

由图 9-1 可以看到，不同类型的数据 10010、"zhangsan"、'm'、84.5 都是某一个学生的信息，是一个整体。

用户自定义的结构体类型相当于其他高级语言中的记录（record）。定义一个结构体类型的一般形式为：

```
struct 结构体类型名
{
    类型说明符1    成员名1;
    类型说明符2    成员名2;
    …
    类型说明符n    成员名n;
};
```

"结构体类型名"与"成员名"都应遵循标识符命名规则。例如，定义一个学生数据类型：

```
struct stu
{
    int num;
    char name[20];
    char sex;
    float score;
};
```

注意，结构体类型定义的末尾必须有分号。可以通过上面的类型定义建立如图 9-2 所示的数据类型。

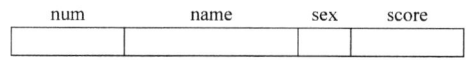

图 9-2　struct stu 结构体类型组织结构图

在上述 struct stu 结构体类型定义中，所有的成员都是基本数据类型或数组类型，成员也可以是一个结构体类型。例如下面结构体类型的定义：

```
struct date
{
    int year;
    int month;
    int day;
};
struct stu
{
    int num;
    char name[20];
    char sex;
    struct date birth;
    float score;
};
```

上述 struct stu 结构体类型定义建立了如图 9-3 所示的数据类型。

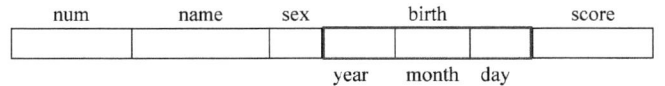

图 9-3　struct stu 的 birth 成员也是结构体类型

注意，成员类型可以是除本身所属结构体类型外的任何已有数据类型。在同一作用域内，结构体类型名不能与其他变量名或结构体类型名重名。同一个结构体各成员不能重名，但允许成员名与程序中的变量名、函数名或者不同结构体类型中的成员名相同。结构体类的作用域与普通变量的作用域相同：在函数内定义，则仅在函数内部起作用；在函数外定义，则有全局作用域。

9.1.2 结构体变量及结构体指针变量的定义

结构体类型和结构体变量是两个不同的概念，不能混淆。结构体类型只能表示一个结构形式，编译系统并不对它分配内存空间。只有当某变量被定义为这种类型的变量时，系统才为该变量分配存储空间。

1. 结构体变量的定义

定义结构体类型变量有以下 3 种方法，以上面定义的 struct stu 为例来加以说明。

1）先定义结构体类型，再定义结构体类型的变量。例如：

```
struct stu
{
    int num;
    char name[20];
    char sex;
    float score;
};                          //定义了 struct stu 类型
struct stu s1,s2;           //定义了 struct stu 类型的两个变量 s1 和 s2
```

2）在定义结构体类型的同时定义结构体类型的变量。例如：

```
struct stu
{
    int num;
    char name[20];
    char sex;
    float score;
}s1,s2;
```

这种形式的说明的一般形式为：

```
struct 结构名
{
    成员表列
}变量名表列;
```

3）直接定义结构体变量。例如：

```
struct
{
    int num;
    char name[20];
```

```
        char sex;
        float score;
    }s1,s2;
```

这种形式的说明的一般形式为:

```
struct
{
    成员表列
}变量名表列;
```

第3)种方法与第2)种方法的区别在于第3)种方法中省去了结构体类型名,而直接给出了结构体变量。

结构体变量各成员存储在一片连续的内存单元中。可以用 sizeof 测出某种基本类型数据或构造类型数据在内存中所占用的字节数,如下面语句

```
pirntf("%d",sizeof(struct stu));
```

可以输出 struct stu 类型变量在内存中所占字节数。

2. 结构体指针变量的定义

当一个指针变量用来指向一个结构体变量时,称之为结构体指针变量。结构体指针变量定义的一般形式为:

```
struct 结构名*结构体指针变量名
```

例如,在前面定义了 struct stu 结构体类型后,如要定义一个指向 struct stu 类型变量的指针变量 pstu,可写为:

```
struct stu*pstu,st;
pstu=&st;
```

其中,st 是被定义为 struct stu 类型的结构体变量,pstu 是被定义为指向 struct stu 类型变量的指针变量。与前面讨论的各类指针变量相同,其类型为结构体的指针变量也必须要先赋值后才能使用。

9.1.3 结构体变量的使用及初始化

结构体变量的使用是指赋值、输入、输出、运算等,一般是通过引用结构体变量的成员来实现的,有下面3种情形。

1. 使用成员运算符"."引用结构体变量的成员

例如:

```
struct stu s1,s2;
s1.num=10010;
strcpy(s1.name,"zhangsan");
s1.sex='m';
```

```
s1.score =84.5;
scanf("%d",&(s2.num));
scanf("%s",s2.name);
scanf("%c",&(s2.sex));
scanf("%f",&(s2.score));
```

注意：结构体变量 s1 的值是通过赋值语句得到的，结构体变量 s2 的值是从键盘输入的。若连续输入两个字符或者先输入一个字符串后输入一个字符，则输入第 2 个字符的控制符 %c 前应加一个空格。例如，语句 scanf("%c",&s2.sex);中，格式控制符 %c 之前的空格不能省略，否则，两次输入之间的分隔符将被作为第 2 个字符的输入加以处理。请思考如何输出 s1、s2 的值。

2. 使用指针运算符和成员运算符引用结构体变量的成员

例如：

```
struct stu s,*p=&s;
(*p).num =10010;
strcpy((*p).name,"zhangsan");
(*p).sex ='m';
(*p).score =84.5;
```

应该注意（*p）两侧的括号不可少，因为成员符"."的优先级高于"*"。如果去掉括号写作 *p.num 则等效于 *(p.num)，这样，意义就完全不对了。

3. 使用指向运算符"->"引用结构体变量的成员

例如：

```
struct stu s,*p=&s;
scanf("%d",&(p->num));
scanf("%s",p->name);
scanf("%c",p->sex);
scanf("%f",&p->score);
```

注意：

1）成员运算符"."与指向运算符"->"的优先级相同，都高于指针运算符"*"。

2）不能将结构体变量当作一个整体进行输入、输出，但可以将结构体变量作为一个整体在结构体变量之间进行赋值，此时系统将按成员一一对应赋值。例如：

```
struct stu s1,s2;
s1.num =10010;
strcpy(s1.name,"zhangsan");
s1.sex ='m';
s1.score =84.5;
s2 =s1;
```

3）如果成员本身又是一个结构体类型，则必须逐级找到最低级的成员才能使用。例如：

```
s1.birth.month
```

即上述结构体变量 s1 的 birth 成员的 month 成员可以在程序中作为 int 型变量单独使用，与普通 int 型变量完全相同。

4）结构体变量的初始化和其他类型变量一样，结构体变量可以在定义时进行初始化赋值。例如：

```
struct stu
{
    int num;
    char name[20];
    char sex;
    float score;
};
struct stu s = {10010,"Zhangsan",'M',84.5};
```

【例9.1】 请编写程序将一个学生的信息初始化，另一个学生的信息从键盘输入，然后交换两个学生的信息，再输出交换后学生的信息。

```
#include <stdio.h>
#include <string.h>
struct date
{
    int month;
    int day;
    int year;
};
struct stu
{
    int num;
    char name[20];
    char sex;
    struct date birth;
    float score;
};
int main()
{
    struct stu s1 = {10010,"Zhangsan",'M',2000,5,4,84.5},s2,s3;
    printf("请输入学生学号:");
```

```
        scanf("%d",&s2.num);
        printf("请输入学生姓名:");
        scanf("%s",s2.name);
        printf("请输入学生性别:");
        scanf(" %c",&s2.sex);            //控制符%c前应加一个空格
        printf("请输入学生出生日期:");
        scanf("%d%d%d",&s2.birth.year,&s2.birth.month,&s2.birth.day);
        printf("请输入学生成绩:");
        scanf("%f",&s2.score);
        s3 = s1;s1 = s2;s2 = s3;         //交换结构体变量s1、s2的值
        printf("output s1 informantion\n");
        printf("学号:%d\n姓名:%s\n性别:%c\n",s1.num,s1.name,s1.sex);
        printf("出生日期:%d年%d月%d日\n",s1.birth.year,s1.birth.month,s1.birth.day);
        printf("成绩:%6.1f\n",s1.score);
        printf("output s2 informantion\n");
        printf("学号:%d\n姓名:%s\n性别:%c\n",s2.num,s2.name,s2.sex);
        printf("出生日期:%d年%d月%d日\n",s2.birth.year,s2.birth.month,s2.birth.day);
        printf("成绩:%6.1f\n",s1.score);
        return 0;
}
```

本程序在定义 s1 时进行了初始化,又从键盘输入了 s2 的值,利用 s3 交换 s1 和 s2 的值,最后分别输出 s1、s2 的值。结构体变量成员众多,下面介绍将结构体变量的输入/输出模块化。

9.1.4 结构体变量作函数参数

【例 9.2】 请从键盘输入一个学生的信息,在屏幕上输出这个学生的信息。用结构体变量作函数参数编程。

```c
#include <stdio.h>
#include <string.h>
struct date
{
    int year;
    int month;
    int day;
};
```

```c
struct stu
{
    int num;
    char name[20];
    char sex;
    struct date birth;
    float score;
};
void input(struct stu s)
{
    printf("请输入学生学号:");
    scanf("%d",&s.num);
    printf("请输入学生姓名:");
    scanf("%s",s.name);
    printf("请输入学生性别:");
    scanf(" %c",&s.sex);
    printf("请输入学生出生日期:");
    scanf("%d%d%d",&s.birth.year,&s.birth.month,&s.birth.day);
    printf("请输入学生成绩:");
    scanf("%f",&s.score);
}
void output(struct stu s)
{
    printf("学号:%d\n 姓名:%s\n 性别:%c\n",s.num,s.name,s.sex);
    printf("出生日期:%d 年%d 月%d 日\n",s.birth.year,s.birth.month,s.birth.day);
    printf("成绩:%6.1f\n",s.score);
}
int main()
{
    struct stu s;
    input(s);
    output(s);
    return 0;
}
```

运行结果:

请输入学生学号:10010
请输入学生姓名:zhangsan

```
请输入学生性别:m
请输入学生出生日期:2000 9 1
请输入学生成绩:564
学号:-858993460
姓名:烫烫烫烫烫烫烫烫烫烫烫烫烫烫烫烫烫烫€@
性别:?
出生日期:-858993460 年-858993460 月-858993460 日
成绩:-107374176.0
```

为什么结果是乱码呢？在 input 函数调用时，系统为形参变量 s 分配了内存单元，在 input 函数内部输入了 s 的值。但是在调用结束时，系统即刻释放了 s 的内存单元，input 函数调用中给形参输入的数据不能反向地传送给实参。当 input 函数执行结束返回主调函数时，主调函数的结构体变量实参 s 本身值并没有改变，还是原来的随机值，故在 output 函数调用时输出的结构体变量 s 的值是乱码。这种情况与第 7 章例 7.2 是一样的，可以利用结构体指针变量作为函数的形参解决这个问题。

9.1.5 结构体指针变量作函数参数

结构体指针变量作为函数形式参数时，主调函数调用子函数时，传递的是指向一个结构体变量的指针即结构体变量的地址。结构体变量作为函数参数时，主调函数调用子函数时，传递的是结构体变量的副本。要在 input 函数体里输入 main 函数的结构体变量 s 的值，可以将函数的形参定义为结构体指针类型。

【例 9.3】 请从键盘输入一个学生的信息，在屏幕上输出这个学生的信息。用结构体指针变量作函数参数编程。

```c
#include <stdio.h>
#include <string.h>
struct date
{
    int year;
    int month;
    int day;
};
struct stu
{
    int num;
    char name[20];
    char sex;
    struct date birth;
    float score;
};
```

```c
void output(struct stu s)
{
    printf("学号:%d\n 姓名:%s\n 性别:%c\n",s.num,s.name,s.sex);
    printf("出生日期:%d 年%d 月%d 日\n",s.birth.year,s.birth.month,s.birth.day);
    printf("成绩:%6.1f\n",s.score);
}
void input(struct stu*s)           //形参为结构体变量的指针
{
    printf("请输入学生学号:");
    scanf("%d",&(*s).num);
    printf("请输入学生姓名:");
    scanf("%s",(*s).name);
    printf("请输入学生性别:");
    scanf(" %c",&(*s).sex);
    printf("请输入学生出生日期:");
    scanf("%d%d%d",&(*s).birth.year,&(*s).birth.month,&(*s).birth.day);
    printf("请输入学生成绩:");
    scanf("%f",&(*s).score);
}
int main()
{
    struct stu s;
    input(&s);                     //实参为结构体变量 S 的地址
    output(s);
    return 0;
}
```

运行结果:

请输入学生学号:10010
请输入学生姓名:zhangsan
请输入学生性别:m
请输入学生出生日期:2000 9 1
请输入学生成绩:546
学号:10010
姓名:zhangsan
性别:m
出生日期:2000 年 9 月 1 日
成绩:546.0

程序分析:将 main 函数的结构体变量 s 的指针作为参数传给函数 input 的形参,那么在 input 函数中可以通过指针访问结构体变量 s,修改 s 的值,input 函数执行结束返回到 main 函数中,结构体变量 s 的值被改变。output 函数只输出形参 s 的值,不修改形参 s 的值,故 output 函数的形参不需要定义成指针类型。

9.1.6 结构体数组的定义和初始化

如果有一批学生的数据需要处理,可以定义结构体数组,即数组的每个元素都是具有相同结构体类型的下标结构体变量。在实际应用中,经常用结构体数组来表示具有相同数据结构的一个群体,如一个班的学生档案、一个车间职工的工资表等。结构体数组的定义方法和结构变量相似,只需说明它为数组类型即可。

例如,用上面定义的结构体类型 struct stu 定义数组如下:

```
struct stu b[5];
```

定义了一个结构体数组 b,共有 5 个元素 b[0]~b[4],每个数组元素都是 struct stu 类型,数组 b 可以存放 5 个学生的数据。

【例 9.4】 请从键盘输入 5 个学生的信息,在屏幕上输出这 5 个学生的信息。用结构体数组保存学生的信息。

解题思路:定义一个结构体数组 b,共 5 个数组元素,每个数组元素的输入/输出可以调用例 9.3 程序里的 input(struct stu * s) 函数和 output(struct stu s) 函数,只修改主函数里的调用语句即可。

```c
int main()
{
    struct stu b[5];
    int i;
    printf("请输入5个学生的信息\n");
    for(i=0;i<5;i++)
    {
        input(&b[i]);
    }
    printf("5个学生的信息\n");
    for(i=0;i<5;i++)
    {
        output(b[i]);
    }
}
```

本程序中定义了一个结构体数组 b,共 5 个元素,并从键盘输入了 5 个学生的信息保存在这个结构体数组中,然后在屏幕上输出这 5 个学生的信息。

结构体类型的数据量大,有时输入/输出很繁琐,为了将精力集中在调试程序的运行上,可在定义结构体数组时将数据初始化保存在结构体数组中。

例如，如果学生数据类型定义为：

```
struct stu
{
    int num;
    char name[20];
    char sex;
    float score;
};
```

则结构体数组定义及初始化如下：

```
struct stu b[5] = {
                {10010,"Liyi",'M',45},
                {10020,"Lier",'M',62.5},
                {10030,"Lisan",'F',92.5},
                {10040,"Lisi",'F',87},
                {10050,"Liwu",'M',58}
            };
```

当对全部元素做初始化赋值时，要注意实参的数据类型一定要和结构体类型定义的成员的类型一致。如果学生数据类型定义为：

```
struct date
{
    int year;
    int month;
    int day;
};
struct stu
{
    int num;
    char name[20];
    char sex;
    struct date birth;
    float score;
};
```

则结构体数组定义及初始化如下：

```
struct stu b[5] = {
                {10010,"Liyi",'M',2000,5,23,45},
```

```
            {10020,"Lier",'M',2001,2,3,62.5},
            {10030,"Lisan",'F',2000,10,14,92.5},
            {10040,"Lisi",'F',2002,7,23,87},
            {10050,"Liwu",'M',1999,8,6,58}
        };
```

结构体数组定义及初始化的时候，也可不给出数组长度，编译系统会自动根据初值的个数决定数组的长度。

9.1.7 结构体数组作函数参数

如果希望一个函数能处理一批结构体数据，可以用结构体数组作为函数的形参，但结构体数组本身不带特定的结束标志，还需设定一个参数传递结构体数组的长度。

【例9.5】 请从键盘输入5个学生的信息，在屏幕上输出这5个学生的信息。用结构体数组作函数参数编程实现。

```
#include <stdio.h>
#include <string.h>
struct date
{
    int year;
    int month;
    int day;
};
struct stu
{
    int num;
    char name[20];
    char sex;
    struct date birth;
    float score;
};
void input_array(struct stu s[],int n)
{
    int i;
    printf("请输入%d个学生的信息\n",n);
    for(i=0;i<n;i++)
    {
        printf("请输入学生学号:");
```

```
            scanf("%d",&(s[i]).num);
            printf("请输入学生姓名:");
            scanf("%s",(s[i]).name);
            printf("请输入学生性别:");
            scanf(" %c",&(s[i]).sex);        //格式字符%c前有一个空格
            printf("请输入学生出生日期:");
            scanf("%d%d%d",&(s[i]).birth.year,&(s[i]).birth.month,&(s[i]).birth.day);
            printf("请输入学生成绩:");
            scanf("%f",&(s[i]).score);
        }
    }
    void output_array(struct stu s[],int n)
    {
        int i;
        printf("%d个学生的信息\n",n);
        for(i=0;i<n;i++)
        {
            printf("学号:%d\t姓名:%s\t性别:%c\t",s[i].num,s[i].name,s[i].sex);
            printf("出生日期:%d-%d-%d\t",s[i].birth.year,s[i].birth.month,s[i].birth.day);
            printf("成绩:%6.1f\n",s[i].score);
        }
    }
    int main()
    {
        struct stu b[5];
        input_array(b,5);
        output_array(b,5);
        return 0;
    }
```

结构体指针变量可以指向一个结构体数组，这时结构体指针变量的值是整个结构体数组的首地址。输入和输出函数的头部也可以如下定义：

```
void input_array(struct stut*s,int n);
void output_array(struct stu*s,int n);
```

9.1.8 结构体程序应用举例

模仿例8.12，在VC6下新建student.h头文件，内容如下：

```c
#ifndef _STUDENT_H_
#define _STUDENT_H_
struct date
{
    int year;
    int month;
    int day;
};
struct stu
{
    int num;
    char name[20];
    char sex;
    struct date birth;
    float score;
};
void input_array(struct stu s[ ],int n)
{
    int i;
    printf("请输入%d个学生的信息\n",n);
    for(i =0;i <n;i ++)
    {
        printf("请输入学生学号:");
        scanf("%d",&(s[i]).num);
        printf("请输入学生姓名:");
        scanf("%s",(s[i]).name);
        printf("请输入学生性别:");
        scanf(" %c",&(s[i]).sex);       //格式字符%c前有一个空格
        printf("请输入学生出生日期:");
        scanf("%d%d%d",&(s[i]).birth.year,&(s[i]).birth.month,&(s[i]).birth.day);
        printf("请输入学生成绩:");
        scanf("%f",&(s[i]).score);
    }
}

void output_array(struct stu*s,int n)
{
```

```
        int i;
        printf("%d个学生的信息\n",n);
        for(i =0;i < n;i ++)
        {
        printf("学号:%d\t 姓名:%s\t 性别:%c\t",s[i].num,s[i].name,s[i].sex);
         printf("出生日期:%d-%d-%d\t",s[i].birth.year,s[i].birth.month,s[i].birth.day);
        printf("成绩:%6.1f\n",s[i].score);
        }
    }
    #endif
```

将该头文件 student. h 保存在与源程序同一个目录下,在下面的程序中将引用头文件 student. h。

【例 9.6】 编写程序,输入一批学生的数据,定义子函数 stu_sort( ),完成将学生数据按成绩从高到低排序的功能。

```c
#include <stdio.h>
#include <string.h>
#include"student.h"
#define N 10
void stu_sort(struct stu s[],int n);
int main()
{   struct stu b[N] = {
                    {10010,"Liyi",'M',2000,5,23,45},
                    {10020,"Lier",'M',2001,2,3,62.5},
                    {10030,"Lisan",'F',2000,10,14,92.5},
                    {10040,"Lisi",'F',2002,7,23,87},
                    {10050,"Liwu",'M',1999,8,6,58}
                    };
    int i,k;
    printf("本班共有%d个学生信息:\n",5);
    output_array(b,5);
    stu_sort(b,5);
    printf("按成绩从高到低排序后%d个学生的信息:\n",5);
    output_array(b,5);
    printf("\n");
    return 0;
}
```

```
void stu_sort(struct stu s[],int n)
{
    struct stu t;
    int i,j,k;
    for(i=0;i<n;i++)
    {
        k=i;
        for(j=i+1;j<n;j++)
        {
            if(s[j].score>s[k].score)
            {
                k=j;
            }
        }
        if(k!=i)
        {
            t=s[i];s[i]=s[k];s[k]=t;
        }
    }
    return ;
}
```

运行结果:

本班共有 5 个学生信息:
5 个学生的信息
学号:10010   姓名:Liyi   性别:M   出生日期:2000-5-23   成绩:45.0
学号:10020   姓名:Lier   性别:M   出生日期:2001-2-3   成绩:62.5
学号:10030   姓名:Lisan   性别:F   出生日期:2000-10-14   成绩:92.5
学号:10040   姓名:Lisi   性别:F   出生日期:2002-7-23   成绩:87.0
学号:10050   姓名:Liwu   性别:M   出生日期:1999-8-6   成绩:58.0
按成绩从高到低排序后 5 个学生的信息:
5 个学生的信息
学号:10030   姓名:Lisan   性别:F   出生日期:2000-10-14   成绩:92.5
学号:10040   姓名:Lisi   性别:F   出生日期:2002-7-23   成绩:87.0
学号:10020   姓名:Lier   性别:M   出生日期:2001-2-3   成绩:62.5
学号:10050   姓名:Liwu   性别:M   出生日期:1999-8-6   成绩:58.0
学号:10010   姓名:Liyi   性别:M   出生日期:2000-5-23   成绩:45.0

程序分析:
1) 本程序为了提高效率,在定义结构体数组及初始化时就将学生的数据存放在数组 b

中了，不用每次调试程序时从键盘输入。

2）本程序中排序的算法思想还是选择法。

3）如果希望编写排序函数，既能按照学生的成绩从高到低排序，又能按照学生的姓名从高到低排序，可以定义指向函数的指针来实现。源程序如下：

```c
#include <stdio.h>
#include <string.h>
#include "student.h"
#define N 10
int comp_score(struct stu a,struct stu b);      //比较学生的成绩
int comp_name(struct stu a,struct stu b);       //比较学生的姓名
void stu_sort(struct stu s[],int n,int (*pf)(struct stu ,struct stu));
int main()
{    struct stu b[N]={
                    {10010,"Liyi",'M',2000,5,23,45},
                    {10020,"Lier",'M',2001,2,3,62.5},
                    {10030,"Lisan",'F',2000,10,14,92.5},
                    {10040,"Lisi",'F',2002,7,23,87},
                    {10050,"Liwu",'M',1999,8,6,58}
                    };
    int i,k;
    int (*pf)(struct stu a,struct stu b);       //定义pf为指向比较学生成
                                                  员的函数的指针
    printf("本班共有%d个学生信息:\n",5);
    output_array(b,5);
    printf("按成绩从高到低排序后%d个学生的信息:\n",5);
    pf=comp_score;
    stu_sort(b,5,pf);
    output_array(b,5);
    printf("按姓名从高到低排序后%d个学生的信息:\n",5);
    pf=comp_name;
    stu_sort(b,5,pf);
    output_array(b,5);
    printf("\n");
    return 0;
}
int comp_score(struct stu a,struct stu b)
    {
        if(a.score==b.score)
```

```c
            return 0;
        else
            if(a.score <b.score)
                return -1;
            else
                return 1;
}
int comp_name(struct stu a,struct stu b)
{
    if(strcmp(a.name,b.name)==0)
        return 0;
    else
        if(strcmp(a.name,b.name)<0)
            return -1;
        else
            return 1;
}
void stu_sort(struct stu s[],int n,int (*pf)(struct stu a ,struct stu b))
{
    struct stu t;
    int i,j,k;
    for(i=0;i<n;i++)
    {
        k=i;
        for(j=i+1;j<n;j++)
        {
            if((*pf)(s[j],s[k])>0)
            {
                k=j;
            }
        }
        if(k!=i)
        {
            t=s[i];s[i]=s[k];s[k]=t;
        }
    }
return;
}
```

运行结果：

```
本班共有 5 个学生信息：
5 个学生的信息
学号:10010        姓名:Liyi        性别:M        出生日期:2000-5-23        成绩:45.0
学号:10020        姓名:Lier        性别:M        出生日期:2001-2-3         成绩:62.5
学号:10030        姓名:Lisan       性别:F        出生日期:2000-10-14       成绩:92.5
学号:10040        姓名:Lisi        性别:F        出生日期:2002-7-23        成绩:87.0
学号:10050        姓名:Liwu        性别:M        出生日期:1999-8-6         成绩:58.0
按成绩从高到低排序后 5 个学生的信息：
5 个学生的信息
学号:10030        姓名:Lisan       性别:F        出生日期:2000-10-14       成绩:92.5
学号:10040        姓名:Lisi        性别:F        出生日期:2002-7-23        成绩:87.0
学号:10020        姓名:Lier        性别:M        出生日期:2001-2-3         成绩:62.5
学号:10050        姓名:Liwu        性别:M        出生日期:1999-8-6         成绩:58.0
学号:10010        姓名:Liyi        性别:M        出生日期:2000-5-23        成绩:45.0
按姓名从高到低排序后 5 个学生的信息：
5 个学生的信息
学号:10010        姓名:Liyi        性别:M        出生日期:2000-5-23        成绩:45.0
学号:10050        姓名:Liwu        性别:M        出生日期:1999-8-6         成绩:58.0
学号:10040        姓名:Lisi        性别:F        出生日期:2002-7-23        成绩:87.0
学号:10030        姓名:Lisan       性别:F        出生日期:2000-10-14       成绩:92.5
学号:10020        姓名:Lier        性别:M        出生日期:2001-2-3         成绩:62.5
```

9.2 共用体类型

9.2.1 共用体类型的定义

结构体（struct）是一种构造类型，它可以包含多个类型不同的成员。在需要节省内存空间时，C 语言还提供了一种由若干个不同类型的数据项组成，但共享同一存储空间的构造类型，叫作共用体（union）类型。它的定义格式为：

```
union 共用体类型名
{
    成员列表
};
```

共用体类型也是一种构造类型，由若干不同类型的数据项组成。构成共用体的各个数据项称为共用体成员，成员的数据类型可以是 C 语言所允许的任何数据类型。

结构体类型和共用体类型的区别在于：结构体类型的变量，各个成员会占用不同的内存，互相之间没有影响；而共用体类型的变量，所有成员占用同一段内存，修改一个成员会影响其余所有成员。

结构体类型变量占用的内存大于等于所有成员占用的内存的总和,成员之间可能会存在缝隙,而共用体类型变量占用的内存等于最长的成员占用的内存。共用体类型变量使用了内存覆盖技术,同一时刻只能保存一个成员的值,如果对新的成员赋值,就会把原来成员的值覆盖掉。

9.2.2 共用体类型变量的定义及初始化

共用体类型也是一种自定义类型,可以通过它来定义变量。例如:

```
union data
{   long  n;
    short  k;
    char  c;
};
union data a,b,c;
```

上面是先定义共用体类型,再定义共用体类型的变量。也可以在定义共用体类型的同时创建变量,上述定义可以合并如下:

```
union data
{
    long  n;
    short  k;
    char  c;
} a,b,c;
```

共用体 union data 类型中,成员 n 占用的内存最多,sizeof(union data) 的结果为 4。

如果不再定义新的变量,也可以将共用体的名字省略。例如:

```
union
{
    long  n;
    short  k;
    char  c;
} a,b,c;
```

共用体类型变量的特点为:

1) 同一个内存段可以用来存放几种不同类型的成员,但在每一瞬时只能存放其中一种,而不是同时存放几种。也就是说,每一瞬时只有一个成员起作用,其他成员不起作用,即不是同时都存在和起作用。

2) 共用体变量中起作用的成员是最后一次存放的成员,在存入一个新的成员后原有的成员就失去作用了。例如,有以下赋值语句:

```
a.n=100;
a.k=20;
a.c='A';
```

在完成以上 3 个赋值运算以后，只有 a.c 是有效的，a.n 和 a.k 已经无意义。此时用 printf ("%ld"，a.n) 是不行的，而用 printf ("%c"，a.c) 是可以的，因为最后一次的赋值是向 a.c 赋值。因此，在引用共用体变量时应十分注意当前存放在共用体变量中的究竟是哪个成员。

3）共用体变量的地址和它的各成员的地址都是同一地址。例如，&a、&a.n、&a.k、&a.c 都是同一地址值。

4）不能把共用体变量作为函数参数，也不能将函数带回共用体变量，但可以使用指向共用体变量的指针（与结构体变量这种用法相仿）。

【例 9.7】 共用体类型的定义，共用体变量的定义、赋值、输出。

```
#include <stdio.h>
union data
{   long   n;
    short  k;
    char   c;
};
int main()
{ union data un;
  un.n = 0x12345678;
  printf("%lx\n",un.n);
  printf("%x\n",un.k);
  printf("%c\n",un.c);
  un.c = 'A';
  printf("%lx\n",un.n);
  printf("%x\n",un.k);
  printf("%c\n",un.c);
    return 0;
}
```

运行结果：

```
12345678
5678
x
12345641
5641
A
```

程序分析：运行语句"un.c = 'A';"之前，共用体变量 un 的内存示意图如图 9-4 所示。

0x12		0x34		0x56		0x78	
0001	0010	0011	0100	0101	0110	0100	0001

高地址 ←　　　　　　　　　　　　　　　　　　　　 低地址

图 9-4　定义及初始化后共用体变量 un 的内存示意图

运行语句"un.c = 'A';"之后，共用体变量 un 的内存示意图如图 9-5 所示。

0x12		0x34		0x56		0x41	
0001	0010	0011	0100	0101	0110	0100	0001

高地址 ←──────────────────────── 低地址

图 9-5 执行语句"un.c = 'A';"之后变量 un 的内存示意图

这段代码不但验证了共用体的长度，还说明共用体成员之间会相互影响，修改一个成员的值会影响其他成员。

9.2.3 共用体程序应用举例

这是共用体程序经常使用到的一个案例。现有一张关于学生信息和教师信息的表格，见表 9-1。学生信息包括姓名、编号、性别、职业、分数，教师信息包括姓名、编号、性别、职业、教学科目。

表 9-1 学生信息和教师信息表

Name	Num	Sex	Profession	Score/Course
HanXiaoXiao	501	f	s	89.5
YanWeiMin	1011	m	t	math
LiuZhenTao	109	f	t	English
ZhaoFeiYan	982	m	s	95.0

f 和 m 分别表示女性和男性，s 表示学生，t 表示教师。可以看出，学生和教师所包含的数据是不同的。现在要求把这些信息放在同一个表格中，并设计程序输入人员信息然后输出。

如果把每个人的信息都看作一个结构体变量的话，那么教师和学生的前 4 个成员变量是一样的，第 5 个成员变量可能是 score 或者 course。当第 4 个成员变量的值是 s 的时候，第 5 个成员变量就是 score；当第 4 个成员变量的值是 t 的时候，第 5 个成员变量就是 course。

【例 9.8】 包含共用体的结构体程序演示。

```c
#include <stdio.h>
#include <stdlib.h>
#define TOTAL 4                              //人员总数
struct person
{
    char name[20];
    int num;
    char sex;
    char prof;
    union{
        float score;
        char course[20];
    } sc;
```

```c
    };
    int main()
    {
        int i;
        struct person b[TOTAL];
                                                        //输入人员信息
        for(i=0;i<TOTAL;i++)
        {
        printf("Input info:");
        scanf("%s %d %c %c",b[i].name,&(b[i].num),&(b[i].sex),&(b[i].prof));
        if(b[i].prof=='s')
        {                                               //如果是学生
            scanf("%f",&b[i].sc.score);
        }
        else
        {                                               //如果是老师
            scanf("%s",b[i].sc.course);
        }
        fflush(stdin);
        }
                                                        //输出人员信息
        printf("\nName\t\tNum\tSex\tProfession\tScore/Course\n");
        for(i=0;i<TOTAL;i++)
        {
        if(b[i].prof=='s')
        {                                               //如果是学生
            printf("%s\t%d\t%c\t%c\t\t%f\n",b[i].name,b[i].num,b[i].sex,b[i].prof,b[i].sc.score);
        }
        else
        {                                               //如果是老师
            printf("%s\t%d\t%c\t%c\t\t%s\n",b[i].name,b[i].num,b[i].sex,b[i].prof,b[i].sc.course);
        }
        }
    return 0;
    }
```

9.3 枚举类型

在实际问题中，有些变量的取值被限定在一个有限的范围内。例如，一个星期内只有七天，一年只有十二个月，一个班每周有六门课程，等等。如果把这些量说明为整型、字符型或其他类型显然是不妥当的。

以每周七天为例，可以使用#define 命令来给每天指定一个名字：

```
#define Mon 1
#define Tues 2
#define Wed 3
#define Thurs 4
#define Fri 5
#define Sat 6
#define Sun 7
```

#define 命令虽然能解决问题，但也带来了不小的副作用，导致宏名过多，代码松散。

为此，C 语言提供了一种称为"枚举"的类型。在枚举类型的定义中列举出所有可能的取值，被说明为该"枚举"类型的变量取值不能超过定义的范围。应该说明的是，枚举类型是一种基本数据类型，而不是一种构造类型，因为它不能再分解为任何基本类型。

9.3.1 枚举类型的定义

枚举类型定义的一般形式为：

enum 枚举名{枚举值表};

在枚举值表中应罗列出所有可用值，这些值也称为枚举元素。例如，列出一个星期有几天：

enum week{Mon,Tues,Wed,Thurs,Fri,Sat,Sun};

注意：

1) enum 是一个新的关键字，专门用来定义枚举类型，最后的分号不能少。

2) 该枚举类型名为 week，枚举值共有 7 个，每一个枚举值都代表一个整数，C 语言编译器按定义时的顺序默认它们的值为 0，1，2，3，4，5，6，枚举值默认从 0 开始，往后逐个加 1。也就是说，week 中的 Mon，Tues，…，Sun 对应的值分别为 0，1，…，6，即一周中的七天。

3) 凡被说明为 week 类型变量的取值只能是七天中的某一天。

4) 可以给每个名字都指定一个值，例如：

enum week{Mon =1,Tues =2,Wed =3,Thurs =4,Fri =5,Sat =6,Sun =7};

更为简单的方法是只给第一个名字指定值：

```
enum week{Mon =1,Tues,Wed,Thurs,Fri,Sat,Sun};
```

这样枚举值就从 1 开始递增，跟上面的写法是等效的。

9.3.2 枚举类型变量的定义

枚举类型变量的定义如同结构体类型变量和共用体类型变量一样，枚举类型变量也可用不同的方式定义，即先定义类型后定义变量，同时定义类型和变量或在定义无名枚举类型的同时定义变量。

可采用下述任一种方式来定义 week 类型的变量 a、b、c。

1）先定义枚举类型，再定义枚举类型变量。例如：

```
enum week{Mon =1,Tues =2,Wed =3,Thurs =4,Fri =5,Sat =6,Sun =7};
enum week a,b,c;
```

2）在定义枚举类型的同时定义变量。例如：

```
enum week{Mon =1,Tues =2,Wed =3,Thurs =4,Fri =5,Sat =6,Sun =7}a,b,c;
```

3）在定义无名枚举类型的同时定义变量。例如：

```
enum{Mon =1,Tues =2,Wed =3,Thurs =4,Fri =5,Sat =6,Sun =7}a,b,c;
```

枚举类型变量在使用中要注意以下 3 点：

1）在定义枚举变量的同时也可以给枚举变量赋初值。例如：

```
enum week a =Mon,b =Wed,c =Sat;
```

或者：

```
enum week {Mon = 1, Tues, Wed, Thurs, Fri, Sat, Sun} a = Mon,b = Wed,
c =Sat;
```

2）允许的赋值操作如下：

```
a =Sun;              //将枚举值赋给枚举变量
b =a;                //相同类型的枚举变量赋值,b 的值为 Sun
int  i =a;           //将枚举变量的值赋给整型变量,i 的值为 7
```

而：

```
a =2;                //把整数 2 直接赋予枚举变量不规范
a =(enum week)2;     //应该将整数 2 强制类型转换为枚举值 Tues,赋予
                     //  枚举变量 a
a =Tues;
```

注意，枚举值既不是字符常量也不是字符串常量，使用时不要加单、双引号。

不允许的赋值操作如下：

```
            Sun = 5;                    //错误,枚举值是常量,不是变量,不能在程序中用赋
                                          值语句再对它赋值
            Sun = Mon;                 //错误,不能对枚举类型 week 的枚举值再做赋值
```

3）允许的关系运算有 == 、< 、> 、<= 、>= 、!= 等,例如：

```
            //比较同类型枚举变量 a、b 是否相等
            if(a == b)
                printf("相等\n");
```

4）枚举变量可以直接输出,输出的是变量的整数值。例如：

```
            printf("%d,%d,%d",a,b,c);        //输出的是 a、b、c 的整数值,即 1,3,6
```

9.3.3 枚举类型程序应用举例

【例 9.9】 判断用户输入的是星期几。

```c
#include <stdio.h>
int main()
{
    enum week{Mon = 1,Tues,Wed,Thurs,Fri,Sat,Sun};
    enum week day;
    scanf("%d",&day);
    switch(day)
    {
        case Mon:puts("Monday");break;
        case Tues:puts("Tuesday");break;
        case Wed:puts("Wednesday");break;
        case Thurs:puts("Thursday");break;
        case Fri:puts("Friday");break;
        case Sat:puts("Saturday");break;
        case Sun:puts("Sunday");break;
        default:puts("Error!");
    }
    return 0;
}
```

运行结果：

```
4✓
Thursday
```

程序分析：在该程序中,枚举变量可以与枚举值进行比较。但要输出枚举值对应的英文单词,不能使用以下语句：

```
        printf("%s",Mon);
```

因为枚举常量 Mon 为整数值，而非字符串。在使用枚举变量时，主要关心的不是它的值的大小，而是其表示的状态。

枚举类型变量需要存放的是一个整数，所以它的长度和 int 应该相同。

9.4 类型定义符 typedef

C 语言不仅提供了丰富的数据类型，而且还允许由用户自己定义类型说明符，也就是说允许用户为数据类型取"别名"。类型定义符 typedef 即可用来完成此功能。

类型定义符 typedef 的使用方法举例。

1）有整型量 a、b，其定义如下：

```
        int a,b;
```

其中 int 是整型变量的类型说明符。int 的完整写法为 integer，为了增强程序的可读性，可把整型说明符用 typedef 定义为：

```
        typedef int INTEGER
```

这以后就可用 INTEGER 来代替 int 做整型变量的类型说明了。例如

```
        INTEGER a,b;
```

等效于：

```
        int a,b;
```

用 typedef 定义数组、指针、结构体等类型将带来很大的方便，不仅使程序书写简单，而且使意义更为明确，因而增强了可读性。

2）有字符数组 a1、a2、s1、s2，其定义如下：

```
        char a1[20],a2[20],s1[20],s2[20];
```

可把长度为 20 的字符数组用 typedef 定义为：

```
        typedef char NAME[20];
```

这以后就可用 NAME 表示数组长度为 20 的字符数组了。用 NAME 说明变量，例如：

```
        NAME a1,a2,s1,s2;
```

完全等效于：

```
        char a1[20],a2[20],s1[20],s2[20];
```

3）有函数的指针 p1、p2，其定义如下：

```
        int(*p1)(char[],int);
        int(*p2)(char[],int);
```

用 typedef 定义如下：

```
typedef int(*Pointer)(char[],int);
```

这以后就可用 Pointer 同时定义多个同类型的函数指针变量了。例如：

```
Pointer  p1,p2;
```

完全等效于：

```
int(*p1)(char[],int);
int(*p2)(char[],int);
```

4）有结构体类型和结构体类型变量 a、b、c，其定义如下：

```
struct stu
{
    int num;
    char name[20];
    char sex;
    float score;
};                      //定义 struct stu 结构体类型
struct stu  a,b,c;   //定义 struct stu 结构体类型的变量 a、b、c
```

用 typedef 定义 struct stu 的别名如下：

```
typedef  struct stu  student;
```

这以后就可用 student 表示 struct stu 类型。用 student 说明变量，例如

```
student a,b,c;
```

完全等效于：

```
struct stu  a,b,c;
```

进一步可以将定义结构体类型和为结构体类型取别名合二为一，例如：

```
typedef struct stu
{
    int num;
    char name[20];
    char sex;
    float score;
} student;
```

注意，student 为结构体类型 struct stu 的别名。

使用 typedef 时应注意：

1）用 typedef 只是对已经存在的类型指定一个新的类型名，而没有创造新的类型。

2）用 tyoedef 定义数组类型、指针类型、结构体类型、共用体类型、枚举类型等类型的别名，使得编程更加方便。

3）当不同源文件中用到同一类型数据时，常用 typedef 声明一些数据类型。可以把所有的 typedef 名称声明单独放在一个头文件中，然后在需要用到它们的文件中用#include 指令把它们包含到该文件中。这样编程者就不需要在各文件中自己定义 typedef 名称了。

4）使用 typedef 名称有利于程序的通用与移植。有时程序会依赖于硬件特性，用 typedef 类型便于移植。

9.5 本章知识点小结

内　　容	实　　例	备　　注

定义结构体类型	struct stu
	{
	int num;
	char name[20];
	char sex;
	float score;
	};
		结构体能将具有内在联系的不同类型的数据组合成一个整体。它由若干成员组成，成员的类型可以互不相同，具体由用户根据需要定义

定义结构体类型变量 成员选择运算符	struct stu s1,s2; s1.num=2000;	可通过成员运算符对结构体变量的各个成员进行访问
定义结构体类型指针变量 指向运算符	struct stu s,*ps=&s; ps->num=2000;	可通过指向运算符对结构体指针指向的结构体变量的各个成员进行访问
定义结构体类型数组	struct stu s[10];	结构体类型批量数据的输入/输出及操作
结构体类型变量作函数参数	void output(struct stu s);	
结构体类型指针变量作函数参数	void input(struct stu *s);	
结构体类型数组作函数参数	void input_array(struct stu s[],int n); void output_array(struct stu s[],int n);	
共用体类型	union data {int i; 　char ch; 　float f; };	共用体使用覆盖技术，使得若干类型相同或不同的变量可以占用同一段内存
枚举类型	enum weekday 　{ sun, mon, tue, wed, thur, fri,sat };	如果一个变量的取值范围有限，可将其定义为枚举类型

9.6 本章常见错误小结

常见错误举例	常见错误描述	错误类型
| ```
struct date
{
int year;
int month;
int day;
};
date.year=2018;
``` | 混淆结构体类型的定义与结构体变量的定义 | 编译错误 |
| ```
struct date
{
int year;
int month;
int day;
}
``` | 定义结构体类型或者共用体类型时,忘记在最后的}后面加分号 | 编译错误 |
| ```
struct date
{
int year;
int month;
int day;
};
struct date x;
scanf("%d",&x);
printf("%d",x);
``` | 对结构体变量进行输入/输出的时候,整体输入或整体输出。除作函数参数外,不能对结构体变量整体操作,只能一个成员一个成员地输入、输出 | 编译错误 |
| ```
struct date
{
int year;
int month;
int day;
};
struct date x,y;
if( x>y)
printf("right!");
``` | 对两个结构体变量或共用体变量进行比较运算 | 编译错误 |
| ```
struct date
{
int year;
int month;
int day;
};
struct date x;
year=2018;
month=6;
day=24;
``` | 直接使用结构体成员变量名访问结构体变量的成员 | 编译错误 |
```

（续）

常见错误举例	常见错误描述	错 误 类 型
| ```
struct date
{
int year;
int month;
int day;
};
struct date x;
x->year=2018;
``` | 使用指向运算符访问结构体变量的成员 | 编译错误 |
| ```
struct date
{
int year;
int month;
int day;
};
struct date x,*px=&x;
px.year=2018;
``` | 使用成员运算符访问结构体指针指向的结构体变量的成员 | 编译错误 |
| ∧ | 误以为不同结构体类型的成员名字不能相同 | 理解错误 |
| ∧ | 误以为可以用 typedef 定义一种新的数据类型 | 理解错误 |
| ```
struct student
{
  char* name;
  int score;
}stu,*pstu;
int main()
{
    strcpy ( stu.name,"Jimy");
   stu.score=99;
   return 0;
}
``` | 结构体成员指针未初始化，定义了结构体变量 stu，但是结构体内部 char * name 成员在定义结构体变量 stu 时，只是给 name 这个指针变量本身分配了 4 个字节，name 指针并没有指向一个合法的地址空间 | 运行错误 |
| ```
struct STU
{...
struct data
{int year,month,day;
}birth
};
struct STU a;
a.year=2018;
``` | 当结构体类型中有嵌套定义时，一定要一级一级地引用。例如，如果引用其中的年的话，一定是 a.birth.year，不能直接 a.year | 编译错误 |
| ∧ | 不理解共用体的"共占内存"。对共用体中的成员变量，一定要靠一个标记区别它们，并分别按不同类型引用它们。共用体变量不能作函数形参 | 编译错误 |

习 题

1. 定义一个结构体类型变量（包括年、月、日），实现输入一个日期显示它是该年第几天。

2. 定义一个结构体类型数组（包括年、月、日），实现输入十个日期，按日期从大到小排序输出。

3. 编写程序，用结构体类型实现复数的加、减、乘、除运算，每种运算用函数完成。

4. 定义描述学生信息（学号、姓名、性别、出生日期、4门课程成绩和平均分）的结构体类型，编写下列函数：

1）定义输入单个学生信息的函数 Input（struct stu *a）。

2）定义输出单个学生信息的函数 Output（struct stu a）。

3）定义输入一批学生信息的函数 Inputarray（struct stu a [ ], int n）。

4）定义输出一批学生信息的函数 Outputarray（struct stu a [ ], int n））。

5）编写按姓名进行查找的函数 Searchname（），若找到，返回该学生的信息，不排除有同名同姓的情况；否则，返回查无此人。

6）编写按姓名进行排序的函数 Sortname（），按姓名从小到大将学生排序。

编程建立结构体数组输入全班（最多50人）学生信息，按学生的姓名从小到大排序，输出学生的所有信息。

5. 拟定教师（姓名、单位、住址、职称）和学生（姓名、班级、住址、入学成绩）的信息，请编程实现：在输入10名教师和学生的信息后，按姓名排序后输出这10名教师和学生的信息。

6. 已知一长度为2个字节的整数，现欲将其高位字节与低位字节相互交换后输出，试用共同体类型实现这一功能。

7. 请定义枚举类型 money，用枚举元素代表人民币的面值。包括1，2，5分；1，2，5角；1，2，5，10，50，100元。从键盘输入一指定金额（以元为单位，如345.78元），然后显示支付该金额的各种面额人民币数量，要求显示100元、50元、10元、5元、2元、1元、1角、5分、1分各多少张。

第 10 章

动态内存分配

10.1 动态内存分配的基本概念

C 语言中内存管理十分重要。由于内存资源仍然是有限的,因此在程序设计中,有效地管理内存资源是首先考虑的问题。

一个正在运行着的 C 编译程序占用的内存分为代码区、初始化数据区、未初始化数据区、栈区和堆区 5 个部分。

1) 代码区:代码区指令根据程序设计流程依次执行。对于顺序指令,则只会执行一次(每个进程)。如果反复,则需要使用跳转指令;如果进行递归,则需要借助栈来实现。

2) 全局初始化数据区/静态数据区:只初始化一次。

3) 未初始化数据区:在运行时改变其值。

4) 栈区:由编译器自动分配释放,存放函数的参数值、局部变量的值等。其操作方式类似于数据结构中的栈。

5) 堆区:用来存放由动态分配函数(如 malloc())分配的空间。其是由程序员自己手动分配的,并且必须由程序员使用 free() 释放。如果忘记用 free() 释放,会导致所分配的空间一直占着不放,导致内存泄漏。这些数据不必在程序的声明部分定义,也不必等到函数结束时才释放,而是需要时随时开辟,不需要时随时释放。

前面程序中出现的数组都是静态数组,静态数组的大小必须是预先定义好的,在整个程序中,一旦给定大小后就无法改变了。例如:

```
int n;
scanf("%d",&n);
int a[n];
```

C 语言不允许在定义数组时用变量表示大小,但是在实际编程中,往往会发生这种情况,所需数组的大小取决于实际输入的数据,而无法预先确定。如果希望在程序运行时决定数组的大小,可以利用 C 语言提供的内存管理函数,根据实际需要动态地分配内存空间,构建动态数组,也可以把不再使用的空间回收待用,从而有效地提高内存资源的利用率。

内存的动态分配是通过系统提供的库函数来实现的,主要有 malloc()、calloc()、realloc() 和 free() 函数,这些函数的定义在头文件 stdlib.h 中。C 程序中,根据变量或常量的类型、作用域和存储属性,把它们放到对应的内存区中,赋予了这些变量或常量不同的生命周期、不同的释放方式,根据程序的需要,在编码过程中有更大的灵活性。

10.2 动态内存分配系统函数

调用动态内存分配所需的系统函数时,要求在源文件中包含以下命令行:

```
#include <stdlib.h>
```

1. 分配内存空间函数 malloc( )

调用形式:

```
(类型说明符*)malloc(size)
```

功能:在内存的动态存储区中分配一块长度为 size 字节的连续区域。函数的返回值为该区域的首地址。

类型说明符表示把该区域用于何种数据类型;(类型说明符*)表示把返回值强制转换为该类型指针;size 是一个无符号数。

举例说明,利用 malloc( ) 函数可在堆区创建一个 int 类型变量所需的内存区域,一个 int 类型变量所需的内存区域长度可用 sizeof(int) 得到,然后将该区域的内存地址强制转换为 int 型地址赋给指针变量 p,在该内存区域申请的整型变量没有名字,只有地址,可通过指针对此无名的 int 型变量进行输入/输出。例如:

```
int *p;
p = (int *)malloc(sizeof(int));      //p 指向堆区的一个无名的 int 型
                                       变量
scanf("%d",p);                        //通过 p 给这个无名的变量赋值
printf("%d",*p);                      //通过 p 输出这个无名的变量的值
```

malloc( ) 只管分配内存,并不能对所得的内存进行初始化,所以得到的一片新内存中,其值将是随机的。同理,利用 malloc( ) 函数可在堆区创建一个长度为 10 的 int 类型数组所需的内存区域,可通过地址对此数组进行输入和输出。例如:

```
int *p;
p = (int *)malloc(10*sizeof(int));    //p 指向堆区的一个无名的长度为
                                        10 的 int 型数组
for(i = 0;i < 10;i ++)
   scanf("%d",&p[i]);                 //&p[i]等价于 p + i
for(i = 0;i < 10;i ++)
   printf("%d,",p[i]);                //p[i]等价于*(p + i)
```

还可以利用 malloc( ) 函数在堆区创建自定义类型的数据所需的内存区域。例如,有自定义结构体类型如下:

```
struct stu
{
  int num;
  char name[20];
  char sex;
  float score;
};
```

在堆区创建一个 struct stu 类型变量所需的内存区域,并对此无名变量进行输入/输出。例如:

```
struct stu *p;
p = (struct stu *)malloc(sizeof(struct stu));
scanf("%d",&(p - >num));
scanf("%s",p - >name);
scanf("%c",&(p - >sex));
scanf("%f",&(p - >score));
printf("%d\n",(p - >num));        //(p - >num)等价于(*p).num
printf("%s\n",p - >name);
printf("%c\n",p - >sex);
printf("%f\n",p - >.score);
```

同理,利用 malloc() 函数可在堆区创建一个长度为 10 的 struct stu 类型数组所需的内存区域,并对此结构体数组进行输入和输出。例如:

```
struct stu *p;
p = (struct stu *)malloc(10*sizeof(struct stu));
for(i = 0;i < 10;i ++)
{
  scanf("%d",&(p[i] - >num));
  scanf("%s",p[i] - >name);
  scanf("%c",&(p[i] - >sex));
  scanf("%f",&(p[i] - >score));
}
for(i = 0;i < 10;i ++)
{
  printf("%d\n",p[i] - >num);    //p[i] - >num 等价于(*p[i]).num
  printf("%s\n",p[i] - >name);
  printf("%c\n",p[i] - >sex);
  printf("%f\n",p[i] - >score);
}
```

2. 分配内存空间函数 calloc( )

calloc( ) 也用于分配内存空间。其调用形式为:

```
(类型说明符*)calloc(n,size)
```

功能：在内存动态存储区中分配 n 块长度为 size 字节的连续区域。函数的返回值为该区域的首地址。

```
(类型说明符*)用于强制类型转换。
```

calloc( ) 函数与 malloc( ) 函数的区别仅在于一次可以分配 n 块区域。calloc( ) 能以类型大小为单位申请内存并初始化为 0，malloc( ) 内存没有初始化。例如：

```
p = (int*)calloc(10,sizeof(int));
```

等价于：

```
p = (int *)malloc(10*sizeof(int));
```

其中的 sizeof(int) 是求 int 的结构长度。因此，该语句的意思是按 int 的长度分配 10 块连续区域，强制转换为 int 类型，并把其首地址赋予指针变量 p。

3. 释放内存空间函数 free( )

调用形式：

```
free(void *ptr);
```

功能：释放 ptr 所指向的一块内存空间。ptr 是一个任意类型的指针变量，它指向被释放区域的首地址。被释放区应是由 malloc( ) 或 calloc( ) 函数所分配的区域。

4. 重新调整内存空间大小函数 realloc( )

调用形式：

```
void *realloc(void *block,int size);
```

其中，block 是指向要扩张或缩小的内存空间的指针，size 指定新的大小。

功能：realloc( ) 函数可以对给定的指针所指的空间进行扩大或者缩小。size 是新的目标大小。举例说明，先用 malloc( ) 分配一块内存区域，p 指向堆区的一个无名的长度为 10 的 int 型数组：

```
int *p = (int *)malloc(sizeof(int)*10);
…
```

p 所指的空间中已经存放了 10 个整数，现在需要向 p 所指的空间中增加 5 个整数，原来的空间不够了，利用 realloc( ) 函数执行如下语句：

```
p = (int *)realloc(p,sizeof(int)*15);
```

空间扩张了 (15−10)×sizeof(int) = 20 个字节，并且把原来的 10 个整数集体搬迁到新的存储区了。

同理，也可以将 p 所指内存空间紧缩为 5 个整数的大小，这时，被缩小的那部分内容会丢失。

注意，realloc( ) 函数并不保证调整后的内存空间和原来的内存空间保持同一内存地址。相反，realloc( ) 返回的指针很可能指向一个新的地址。所以，在代码中，必须将 realloc( ) 返回的值重新赋值给 p：

```
p = (int *)realloc(p,sizeof(int)*15);
```

如果传一个空指针给 realloc( ) 函数，则此时 realloc( ) 的作用完全相当于 malloc( )。例如：

```
int *p = (int *)realloc(0,sizeof(int)*10);
```

分配一个全新的内存空间。上述语句的作用完全等同于：

```
int *p = (int *)malloc(sizeof(int)*10);
```

注意，无论调用几次 realloc( ) 函数，最后只需调用一次 free( ) 函数。

【例 10.1】 编程演示各内存区的变量。

```c
#include <stdio.h>
#include <stdlib.h>
#include <string.h>
int a = 0;                          //整型变量 a 在全局初始化区
char *p1;                           //指针变量 p1 在全局未初始化区
int main()
{
    int b;                          //变量 b 在栈区
    char s[] = "abc";               //字符数组 s 在栈区
    char *p2;                       //指针变量 p2 本身是在栈区的,现在是随机值
    char *p3 = "123456";            //"123456"在全局区里的常量区
                                    //p3 在栈区,存放的是"123456"的第一个字节
                                    //  的地址

    static int c = 0;               //c 是静态局部变量,在全局区
    p1 = (char *)malloc(10);        //p1 在全局区,申请分配的 10 字节在堆区
    p2 = (char *)malloc(20);        //p2 在栈区,申请分配的 20 字节在堆区
    strcpy(p2,"123456");
    free(p1);                       //释放 p1 指向的堆区的 10 个字节
    free(p2);                       //释放 p2 指向的堆区的 20 个字节
    return  0;                      //程序结束时,栈区变量的释放由系统自动完成
}
```

堆和栈的比较：

栈由系统自动分配。例如，声明在函数中的一个局部变量 int b;，系统自动在栈中为 b 开辟空间。只要栈的剩余空间大于所申请空间，系统将为程序提供内存，否则将报异常提示栈溢出。

堆是需要程序员自己使用 malloc( ) 函数申请,并指明大小的。例如

```
p1 = (char *)malloc(10);
```

长度为 10 的字符数组在堆区,但是注意指针变量 p1 本身是在栈中的。

10.3 动态数组——数据的顺序存储

在计算机中用一组地址连续的存储单元依次存储数据元素,称作顺序存储结构,前面讲的静态数组和动态数组都是顺序存储结构。顺序存储结构节省存储空间,可实现对数据的随机存取,即可根据数组序号直接读/写数据,但是对数据进行插入、删除操作时,可能要移动大量的数组元素。

1. 一维动态数组的定义和使用

【例 10.2】 请编写程序,利用 malloc( ) 函数开辟动态存储单元,存放输入的 3 个整数,然后求这 3 个数中的最大值。

方法 1:利用 malloc( ) 函数开辟 3 个整型存储区域,存放输入的 3 个整数。

```
#include<stdio.h>
#include<stdlib.h>
int main()
{
int *p1,*p2,*p3,max;
p1 = (int *)malloc(sizeof(int));
if(p1==NULL)               //对动态内存分配是否成功进行检测
{
    printf("不能成功分配存储空间。\n");
    exit(1);
}
if((p2 = (int *)malloc(sizeof(int)))==NULL)
{
    printf("不能成功分配存储空间。\n");
    exit(1);
}
if((p3 = (int *)malloc(sizeof(int)))==NULL)
{
    printf("不能成功分配存储空间。\n");
    exit(1);
}
printf("请输入3个整数:\n");
scanf("%d",p1);
```

```
    scanf("%d",p2);
    scanf("%d",p3);
    max=*p1;
    if(*p2>max)
        max=*p2;
    if(*p3>max)
        max=*p3;
    printf("最大值=%d\n",max);
    free(p1);free(p2);free(p3);
    return 0;
}
```

上例中动态分配了 3 个整型存储区域,然后进行赋值并输出。例如:

```
if((p2 = (int *)malloc(sizeof(int))) ==NULL)
{
    printf("不能成功分配存储空间。\n");
    exit(1);
}
```

上述语句可以分解为以下几步:

1) malloce() 函数申请 sizeof(int) 个字节的内存单元,得到一个 void* 类型的地址并强制转换成 int *类型。

2) 把此 int *指针地址赋给 p2。

3) 应该对动态内存分配是否成功进行检测,检测返回值是否为 NULL。

注意,用 malloc() 函数申请的 int 型变量在堆区,只有地址,没有名字,可以根据需要随时申请。使用结束后,要用 free() 函数释放,不必像栈区的变量一样,一定要在函数的执行语句前定义。这 3 个无名的变量在堆区可能是顺序的,也可能不是顺序的。

方法 2:利用 malloc() 函数开辟一个一维动态整型数组,顺序存放输入的 3 个整数。

```
#include<stdio.h>
#include<stdlib.h>
main  main()
{
  int  i,n,*p;                    //p 是一个指向 int 型变量的指针变量
  printf("请输入动态数组的大小:\n");
  scanf("%d",&n);
  if(( p=(int *)malloc(n*sizeof(int))  ) ==  NULL)
  {
    printf("不能成功分配存储空间。\n");
```

```
        exit(1);
      }
    for(i = 0;i < n;i ++)                //给数组赋值
      scanf("%d",p + i);                 //p + i 等价于 &p[i]
    max = p[0];
    for(i = 1;i < n;i ++)
    {
      if(*(p + i) > max)
        max = *(p + i);                  //  *(p + i)等价于 p[i]
    }
    for(i = 0;i < n;i ++)                //打印数组元素
      printf("%2d",p[i]);
    printf("\nmax = %d\n",max);
    free(p);
    return 0;
}
```

在方法2的动态数组中，数组元素一定是顺序存储的，可以像静态数组一样方便批量处理。

2. 二维动态数组的定义和使用

在C语言中动态的一维数组是通过malloc( )函数动态分配空间来实现的，动态的二维数组也可以通过malloc( )函数动态分配空间来实现。

实际上，C语言中没有二维数组，至少对二维数组没有直接的支持，取而代之的是"数组的数组"，二维数组可以看成是由指向数组的指针构成的数组。基于这个原理，可以通过分配一个指针数组，再对指针数组的每一个元素分配空间实现动态分配二维数组。

定义：

```
int **p;
```

因为p是指针的指针，需要两次内存分配才能使用其最终内容。例如：

```
p = (int **)malloc(M* sizeof(int *));   //动态分配 M 个类型为 int* 的内
                                          存空间
```

p指向长度为M的指针数组，再为指针数组的M个数组元素分配内存单元，即：

```
for(i = 0;i < M;i ++)
{
   p[i] = (int *)malloc(N * sizeof(int));//动态分配第 i 行的 N 个类型
                                           为 int 的空间
}
```

p[i]指向一个长度为N的int型数组，p[i]存放的是一个长度为N的int型数组的首地址，即p[i]的值是指针，这时才可以使用下标法p[i][j]存放一个int型数据。

如果没有第一次内存分配,则 p 是个野指针,是不能使用的;如果没有第二次内存分配,则 p[0]、p[1] 等也是个野指针,也是不能使用的。申请了内存空间后,M×N 的二维动态数组 p 的输入/输出和普通的静态二维数组一样:

```
for(i =0;i <M;i ++)
for(j =0;j <N;j ++)
  scanf("%d",&p[i][j])
for(i =0;i <M;i ++)
for(j =0;j <N;j ++)
  printf("%d",p[i][j])
```

在使用结束后要将申请的内存资源全部释放:

```
for(i =0;i <M;i ++)
{
  free(p[i]);          //一次释放第 i 行的 N 个类型为 int 的内存空间
}
free(p);               //释放长度为 M 类型为 int* 的内存空间
```

注意:malloc( ) 和 free( ) 要配对使用,即有多少个 malloc( ) 函数调用就有多少个 free( ) 函数调用,这样才可以避免内存泄漏。

【**例 10.3**】 请编写程序,利用 malloc( ) 函数开辟动态存储单元,定义 m×n 的二维动态数组存放输入的 m×n 个整数,然后求这 m×n 个数中的最大值。

```
#include <stdio.h>
#include <stdlib.h>
void input(int **p,int m,int n);
void maxnum(int **p,int m,int n);
int  main()
{
  int **p,i;
  int m,n;
  printf("input m,n =");
  scanf("%d,%d",&m,&n);              //m 存储二维数组的行数,n 存储列数
  p = (int **)malloc(m*sizeof(int *));
  for(i =0;i <m;i ++)
  {
    p[i] = (int *)malloc(n*sizeof(int));
  }
  input(p,m,n);
  maxnum(p,m,n);
  for(i =0;i <m;i ++)
```

```
      {
        free(p[i]);
      }
      free(p);
      return 0;
    }
    void input(int **p,int m,int n)
    {
      int i,j;
      for(i=0;i<m;i++)
      {
        for(j=0;j<n;j++)
        {
          scanf("%d",&p[i][j]);
        }
      }
    }
    void maxnum(int **p,int m,int n)
    { int i,j,max=p[0][0];
      for(i=0;i<m;i++)
      {
        for(j=0;j<n;j++)
        {
          if(p[i][j]>max)
            max=p[i][j];
        }
      }
      printf("max=%d\n",max);
    }
```

下面来讨论如何用动态数组存放字符串类型的数据。

【例10.4】 请编写程序，利用 malloc( ) 函数开辟动态存储单元，顺序存放输入的 n 个字符串，然后求 n 个字符串的最大值。

解题思路：一个字符串要用一个一维字符数组存放，多个字符串需用二维字符数组来存放。假设字符串的最大长度不超过19。

```
#include<stdio.h>
#include<stdlib.h>
#include<string.h>
int main()
```

```c
{
  char max[20],**cs;           //假设输入的字符串最大长度为19
  int i,n;
  printf("请输入字符串的个数:\n");
  scanf("%d",&n);
  if((cs = (char **)malloc(n*sizeof(char*))) ==NULL)
  //申请长度为 n 的指针数组
  {
    printf("不能成功分配存储空间。\n");
    exit(1);
  }
  for(i =0;i <n;i ++)
  {                            //循环申请长度为 20 的字符数组
                               //并将每次申请的字符数组的地址存放在相应的
                                    指针数组元素里
    if((cs[i] = (char *)malloc(20*sizeof(char))) ==NULL)
    {
      printf("不能成功分配存储空间。\n");
      exit(1);
    }
  }
  fflush(stdin);               //清空输入缓冲区
  printf("input n string:\n");
  for(i =0;i <n;i ++)
    gets(cs[i]);
  printf("\n");
  strcpy(max,cs[0]);
  for(i =1;i <n;i ++)
  {
    if(strcmp(cs[i],max) >0)
      strcpy(max,cs[i]);
  }
  printf("输入的%d 字符串如下:\n",n);
  for(i =0;i <n;i ++)
    puts(cs[i]);
  printf("最大的字符串是:%s\n",max);
  printf("\n");
  for(i =0;i <n;i ++)
```

```
        free(cs[i]);
    free(cs);
    return 0;
}
```

请将本例与第8章例8.7比较,都是求一批字符串的最大值,本例是用可变长度的动态二维字符数组完成任务的,例8.7是用静态数组完成任务的。

下面再来讨论如何用动态数组存放自定义的结构体类型的数据。结构体类型的数据量大,为了演示方便,节约从键盘输入数据的时间,可以将结构体类型数据初始化存放在一个静态结构体数组中,在需要给动态数组赋值时使用。

【例10.5】 请编写程序,利用malloc()函数开辟动态存储单元,存放输入的5个学生数据,学生信息包含学号、姓名、性别、成绩,然后输出这5个学生中分数最高的学生信息。

```c
#include <stdio.h>
#include <stdlib.h>
#include <string.h>
struct stu
{
    int num;
    char name[20];
    char sex;
    float score;
};
void output(struct stu s)
{
    printf("学号:%d\n姓名:%s\n性别:%c\n成绩:%6.1f\n",s.num,s.name,s.sex,s.score);
}
void input(struct stu *s)
{
    printf("请输入学生学号:");
    scanf("%d",&(*s).num);
    printf("请输入学生姓名:");
    scanf("%s",(*s).name);
    printf("请输入学生性别:");
    scanf("%c",&(*s).sex);
    printf("请输入学生成绩:");
    scanf("%f",&(*s).score);
```

```c
}
int  main()
{ struct stu array[5]={{40520101,"丁1",'M',493},
                       {40520103,"丁3",'M',458},
                       {40520104,"丁4",'F',501},
                       {40520100,"丁0",'M',488},
                       {40520108,"丁8",'F',472}
                      };
  int i,k,n;
  struct stu *ps;
  printf("请输入动态数组的大小:\n");
  scanf("%d",&n);
  ps=(struct stu*)malloc(n*sizeof(struct stu));
  if(ps==NULL)
  { printf("不能成功分配存储空间。\n");
  exit(1);
  }
  for(i=0;i<n;i++)
  {
      ps[i]=array[i];      //可调用input(ps+i)来实现从键盘输入学生数据
  }
  k=0;
  for(i=0;i<n;i++)
  {
    if(ps[k].score<ps[i].score)
    {
      k=i;
    }
  }
  printf("本班共%d个学生信息:\n",n);
    for(i=0;i<n;i++)
    {
    output(ps[i]);
    }
  printf("本班%d个学生中的分数最高的学生是第%d个学生:\n",n,k+1);
  output(ps[k]);
  printf("\n");
```

```
        free(ps);
}
```

运行结果：

```
请输入动态数组的大小：
5
本班共 5 个学生信息：
学号:40520101    姓名:丁1    性别:M    成绩:493.0
学号:40520103    姓名:丁3    性别:M    成绩:458.0
学号:40520104    姓名:丁4    性别:F    成绩:501.0
学号:40520100    姓名:丁0    性别:M    成绩:488.0
学号:40520108    姓名:丁8    性别:F    成绩:472.0
本班 5 个学生中的分数最高的学生是第 3 个学生：
学号:40520104    姓名:丁4    性别:F    成绩:501.0
```

整个程序包含了申请内存空间、使用内存空间、释放内存空间 3 个步骤，实现存储空间的动态分配。

10.4 单向链表——数据的链式存储

10.4.1 链式存储的基本概念

在计算机中除了用一组地址连续的存储单元存放数据外，还可以用一组地址不连续的存储单元存储数据，这种存放数据的结构称作链式存储结构。链式存储结构是一种动态地进行存储分配的数据结构，优点是不需要事先确定最大长度，在插入或者删除元素时也不会引起数据的大量移动；缺点是只能顺序访问链表中的元素，不能随机存取数据。

设有 4 个相同类型的数据 A、B、C、D，这 4 个数据的类型可以是数值型、字符串型或自定义的结构体类型，它们的顺序存储结构和链式存储结构示意图如图 10-1 所示。

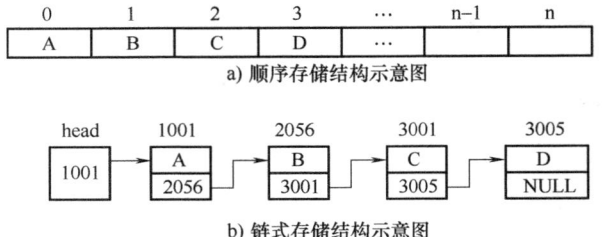

图 10-1　数据的顺序存储结构和链式存储结构示意图

如图 10-1b 所示，链式存储结构中每个元素称为一个结点，每个结点都可存储在内存中不同的位置，为了表示每个元素与后继元素之间的逻辑关系，以便构成一个结点连着一个结点的链式存储结构，每个结点都包含两个部分：第 1 部分是数据域，用来存储元素本身的数据信息，这里用 data 表示；第 2 部分是指针域，用来存储下一个结点的地址。在第 1 个结点的指针域里存入第 2 个结点的地址，在第 2 个结点的指针域里又存放第 3 个结点的地址，如此串连下去直到最后一个结点，最后一个结点称为"表尾"，该结点的指针域值为 0，指向内存中编号为 0 的地址（常用符号常量 NULL 表示，称为空地址），表尾不再有后继结点，链表到此结束。这样一种连接方式，在 C 语言中称为链表，链表包含单向链表、双向链表和循环链表。本节仅介绍单向链表。

图 10-1b 所示的是由 4 个结点连接成的单向链表。此外，链表还有一个指向链表的第 1 个结点的指针变量 head，称为链表的头指针。查找链表中某个结点，必须从头指针开始顺序查找各结点，直至找到或到达表尾为止。链表只能顺序访问，不能进行随机访问。

链表是一种复杂的数据结构，其数据之间的相互关系使链表分成 3 种：单向链表、循环链表、双向链表。这里只介绍单向链表。对链表的基本操作有：

1）创建链表，是指从无到有地建立起一个链表，即往空链表中依次插入若干结点，并保持结点之间的前驱和后继关系。

2）查找操作，是指按给定的结点序号或查找条件，查找某个结点。如果找到指定的结点，则称为查找成功；否则，称为查找失败。

3）插入操作，是指在两个结点之间插入一个新的结点，使单向链表的长度增 1。

4）删除操作，是指删除结点，使单向链表的长度减 1。

5）打印输出。

6）销毁链表。

10.4.2　单向链表的基本操作

首先，设计一个最简单的只包含一个数据成员的单向链表，如图 10-2 所示。

单向链表有带头结点和不带头结点之分。图 10-3a 为带头结点的单向链表，图 10-3b 为不带头结点的单向链表。

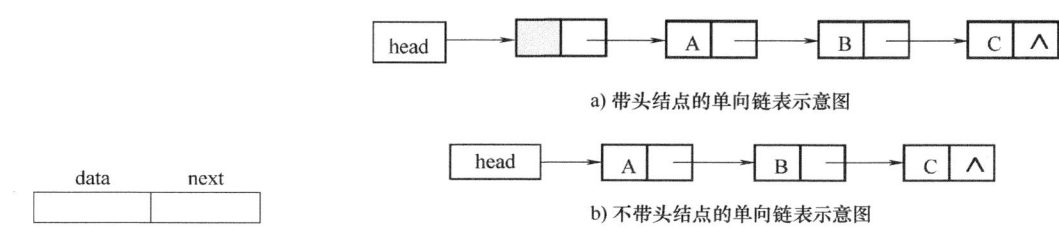

图 10-2　单向链表结点的结构　　图 10-3　带头结点和不带头结点的单向链表示意图

如果在链表的开始结点之前附加一个结点，并称它为头结点，头结点的数据成员不用来存放数据，那么会带来以下两个优点：

1）由于存放第 1 个数据元素结点的位置被存放在头结点的指针域中，所以在链表的第 1 个位置上的操作就和在表的其他位置上的操作一致了，无需进行特殊处理。

2）无论链表是否为空，其头指针是指向头结点的非空指针，空表中头结点的指针域为空，因此空表和非空表的处理也就统一了。

若未说明，以下所指单向链表均是带头结点的单向链表。

单向链表的创建方法有两种：头插法和尾插法。先介绍尾插法。

1. 单向链表的尾插法创建操作

单向链表的尾插法是将新结点插入到当前链表的表尾上，为此必须增加一个尾指针 tail，使其始终指向当前链表的尾结点。尾插法的创建过程如图 10-4 所示。

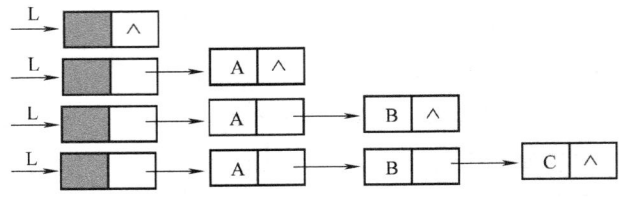

图 10-4　单向链表尾插法的创建过程

尾插法建立链表的步骤如下：
1）定义链表的结点类型。例如：

```
struct Node
{
  int data;
  struct Node *next;
};
typedef   struct Node   LNode;
typedef   struct Node   *LinkList;
```

从基本类型入手，定义结点的 data 成员为 int 型，next 成员为 struct Node * 型，next 成员要存放下一个结点的地址，而下一个结点的类型是正在定义的 struct Node 类型。

如果结点的类型定义采用如下方法，系统编译能不能通过？

```
struct Node
{
  int  data;
  struct  Node  next;
};
```

系统编译不能通过，结构体声明时不能包含本结构体类型成员，这是因为本结构体类型尚未定义结束，它所占用的内存单元的字节数尚未确定，所以系统无法为这样的结构体成员分配内存。结构体声明时可以包含本结构体类型的指针成员，因为任何指针成员都占 4 个字节。

2）创建一个空表。

3）定义与结点同类型的工作指针变量 p、tail。p 用来保存新申请的结点，并且将数据保存在 p 结点的 data 域。tail 用来保存当前链表的尾结点。

4）将新结点 p 连接到最后一个结点 tail 之后，再将 p 的值赋给 tail，新结点成为最后一个结点。

5）判断输入的数据是否是结束标志，若不是，转到3），否则结束。

综上所述，建立链表就是从无到有逐渐增加链表结点的过程，即输入结点数据，并建立前后链接的关系。

2. 单向链表的输出操作

1) 单向链表总是从头结点开始的，找到表头；
2) 每访问一个结点，就将当前指针向该结点的下一个结点移动；
3) 直至下一结点为空。

3. 单向链表的销毁操作

单向链表的销毁操作与输出操作类似：

1) 单向链表总是从头结点开始的，找到表头；
2) 利用工作指针存放下一个结点的地址，释放当前指针指向的结点；
3) 直至下一结点为空。

综上，从头结点开始，访问一个结点，销毁一个结点，先销毁了链表的头，然后接着一个一个地把后面的销毁了，把包括头结点的所有结点全部释放，这样链表就不能再使用了。

下面举例演示一个单向链表的创建、输出、释放的完整过程。

【例 10.6】 用尾插法创建一个存放整数的单向链表，以输入 -1 做结束标志，并打印输出该单向链表。

```c
#include <stdio.h>
#include <stdlib.h>
struct node
{
  int data;
  struct node *next;
};
typedef  struct  node  LNode;
typedef  struct  node *LinkList;
void CreateTailList(LinkList  L);
void OutputList(LinkList L);
void DestroyList(LinkList  L);
int  main()
{
  LinkList  head;            //定义一个 LinkList 型的变量 head
  if((head = (LNode *)malloc(sizeof(LNode))) ==NULL)
  {
    printf("申请空间失败!");
    exit(0);
  }
  head - >next =NULL;        //新建了一个空的单向链表 head
  CreateTailList(head);      //用尾插法输入数据创建各结点
```

```c
    OutputList(head);              //输出以 head 为头的链表各结点的值
    DestroyList(head);             //销毁以 head 为头的链表各结点
    return 0;
}
/*定义尾插法创建带头结点的单向链表的函数*/
void CreateTailList(LinkList  L)
{ LNode *p,*tail;
   int   x,flag = -1;
   tail = L;                       //设置尾指针,方便插入
   scanf("%d",&x);
   while(x ! = flag)
   {
     if((p = (LNode *)malloc(sizeof(LNode))) == NULL)
     {
       printf("申请空间失败!");
       exit(0);
     }
     p - >data = x;                //x 的数据类型为 int 型
     p - >next = NULL;
     tail - >next = p;
     tail = p;
     scanf("%d",&x);
   }
}
/*定义输出带头结点的单向链表的函数*/
void OutputList(LinkList  head)
{
  struct node *p;
  p = head - >next;               //取得链表的头指针
  while(p! = NULL)                //只要 p 指向的结点非空
  {
    printf("%d\t",p - >data);     //p - >data 数据类型为 int 型
    p = p - >next;                //p 指向该结点的下一个结点
  }
  printf("\n");
}
/*定义销毁带头结点的单向链表的函数*/
void  DestroyList(LinkList  head)
{
```

```
    struct node  *p,*q;
    p = head;                    //取得链表的头指针
    while(p! = NULL)             //只要p指向的结点非空
    {
      q = p - >next;             //将p的下一个结点的地址保存在q中
      free(p);                   //释放p指向的结点
      p = q;
    }
}
```

现在有一批字符串数据,如何实现链式存储呢?请看下例。

【例 10.7】 创建一个存放某班学生姓名的单向链表,输入 stop 做结束标志,并打印输出该单向链表。

```
#include <stdio.h>
#include <stdlib.h>
#include <string.h>
struct node
{
  char data[20];
  struct node *next;
};
typedef struct node LNode;
typedef struct node *LinkList;
void  CreateTailList(LinkList L);
void  OutputList(LinkList  L);
void  DestroyList(LinkList  L);
int  main()
{
  LinkList  head;
  if((head = (LNode *)malloc(sizeof(LNode))) == NULL)
  { printf("申请空间失败!");
   exit(0);
  }
  head - >next = NULL;
  CreateTailList(head);
  OutputList(head);
  DestroyList(head);
  return 0;
}
void CreateTailList(LinkList  L)
```

```
{ char x[20],flag[]="stop";        //设数据元素 x 的类型为 char[20]
  LNode *p,*tail;
  tail=L;
  scanf("%s",x);                   //与 scanf("%d",&x);相比
  while(strcmp(x,flag)!=0)
  {
    p=(LNode *)malloc(sizeof(LNode));
    strcpy(p->data,x);             //x 的数据类型为字符数组
    tail->next=p;
    tail=p;
    scanf("%s",x);                 //与 scanf("%d",&x);相比
  }
  p->next=NULL;
}

void OutputList(LinkList head)     //输出以 head 为头的链表各结点的值
{
  struct node *p;
  p=head->next;                    //取得链表的头指针
  while(p!=NULL)                   //只要是非空表
  {
    printf("%s\t",p->data);        //p->data 数据类型为字符数组
    p=p->next;
  }
  printf("\n");
}
void DestroyList(LinkList head)
{
  struct node *p,*q;
  p=head;                          //取得链表的头指针
  while(p!=NULL)                   //只要是非空表
  {
    q=p->next;
    free(p);
    p=q;
  }
}
```

比较例 10.6 与例 10.7，两个单向链表结点的数据成员 data 类型不同，一个是整型，一

个是字符数组，在创建、输出和销毁链表时，结点之间链接关系的处理是一致的，只是在 data 成员的数据输入、输出、比较时才有区别，为此，可以编写通用链表操作的函数，根据需要可定义结点 data 成员为任意类型。下面以 data 成员为学生结构体类型为例来编写通用链表操作的函数。

【例 10.8】 创建一个存放多个学生（包括学号、姓名、性别、成绩）数据的链表，以输入学生的学号为 0 做结束标志，然后输出该链表中的信息。

```c
#include <stdio.h>
#include <stdlib.h>
#include <string.h>
struct stu
{
  int num;
  char name[20];
  char sex;
  float score;
};
typedef  struct stu  ElemType;
struct  node
{
  ElemType  data;                    //数据成员 data 类型为 ElemType 类型
  struct node  *next;
};
  typedef  struct node  LNode;
  typedef  struct node *LinkList;
  void input(ElemType *s);
  void output(ElemType s);
  int compare(ElemType a,ElemType b);
  void CreateTailList(LinkList L); //用尾插法创建一个单向链表 L
  void OutputList(LinkList  L);      //输出以 L 为头的单向链表各结点的值
  void DestroyList(LinkList  L);
  int  main()
{
  LinkList  head;                     //head 是保存单向链表的表头结点地址
                                      的指针
  if((head = (LNode *)malloc(sizeof(LNode))) ==NULL)
  { printf("申请空间失败!");
```

```c
    exit(0);
  }
  head->next=NULL;
  CreateTailList(head);
  OutputList(head);
  DestroyList(head);
}

/*用尾插法创建带头结点的单向链表*/
void CreateTailList(LinkList  L)
{ ElemType array[10]={{40520101,"丁1",'M',493},
                      {40520103,"丁3",'M',458},
                      {40520104,"丁4",'F',501},
                      {40520102,"丁2",'M',488},
                      {40520108,"丁8",'F',472},{0,"丁0",' ',72}};
  ElemType flag={0,"zs",'m',0},x;   LNode *p,*tail;
  int i=0;
  tail=L;                          //设置尾指针,方便插入
  x=array[i++];                    //为提高调试程序的效率,用赋值代替从键盘
                                     输入语句 input(&x);
  while(compare(x,flag)!=0)
  {
    p=(LNode *)malloc(sizeof(LNode));
    if(p==NULL)
    {
      printf("申请空间失败!");
      exit(0);
    }
    p->data=x;                     //x 的实际数据类型为 struct stu
    p->next=NULL;
    tail->next=p;
    tail=p;
    x=array[i++];                  //可用 input(&x);代替本条语句
  }
}

void OutputList(LinkList  head)    //输出以 head 为头的链表各结点的值
{
```

```c
    struct node *p;
    p = head -> next;                        //取得链表的头指针
    while(p! =NULL)//只要是非空表
    {
      output(p - >data);                     //调用 output(p - >data)输出结点的
                                             //  数据
      p = p - >next;                         //p 指向下一个结点
    }
  }
  void  DestroyList(LinkList  head)
                                             //输出以 head 为头的链表各结点的值
  {
    struct node *p,*q;
    p = head;                                //取得链表的头指针
    while(p! =NULL)                          //只要是非空表
    {
      q = p - >next;
      free(p);
      p = q;
    }
  }
  void input(ElemType *s)
  {
    printf("请输入学生学号:");
    scanf("%d",&(*s).num);
    printf("请输入学生姓名:");
    scanf("%s",(*s).name);
    printf("请输入学生性别:");
    scanf("%c",&(*s).sex);
    printf("请输入学生成绩:");
    scanf("%f",&(*s).score);
  }
  void output(ElemType s)
  {
    printf("学号:%d\t 姓名:%s\t 性别:%c\t 成绩:%6.1f\n",s.num,s.name,
s.sex,s.score);
  }
  int compare(ElemType   a,ElemType b)
```

```
{
  if(a.num==b.num)
    return 0;
  else
    if(a.num<b.num)
      return -1;
    else
      return 1;
}
```

运行结果：

```
学号:40520101    姓名:丁1    性别:M    成绩:493.0
学号:40520103    姓名:丁3    性别:M    成绩:458.0
学号:40520104    姓名:丁4    性别:F    成绩:501.0
学号:40520102    姓名:丁2    性别:M    成绩:488.0
学号:40520108    姓名:丁8    性别:F    成绩:472.0
```

请思考，如果希望输入学生的姓名为 stop 字符串做结束标志，compare( ) 函数应该如何修改。

4. 单向链表的头插法创建操作

再来看看单向链表的头插法。头插法是从一个空表开始，重复读入数据，生成新结点，将读入数据存放到新结点的数据域中，然后将新结点插入到当前链表的头结点之后，直到读入结束标志为止。头插法建立链表虽然算法简单，但生成的链表中结点的次序和输入的顺序相反。

头插法是将新增结点插入第一个结点之前，单向链表头插法创建过程示意图如图 10-5 所示。

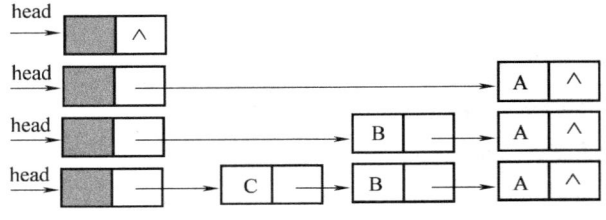

图 10-5　单向链表头插法创建过程

单向链表的头插法创建函数如下：

```
void CreateHeadList(LinkList  L)
{
  ElemType flag={0,"zs",'m',0},x;    //设 data 成员数据元素类型为El-
                                       emType
```

```
        LNode *p;
        input(&x);                    //要根据 x 的数据类型来定义输入函数
        while(compare(x,flag)! =0)
        {
          p = (LNode *)malloc(sizeof(LNode));
          p - >data = x;              //要根据 x 的数据类型来赋值
          p - >next = L - >next;      //L 结点的后继结点成为 p 的后继结点
          L - >next = p;              //p 结点成为 L 的后继结点
          input(&x);
        }
      }
```

请读者将此头插法创建单向链表的函数带入到例 10.8 中，运行验证，链表结点的次序与输入的顺序是相反的。

以后讨论单向链表的其他操作函数，都可假定单向链表结点的数据类型为 ElemType。

为了提高调试程序的效率，每次调试程序时不需要重新从键盘输入数据，例 10.5 和例 10.8 都是将学生数据保存在程序的数组里，这种方法并不专业，有没有长久保存数据的方法呢？下一章学习使用文件，将数据以文件的形式存放在 U 盘、磁盘等外存储器上，可达到重复使用，永久保存数据的目的。

10.5 本章知识点小结

内　　容	实　　例	备　　注

动态内存分配所需的系统函数	`int *p1,*p2;`
	`p1 = (int *)malloc(sizeof(int));`
	`p2 = (int *)calloc(10,sizeof(int));`
	`p1 = (int *) realloc (p1, 20 * sizeof (int));`
	`free(p1);`
	`free(p2);`
		p1 指向堆区的一个 int 型变量
		p2 指向堆区的一个长度为 10 的 int 型数组
		p1 重新指向堆区的一个长度为 20 的 int 型数组
		释放 p1，p2 指向的内存单元

一维动态数组的定义和使用	`int *p;` `p = (int *)malloc(10*sizeof(int));`	p 指向堆区的一个长度为 10 的 int 型数组

二维动态数组的定义和使用	`int **p;`
	`p = (int *)malloc(M*sizeof(int*));`
	`for(i =0;i <N;i + +)`
	`{p[i] = (int *)malloc(N*sizeof(int));`
	`}`
		p 指向一个长度为 M 的指针数组
		指针数组每一个数组元素指向一个长度为 N 的 int 型数组

(续)

内 容	实 例	备 注

单向链表结点的类型定义	```struct Node
	{
	    ElemType data;
	    struct Node *next;
	};```
		在程序运行时，ElemType 类型必须是一个具体的类型

带头结点的单向链表	head → □ → A → B → C ∧	头节点的数据成员不用来存放数据

单向链表的头插法创建操作	```void CreateHeadList(LinkList L)
	{
	}```
		头插法创建的单向链表数据存放的顺序与数据输入的顺序相反

单向链表的尾插法创建操作	```void CreateTailList(LinkList L)
	{
	}```
		尾插法创建的单向链表数据存放的顺序与数据输入的顺序一致

单链表的输出操作	```void OutputList(LinkList L)
	{
	}```
		理解从 p 指向的节点，找到下一个节点的语句：
		p = p→next;

单链表的销毁操作	```void DestroyList(LinkList L)
	{
	}```
		用户自己申请的节点，一定要自己销毁，避免内存泄漏

10.6　本章常见错误小结

常见错误描述	错误类型
用 malloc() 函数开辟的数据存储单元，函数的返回值是一个空类型 void，需要用强制转换转换成指向所需存储类型	运行错误
用 malloc() 申请内存之后，没有立即检查指针值是否为 NULL。要防止使用指针值为 NULL 的内存	理解错误
忘记为数组和动态内存赋初值，直接将未被初始化的内存作为右值使用	理解错误
数组或指针的下标越界，特别要当心发生"多1"或者"少1"操作	运行错误
动态内存的申请与释放不配对，造成内存泄漏	运行错误
用 free() 释放了内存之后，没有将指针设置为 NULL，产生了野指针	运行错误

习 题

1. 请编写程序，利用 malloc( ) 函数开辟动态存储单元，顺序存放输入的 10 个整数，然后求这 10 个整数中的最大值。

2. 请编写程序，利用 malloc( ) 函数开辟动态存储单元，顺序存放输入的 10 个字符串，然后求 10 个字符串的最大值。

3. 请编写程序，利用 malloc( ) 函数开辟动态存储单元，顺序存放输入的 10 个学生数据，学生信息包含学号、姓名、性别、出生日期、分数，然后输出这 10 个学生中平均分最高的学生的全部信息。定义描述学生信息（学号、姓名、性别、出生日期、4 门课程成绩和平均分）的结构体类型如下：

```
struct date
{ int month;
  int day;
  int year;
};
struct stu
{
    int num;
    char name[20];
    char sex;
    struct date birth;
    float score[3];
    float ave;
};
```

4. 用尾插法创建一个存放整数的单向链表，以输入 –1 做结束标志，并打印输出该单向链表。

5. 用尾插法创建一个存放字符串的单向链表，以输入 stop 做结束标志，并打印输出该单向链表。

6. 用尾插法创建一个存放多个学生数据（包括学号、姓名、成绩等）的链表，输入学生的学号为 0 做结束标志，然后输出该链表中学生的信息。定义描述学生信息（学号、姓名、性别、出生日期、4 门课程成绩和平均分）的结构体类型如下：

```
struct date
{ int month;
  int day;
  int year;
};
struct stu
{
```

```
        int num;
        char name[20];
        char sex;
        struct date birth;
        float score[3];
        float ave;
    };
```

7. 已知 head 指向一个带头结点的单向链表，链表中每个结点包含字符型数据域（data）和指针域（next），请编写程序实现如图 10-6 所示链表的逆置。

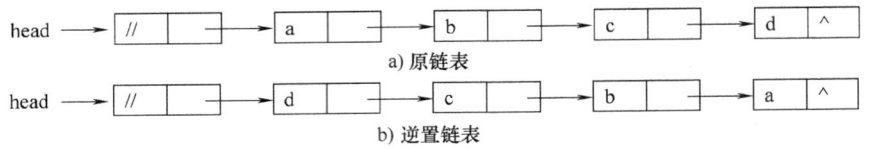

图 10-6 习题 7 图

8. 已知 head 指向一个带头结点的单向链表，链表中每个结点包含字符串数据域（data）和指针域（next），请编写程序实现如图 10-7 所示链表的逆置。

图 10-7 习题 8 图

9. 用头插法创建一个存放整数的单向链表，以输入 -1 做结束标志，并打印输出该单向链表，然后求这批整数中的最大值。

10. 用头插法创建一个存放字符串的单向链表，以输入 stop 做结束标志，并打印输出该单向链表，然后求这批字符串的最大值。

第 11 章

文 件

11.1 文件的基本概念

前面各章程序里所使用的数据都是存储在计算机内存里的变量和数组中的，不能永久保存，这样每次运行程序时都要重新输入数据，得到的结果数据也不能输出到磁盘上保存起来以后使用。然而可以使用文件操作，将数据以文件的形式永久保存在外存储器上。

11.1.1 文本文件及二进制文件

文件是存放在外部介质（如计算机硬盘、软件、光盘、优盘等）上的一组完整信息的集合。这些信息可为各国文字、图形、图像、电影、音乐、电子小说，甚至包括病毒程序等。文件名是引用文件的唯一标识符。文件名包括 3 个要素：

1) 文件路径，是指文件在外部存储设备中的位置。文件路径分绝对路径和相对路径。绝对路径就是文件的真正存在的路径，是指从硬盘的根目录（盘符）开始，通过一级级目录指向文件。路径一般以分隔符"\"来体现存储位置的嵌套层次，如 D：\Program\TC\Example。相对路径是从当前路径开始的路径，是指由这个文件所在的路径引起的跟其他文件（或文件夹）的路径关系。

2) 文件主名，命名规则遵循标识符的命名规则，长度原则上不加限制，但一般前 8 个字符有效。文件主名最好见名知意。

3) 文件扩展名（或称文件后缀），在文件主名之后，以"."符号分隔，用来反映文件的类型或性质。例如，扩展名为 .txt 的文件，一般所有文字处理软件或编辑器都可打开这一类文件；扩展名为 .doc 的文件，一般 Word 及 WPS 等软件可打开。

在程序设计中，主要用到两种文件：

1) 程序文件：包括源程序文件（后缀为 .c）、目标文件（后缀为 .obj）、可执行文件（后缀为 .exe）等。这种文件的内容是程序代码。

2) 数据文件：文件的内容不是程序，而是供程序运行时读/写的数据，如在程序运行过程中输出到磁盘（或其他外部设备）的数据，或在程序运行过程中供读入的数据。例如，一批学生的成绩数据即数值型数据，一批学生的姓名数据即字符串型数据，一批学生的各项信息数据即结构体类型数据等。

C 语言中的数据文件分为两种类型：文本文件与二进制文件。

1) 文本文件。也称为 ASCII 文件，每一个字节存储一个 ASCII 码形式表示的字符。文本文件是可直接阅读的，使用 Word 或 Windows 的记事本打开即可看到文件的内容，如扩展名为.txt的文件。

2) 二进制文件。数据在内存中是以二进制形式存储的,如果不加转换地输出到外存,就是二进制文件。由于这类文件内容是二进制编码,因而它无法直接使用记事本或Word打开阅读。一般的可执行程序都为二进制文件,如扩展名为.exe或.com的文件。

数值型数据既可以用ASCII形式存储,也可以用二进制形式存储。如有整数10000,如果用ASCII码形式输出到磁盘,则在磁盘中占5个字节(每个字符占1个字节),而用二进制形式输出,则在磁盘上只占4个字节(在VC6中)。整数10000在两种文件中的存放形式分别如图11-1和图11-2所示。

00000000	00000000	00100111	00010000

图 11-1　整型数据 10000 在二进制文件中的存放形式

00110001	00110000	00110000	00110000	00110000

图 11-2　整型数据 10000 在文本文件中的存放形式

文本文件与二进制文件各有优缺点:

文本文件的优点是在字符输出的操作中不需转换直接输出,十分方便;缺点是1个字符占1个字节,文件占用的存储空间较多,读/写时需要转换,访问的时空效率不高。

二进制文件的优点是文件中的数据与数据在内存中的表示形式一致,占单元字节数与操作系统和数据类型有关。二进制文件在存储数据时非常紧凑,占用存储空间较少;在读/写时不需进行转换,具有较高的时空效率。其缺点是无法直接以字符形式输出,必须要经过一个转换过程。

11.1.2　文件缓冲区

操作系统把各种设备都统一作为文件处理,每一个与主机相连的输入/输出设备都被看作是文件,把它们的输入、输出等同于对磁盘文件的读和写。通常把显示器定义为标准输出文件stdout,一般情况下在屏幕上显示有关信息就是向标准输出文件输出。键盘通常被指定为标准输入文件stdin,从键盘上输入就意味着从标准输入文件上输入数据。

输入/输出是数据传送的过程,数据如流水一样从一处流向另一处,因此常将输入/输出形象地称为流(stream),即数据流。流表示了信息从源到目的端的流动。输入操作时,数据从文件流向计算机内存;输出操作时,数据从计算机内存流向文件。

无论是用Word打开或保存文件,还是C程序中的输入/输出,都是通过操作系统进行的,"流"是一个传输通道,数据可以从运行环境流入程序中,或从程序流至运行环境。

从C程序的观点来看,无论程序一次读/写一个字符,或一行文字,或一个指定的数据区,作为输入/输出的各种文件或设备都是统一以逻辑数据流的方式出现的。C语言把文件看作是一个字符(或字节)的序列。一个输入/输出流就是一个字符流或字节(内容为二进制数据)流。

C的数据文件由一连串的字符(或字节)组成,而不考虑行的界限,两行数据间不会自动加分隔符,对文件的存取是以字符(字节)为单位的。输入/输出数据流的开始和结束仅受程序控制而不受物理符号（如回车换行符）控制，这就增加了处理的灵活性。这种文件称为流式文件。

　　文件是存储在外部存储介质上的，但是 CPU 与 I/O 设备间速度不匹配。为了缓和 CPU 与 I/O 设备之间速度不匹配的矛盾，ANSI C 标准采用"缓冲文件系统"处理数据文件。所谓缓冲文件系统是指系统自动地在内存区为程序中每一个正在使用的文件开辟一个文件缓冲区，从内存向磁盘输出数据必须先送到内存中的缓冲区，装满缓冲区后才一起送到磁盘去。如果从磁盘向计算机读入数据，则一次从磁盘文件将一批数据输入到内存缓冲区（充满缓冲区），然后再从缓冲区逐个地将数据送到程序数据区（给程序变量）。

　　引入文件缓冲机制的好处是，能够有效地减少对外部设备（如磁盘、打印机等）的频繁访问，减少内存与外部设备间的数据交换，弥补内、外设备的速度差异，提高数据读/写的效率。

11.1.3　FILE 指针

　　缓冲文件系统中，关键的概念是"文件类型指针"，简称"文件指针"。每个被使用的文件都在内存中开辟一个相应的文件信息区，用来存放文件的有关信息（如文件的名字、文件状态及文件当前位置等）。这些信息保存在一个结构体变量中，该结构体类型是由系统声明的，取名为 FILE，声明 FILE 结构体类型的信息包含在头文件 stdio.h 中。不同的 C 语言系统对"FILE 类型"的描述会略有不同，但基本信息是一致的。C 语言系统对文件的操作必须通过一个指向"FILE 类型"的指针来实现，称这种指针为"文件指针"。

　　下面列出 C 系统对 FILE 类型的定义（该定义可从 C 的头文件 stdio.h 中找到）：

```
typedef struct
{short level;              /*level 表明文件缓冲区的状态是满还是空*/
unsigned flags;            /*flags 为文件状态标志符*/
char fd;                   /*fd 为文件描述符*/
unsigned char hold;        /*hold 为没有文件缓冲区则不能获得字符*/
short bsize;               /*bsize 表明文件缓冲区的尺寸*/
unsigned char *buffer;     /*指针 buffer 指向数据交换的缓冲区*/
unsigned char *curp;       /*指针 curp 为指向文件的当前活动指针*/
unsigned istemp;           /*istemp 表明文件是否是临时文件*/
short token;               /*token 用于文件合法性检查*/
} FILE;
```

　　使用文件操作的程序，必须在程序开头写上：#include　"stdio.h"。对文件的操作要通过定义一个指向 FILE 类型的文件指针变量来实现。文件指针变量的定义形式为：

　　　　FILE　*文件指针变量名；

例如：

　　　　FILE　*fp;

表示 fp 是指向 FILE 结构的指针变量，通过 fp 即可找到存放某个文件信息的结构变量，然后按结构变量提供的信息找到该文件,实施对文件的操作。习惯上也笼统地把 fp 称为指向一个文件的指针。

11.1.4 文件位置指针

C 语言规定每一个文件都必须设置一个位置指针(文件读/写指针)来控制文件的访问位置,其规律如下:

1)文件打开时位置指针自动指向文件的开始位置。

2)每读取一个单元内容,文件位置指针自动顺序向后移动一定的偏移量(该偏移量的字节数由所读取单元的数据类型决定)。

3)读到文件的结尾,则文件的位置指针指向一个特殊的位置——EOF。

4)对文件进行顺序写操作时,数据写入到文件位置指针所指向的位置。写入后文件位置指针自动向后移动到一个新的位置,等待下一次的写入操作。

可将文件位置指针移动到任何位置,实现对文件的随机读/写访问。

文件位置指针是指当打开一个文件时系统自动建立一个标识文件中当前字符位置的指针,该指针随着对文件的读/写操作而不断地移动。例如,为了读一个文件而将该文件打开,这时读指针指向文件头,随着该文件中的字符不断被读出,位置指针将向文件尾方向移动,该文件全部读完,则位置指针指向文件尾。

位置指针不同于文件指针,读者要将二者区分开。文件位置指针会随着对文件的读/写发生改变,而文件指针是指向整个文件,如果不重新打开关闭文件,文件指针不会改变。

文件位置指针移动到文件的最后一个字节时,C 语言系统会返回文件的结束标识符 EOF。EOF 是一个系统常量,其值被定义为 -1,是在头文件 stdio.h 中定义的,定义如下:

```
#define EOF (-1)    /*End of file indicator */
```

注意:EOF 判断文件是否结束只适用于文本文件,而不适用于二进制文件。对于二进制文件,直接使用文件操作的库函数 feof() 判断文件是否结束。当函数 feof() 的返回值为 1 时,表明文件位置指针已经到达文件的结束位置;当返回值为 0 时,表明文件还未结束。函数 feof() 的判断方法对于文本文件也是非常有效的。

11.2 文件的基本操作

在 C 语言中,文件操作都是由库函数来完成的。访问文件主要操作过程如下:

1)打开文件(Open File):为文件准备相应的控制信息结构体与文件缓冲区,并在结构体与文件之间、缓冲区与文件之间建立起关联。

2)读取文件(Read File):将外部存储介质中文件存储的信息读取出来放在计算机内存中。

3)写入文件(Write File):将外界的信息存放到文件中去。

4)关闭文件(Close File):将放于内存中的文件数据写回文件,并释放文件占用的内存空间,切断文件与内存相应数据区域的关联。

总之,文件操作必须是"先打开,后读/写,最后关闭"。

1. 打开文件函数 fopen( )

打开文件使用 fopen( ) 函数来实现。打开文件格式为：

```
FILE * fp;
fp = fopen(文件名,使用方式);
```

在打开一个文件时，通知编译系统以下 3 个信息：需要访问的文件的名字；使用文件的方式（"读"还是"写"等）；让哪一个指针变量指向被打开的文件。表 11-1 列出了文件的使用方式。

表 11-1 文件的使用方式

使用方式	处理方式	打开文件不存在时	打开文件存在时
r	只读（文本文件）	出错	正常打开
w	只写（文本文件）	创建新文件	文件原有内容丢失
a	追加（文本文件）	创建新文件	在文件原有内容后面追加
rb	只读（二进制文件）	出错	正常打开
wb	只写（二进制文件）	建立新文件	文件原有内容丢失
ab	追加（二进制文件）	建立新文件	在文件原有内容后面追加
r+	读/写（文本文件）	出错	正常打开
w+	写/读（文本文件）	建立新文件	文件原有内容丢失
a+	读/追加（文本文件）	建立新文件	在文件原有内容后面追加
rb+	读/写（二进制文件）	出错	正常打开
wb+	写/读（二进制文件）	建立新文件	文件原有内容丢失
ab+	读/追加（二进制文件）	建立新文件	在文件原有内容后面追加

说明：

1）用"r"方式打开的文件只能用于向计算机输入数据（即输入文件），而不能用作向该文件输出数据，而且该文件应该已经存在。不能用"r"方式打开一个并不存在的文件，否则出错。最初，文件位置指针在文件首，读完之后文件位置指针在文件尾。

2）用"w"方式打开的文件只能用于向该文件写数据（即输出文件），而不能用来向计算机输入数据。如果原来不存在该文件，则在打开时新建立一个以指定的名字命名的文件。如果原来已存在一个以该文件名命名的文件，则在打开时将该文件内容删去，然后重新写入新文件内容。

3）如果希望向文件末尾添加新的数据（不希望删除原有数据），则应该用"a"方式打开。但此时该文件必须已存在，否则将得到出错信息。打开时，位置指针移到文件末尾。

4）带"+"号都是读/写方式。用"r+""w+""a+"方式打开的文件既可以用来输入数据，也可以用来输出数据。用"r+"方式时该文件应该已经存在，以便能向计算机输入数据。用"w+"方式则新建立一个文件，先向此文件写数据，然后可以读此文件中的数据。用"a+"方式打开的文件，原来的文件不被删去，位置指针移到文件末尾，可以添加，也可以读。

5）如果不能实现"打开"的任务，fopen( ) 函数将会带回一个出错信息。出错的原因可能是用"r"方式打开一个并不存在的文件、磁盘出故障、磁盘已满无法建立新文件等。此时，fopen( ) 函数将带回一个空指针值 NULL。

6）C 标准建议用表 11-1 列出的文件使用方式打开文本文件或二进制文件，但目前使用的某些 C 编译系统可能不完全提供所有这些功能。

7）计算机从 ASCII 文件读入字符时，遇到回车换行符，系统把它转换为一个换行符，在输出时把换行符转换成为回车和换行两个字符。在用二进制文件时，不进行这种转换，在内存中的数据形式与输出到外部文件中的数据形式完全一致，一一对应。

8）程序中可以使用 3 个标准的流文件：标准输入流、标准输出流、标准出错输出流。系统已对这 3 个文件指定了与终端的对应关系：标准输入流是从终端输入的；标准输出流是向终端输出的；标准出错输出流是当程序出错时将出错信息发送到终端。程序开始运行时系统自动打开这 3 个标准流文件，因此，程序编写者不需要在程序中用 fopen( ) 函数打开它们。所以，以前用到的从终端输入或输出到终端都不需要打开终端文件。

使用 fopen( ) 函数打开的文件会先将文件复制到缓冲区。注意：所下达的读取或写入动作，都是针对缓冲区进行存取而不是磁盘，只有当使用 fclose( ) 函数关闭文件时，缓冲区中的数据才会写入磁盘。

2. 关闭文件函数 fclose( )

文件操作结束前，必须关闭文件。执行关闭文件操作时，系统会将文件缓冲区中的数据写入文件，并释放文件指针指向的存放文件信息结构体的内存资源，否则可能会引发数据的丢失。关闭文件使用 fclose( ) 函数，格式如下：

```
fclose(文件指针);
```

其中的"文件指针"参数就是保存打开文件操作时 fopen( ) 函数返回值的 FILE 指针变量。

3. 获取文件位置指针当前值的函数 ftell( )

在对文件进行读/写操作时，文件位置指针一般顺序移动，即在完成一次读/写操作后，依照数据在文件存储设备中的先后次序，位置指针自动向后移动到下一个位置，等待下一次的读/写操作。

在实际应用中，往往需要对文件中某个特定位置处的数据进行处理，即在完成一次读/写操作后，并不一定要读/写其后续的数据，可能会需要强制性地将文件位置指针移动到用户所希望的特定位置，读/写该位置上的数据，进行随机读/写文件。在随机方式下，系统并不按数据在文件中的物理顺序进行读/写，而是可以读/写文件任何有效位置上的数据。C 语言通过提供文件位置指针定位函数来实现随机读/写功能。ftell( ) 函数的功能是获得并返回文件位置指针的当前值。ftell( ) 函数的原型定义为：

```
long ftell(FILE *fp);
```

其中参数 fp 是文件指针，指向当前操作的文件。

ftell( ) 函数的返回值为文件位置指针的当前位置。如果 ftell( ) 函数执行时出现错误，则返回长整型的 -1（即 -1L）。

4. 重置文件位置指针的函数 rewind( )

rewind( ) 函数的功能是使文件的位置指针移到文件的开头处。rewind( ) 函数的原型定义为：

```
void rewind(FILE *fp);
```

其中参数 fp 是文件指针,指向当前操作的文件。

rewind() 函数没有返回值,其作用在于:如果要对文件进行多次读/写操作,可以在不关闭文件的情况下,将文件位置指针重新设置到文件开头,从而能够重新读/写此文件。如果没有 rewind() 函数,每次重新操作文件之前,需要将该文件关闭后再重新打开,这种方式不仅效率低下,而且操作也不方便。

5. 移动文件位置指针的函数 fseek( )

fseek() 函数可以实现改变文件位置指针到指定位置的操作。fseek() 函数的原型定义为:

```
int fseek(FILE *fp,long offset,int origin);
```

即:

```
int fseek(文件指针,位移量,起始点);
```

其中,fp 为打开的文件指针;参数 offset 为文件位置指针移动的位移量(单位为字节);参数 origin 指示出文件位置指针移动的起始点(或称基点)位置。

当执行 fseek() 函数后,文件位置指针新的位置是以起始点为基准,向后(offset 为正值)或向前(offset 为负值)移动 offset 个字节。文件位置指针的新位置可以用公式"origin + offset"来计算得出。

二进制文件的基点 origin 可以取以下三个常量值之一:

1) SEEK_SET(也可直接用数字 0 表示),此时文件位置指针从文件的开始位置进行移动;
2) SEEK_CUP(对应值为 1),此时文件位置指针从文件的当前位置进行移动;
3) SEEK_END(对应值为 2),此时文件位置指针从文件的结束位置进行移动。

也就是说,二进制文件的基点 origin 只能取 0、1、2。

下面给出 fseek() 函数调用的两个例子:

1) fseek(fp,50L,1),将 fp 指向的文件的位置指针向后移动到离当前位置 50 个字节处。
2) fseek(fp,-100L,2),将 fp 指向的文件的位置指针从文件末尾处向前回退 100 个字节。

综合利用上述两个函数,可以求出任何文件的大小。假设文件指针 fp 已指向某文件,例如:

```
fseek(fp,0L,2);           //文件位置指针移动至文件的结束位置
n = ftell(fp);            //ftell()函数返回文件位置指针的当前位置,n 的值
                            即为文件的大小
```

fseek() 函数一般用于二进制文件,因为文本文件要发生字符转换,计算位置时往往会发生混乱。在文件打开方式为"a"或"a+"时,用 fseek() 函数设置文件位置指针无效。

6. 文件结束检测函数 feof( )

feof() 函数用来判断文件是否结束。feof() 函数的原型定义为:

```
int feof(FILE * fp);
```

即：

```
feof(文件指针);
```

它的功能是判断文件位置指针当前是否处于文件结束位置。当处于文件结束位置时，返回非零值，否则返回零。

下面综合这些文件的基本操作具体讨论各种类型数据文件的读/写操作。

11.3 文件的读/写操作

根据文件读/写的信息规模，可将读/写文件的函数分为 4 类：
1) 一次读/写一个字符；
2) 一次读/写一个字符串；
3) 以格式化控制方式一次操作多个类型数据对象的读/写函数；
4) 以数据块为操作对象的读/写函数。

下面分别对这 4 类函数进行介绍。

11.3.1 字符读/写函数

1. 读取文件中一个字符的函数 fgetc( )

fgetc( ) 函数实现从一个指定的文件中读取一个字符数据的功能。fgetc( ) 函数的调用形式为：

```
c = fgetc(文件指针);
```

例如：

```
FILE * fp;
char c;
c = fgetc(fp);
```

fgetc( ) 函数返回读取的字符。如果文件位置指针移到了文件结尾，则返回 EOF（其值为 -1）。

2. 写入一个字符到文件的函数 fputc( )

fputc( ) 函数实现将一个字符数据写入指定的文件中去的功能。fputc( ) 函数的调用方式为：

```
fputc(待输出字符,文件指针);
```

例如：

```
FILE * fp;
char c;
fputc(c,fp);
```

fputc( )函数具有返回值，若向文件写入字符成功，则返回写入的字符；如果写入失败，则返回一个 EOF。

【例 11.1】 根据程序提示从键盘输入一个已存在的文本文件的完整文件名，并再输入一个新文本文件的完整文件名，然后编程将已存在文本文件中的内容全部复制到新文本文件中去，并且计算读入文件的大小。

```c
#include <stdio.h>
#include <stdlib.h>
int main()
{
    FILE *in,*out;
    int n=0;
    char ch,infile[40],outfile[40];
    printf("输入读入文件的名字:");              //输入已存在的文件名
    scanf("%s",infile);
    if((in=fopen(infile,"r"))==NULL)           //文件指针 in 指向读入文件
    {    printf("无法打开此文件\n");
         exit(0);                               //如果文件打开失败,退出系统
    }
    printf("输入输出文件的名字:");              //输入要创建的文件名
    scanf("%s",outfile);
    if((out=fopen(outfile,"w"))==NULL)         //文件指针 out 指向输出文件
    {    printf("无法打开此文件\n");
         exit(0);
    }
    while(!feof(in))        //检查输入文件当前文件位置指针是否移到文件末尾
    {    ch=fgetc(in);                          //从读入文件中读出一个字符
         fputc(ch,out);                         //将此字符写入到输出文件
         putchar(ch);                           //将此字符输出到显示器
         n++;                                   //计算读入文件的大小
    }
    putchar(10);                                //输出换行符
    printf("读入文件%s 的大小=%ld\n",infile,n);
    fclose(in);                                 //关闭读入文件
    fclose(out);                                //关闭输出文件
    return 0;
}
```

运行程序之前，在当前目录下准备一个文本文件 month.txt，如图 11-3 所示。

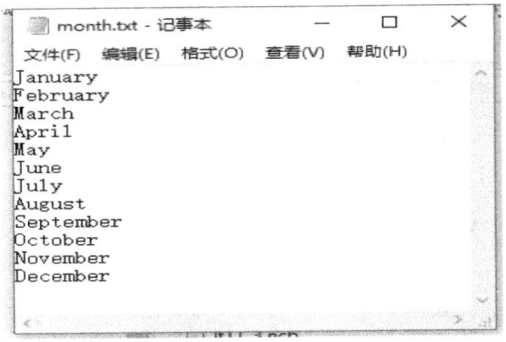

图 11-3　文本文件 month.txt 的内容

运行结果：

输入读入文件的名字:month.txt
输入输出文件的名字:monthname.txt
January
February
March
April
May
June
July
August
September
October
November
December
读入文件 month.txt 的大小=100

程序分析：用"r"方式打开的文件"month.txt"应该已经存在，并存有数据，这样程序才能从文件中读数据。如果不存在，出错。

用"w"方式打开的文件"monthname.txt"，如果原来不存在，则在打开文件前新建立一个以指定的名字命名的文件。如果已存在一个"monthname.txt"文件，则在打开文件前先将该文件原来内容删去，然后重新写入新文件内容。

【例11.2】 根据提示从键盘输入一个已存在的源文本文件的完整文件名，并再输入另一个已存在的目标文本文件的完整文件名，然后编程将源文本文件的内容追加到目标文本文件的原内容之后，并编程实现在显示器上显示目标文件的内容，且计算目标文件的大小。

```c
#include <stdio.h>
#include <stdlib.h>
int main()
{    FILE *in,*out;
```

```
    int n =0;
    char  ch,infile[20],outfile[20];
    printf("输入源文件的名字:");
    scanf("%s",infile);
    if((in = fopen(infile,"r")) ==NULL)
    {    printf("无法打开此文件\n");
         exit(0);
    }
    printf("输入目标文件的名字:");
    scanf("%s",outfile);
    //以追加的方式打开文件,此时位置指针指向目标文件的尾部
    if((out = fopen(outfile,"a+")) ==NULL)
    {    printf("无法打开此文件\n");
         exit(0);
    }
    while(! feof(in))
    {    ch = fgetc(in);
         fputc(ch,out);
    }
    printf("目标文件%s 的内容:\n",outfile);
    rewind(out);              //将目标文件的位置指针从文件尾移到文件开头处
    while(! feof(out))        //将目标文件的内容输出到显示器
    {    ch = fgetc(out);
         putchar(ch);
         n ++;
    }
    putchar(10);
    printf("目标文件%s 的大小 =%ld\n",outfile,n);
    fclose(in);               //关闭源文件
    fclose(out);              //关闭目标文件
    return 0;
}
```

请将程序执行两次以上,比较每次执行的结果。

11.3.2 字符串读/写函数

1. 从文件中读取一个字符串的函数 fgets( )

fgets( ) 函数实现从一个文件指针指定的文件中读取指定长度字符串的功能。fgets( ) 函数的一般调用形式为:

```
fgets(str,n,fp);
```

其中，参数 fp 为文件指针；参数 str 为字符数组，用来存放从文件中读取来的字符串；参数 n 则指定要获取字符串的长度。

实际上 fgets() 函数最多只能从文件中获取 n-1 个字符，但在读取字符串的最后位置的后面，系统将自动添加一个 '\0' 字符。如果函数在读取 n-1 个字符之前碰到了换行符 '\n' 或文件结束符 EOF，则系统会中止读入，并将遇到的换行符也作为有效的读入字符。fgets() 函数在执行成功以后，会将字符数组 str 的地址作为返回值；如果读取数据失败或一开始读就遇到了文件结束符，则返回一个 NULL 值。fgets() 函数读入文本行时的两种情况：

1) 如果 n 大于一行的字符串长度，那么当读到字符串末尾的换行符时，fgets() 会返回，并且在 str 的最后插入字符串结束标志 '\0'。例如：

```
123abc
fgets(str,10,fp);
```

此时，读入 7 个字符，即 123abc\n，实际上还有最后的 '\0'，所以，strlen(str)=7。如果要去除末尾的 \n，则 str[strlen(str)-1]='\0'；便可。

2) 如果 n 小于等于一行的字符串的长度，那么读入 n-1 个字符，此时并没有读入 \n，因为并没有到行尾，同样在最后会插入 '\0'。例如：

```
123abc
char  str[5];
fgets(str,5,fp);
```

这时，读入 4 个字符，即 123a，并没有换行符，所以 strlen(str)=4。

2. 写入一个字符串到文件的函数 fputs()

fputs() 函数实现将一个字符串写入到指定的文件中去的功能。fputs() 函数的一般调用形式为：

```
fputs(str,fp);
```

fputs() 函数具有整型的返回值，当向文件写入字符串操作成功时，则返回 0 值；如果写入失败，则返回一个 EOF（-1）。

注意：fputs() 函数并不将字符串 str 尾部的结束符 '\0' 写入文件。字符串在文件中作为独立的一行，需要用 fputs("\n",fp)；语句为这一字符串添加一个换行符；否则连续输出的多个字符串成为一个整体，这样在今后的读取数据时就无法将这些字符串有效地区分开来。

【**例 11.3**】 用字符串读/写函数实现对文本文件内容的读取/写入。在运行程序前，需要准备一个有全班学生姓名的 name.txt 文本文件，每个学生的姓名占一行，编程读出 name.txt 文件中的学生姓名，并显示到屏幕，然后将姓名按从小到大的顺序排序，保存到另一个文件 namesort.txt 中。

```c
#include <stdio.h>
#include <string.h>
int main()
{
char buffer[100][20],st[20];                    //定义数据缓冲区与文件名变量
FILE *fin,*fout;
int i,j,k,n=0;
if((fin=fopen("name.txt","r"))==NULL)           //文件打开失败
{
  printf("Can not open the file! \n");
  exit(0);
}
/*调用fgets()函数读取文件数据并显示*/
while(fgets(buffer[n],19,fin)!=NULL)
{ buffer[n][strlen(buffer[n])-1]='\0';          //去掉每个字符串后的'\n'
  printf("%3d:%s\n",n+1,buffer[n]);             //显示行号与一行数据
  n++;                                          //行号变量自增
}
for(i=0;i<n-1;i++)
{ k=i;
  for(j=i+1;j<n;j++)
  {
    if(strcmp(buffer[j],buffer[k])<0)
    { k=j;
    }
  }
  if(k!=i)
    { strcpy(st,buffer[i]); strcpy(buffer[i],buffer[k]); strcpy(buffer[k],st);
    }
}
fclose(fin);                                    //关闭文件
if((fout=fopen("namesort.txt","w"))==NULL)
                                                //文件打开失败
{
  printf("Can not open the file! \n");
  exit(0);
}
```

```
/*调用fputs()函数将字符串数据写入文件并显示*/
printf("sorted name:\n");
for(i=0;i<n;i++)
{
  fputs(buffer[i],fout);
  printf("%3d:%s\n",i+1,buffer[i]);        //显示行号与一行数据
}
fclose(fout);                              //关闭文件
return 0;
}
```

运行程序之前,在当前目录下准备一个文本文件 name.txt,如图 11-4 所示。

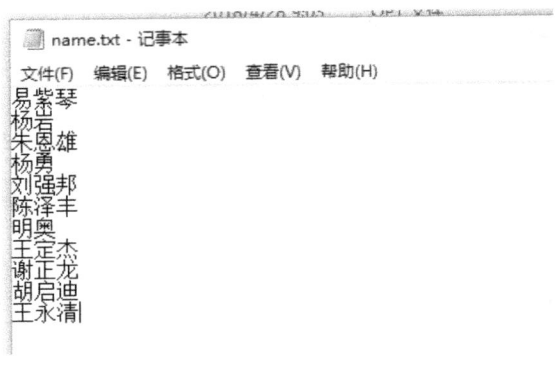

图 11-4　文本文件 name.txt 的内容

运行程序之后,产生了一个 namesort.txt 文件,如图 11-5 所示。

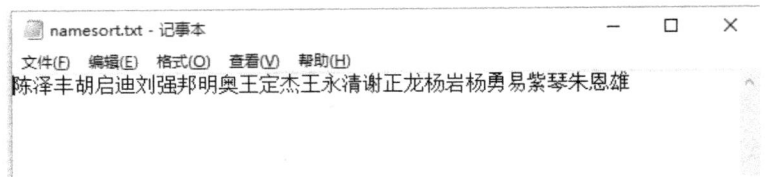

图 11-5　文本文件 namesort.txt 的内容

如果现在有一个班学生的成绩需要从文件里读取和写入文件,成绩是数值型数据,可以调用文件的格式化读/写函数。

11.3.3　格式化读/写函数

C 语言按一定格式对文件输入/输出数据的操作函数是 fscanf() 函数和 fprintf() 函数。这两个函数与格式化输入函数 scanf() 和格式化输出函数 printf() 的作用与用法极为相似。

1. 格式化输入函数 fscanf()

fscanf() 函数实现从指定的文件中将一系列指定格式的数据读取出来的功能。fscanf() 函数的原型定义为:

```
        int fscanf(FILE * fp,char * format,argument1,argument2,…,argu-
    mentm);
```

即:

```
        int fscanf(文件指针,格式字符串,输入表列);
```

其一般调用形式为:

```
        fscanf(fp,format,&argument1,&argument2,…,&argumentm);
```

fscanf() 函数从文件指针 fp 指向的文件中,按照 format 规定的格式,将 m (m≥1) 个数据读取出来,并分别放入到对应的 m 个变量 argumentk (1≤k≤m) 中。

例如,下列程序从 fp 指向的文件中,将文件位置指针开始处的 3 个数据分别读入到整型变量 num、字符串变量 name 和实型变量 score 内。

```
    int num;
    char name[20];
    char sex;
    float score;
    fscanf(fp,"%d,%s,%c,%f",&num,name,&sex,&score);
```

2. 格式化输出函数 fprintf( )

fprintf() 函数实现将一系列格式化的数据写入指定的文件中去的功能。fprintf() 函数的原型定义为:

```
        int fprintf(FILE * fp,char * format,argument1,argument2,…,argu-
    mentm);
```

即:

```
        int fprintf(文件指针,格式字符串,输出表列);
```

其一般调用形式为:

```
        fprintf(文件指针,格式字符串,输出表列);
```

fprintf() 函数将 m (m≥1) 个变量 argument1、argument2、…、argumentm,按照 format 规定的格式,写入到文件指针 fp 指向的文件中。

例如,下列程序将一个人的信息:整型变量 num 的值、字符串变量 name 的值和实型变量 score 的值,分别按%d、%s 和%8.2f 的格式输出到 fp 指向的文件中。

```
    int num = 405201;
    char name[20] = "Jack";
    char sex = 'M';
    float score = 85.6;
    fprintf(fp,"%d,%s,%c,%8.2f",num,name,sex,score);
```

【例 11.4】 在运行程序前,需要准备一个有全班学生成绩的 score.txt 文本文件,编程读出 score.txt 文件中学生的成绩,并显示到屏幕,然后将成绩保存到另一个文件 scoreinfo.txt 中。

解题思路:在读取文件之前不知道这个班学生人数,只知道 score.txt 文件里存放了一批学生的成绩,那么应该怎样根据文件里的数据确定全班的学生人数呢?有一个解决办法是通过计算文件的大小将所有数据读出,从而计算出班级人数。ftell( ) 函数是用来返回当前读/写指针到该文件头相距的字节数的。

源程序如下:

```c
#include <stdio.h>
#include <string.h>
int main()
{
  float score[100];
  FILE *fin,*fout;
  int i,j,k,n=0,size;
  if((fin=fopen("score.txt","r"))==NULL)
  {
    printf("Can not open the  file! \n");
    return;
  }
  fseek(fin,0,2);           //将文件位置指针移到文件尾部
  size=ftell(fin);          //返回文件位置指针的当前位置即文件的大小
  fseek(fin,0,0);           //将文件位置指针移到文件头部
  i=0;
  while(!(size==ftell(fin)))
  {
    fscanf(fin,"%f",&score[i]);
    i++;
  }
  n=i;
  fclose(fin);
  if((fout=fopen("scoreinfo.txt","w"))==NULL)
  {
    printf("Can not open the  file! \n");
    return;
  }
  for(i=0;i<n;i++)
  { fprintf(fout,"%6.1f\n",score[i]);
    printf("%6.1f\n",  score[i]);
```

```
    }
    fclose(fout);
    return 0;
}
```

调用 fscanf( ) 函数从文件中进行格式化输入时,要保证格式字符串所控制的数据类型与文件中的数据类型保持一致,否则将会出错。数据必须按照存入的类型读出,才能恢复其本来面貌。

请思考,如果用全班学生信息文件 class.txt 做数据的输入文件,怎样才能读出学生的信息呢?

例 11.3 从文件 name.txt 中读/写全班的学生姓名,例 11.4 从文件 score.txt 中读/写全班的学生成绩,割裂了数据元素之间的关联。为了保持数据内容的完整性,以结构体类型的数据为整体,从文件 class.txt 中读取全班学生的信息。注意,假设只知道文件中数据的格式,不知道文件里保存了多少条学生信息。

【例 11.5】 在运行程序前,需要准备一个含有全班学生学号、姓名、性别、成绩的 class.txt 文本文件,定义 load_txt( ) 函数实现从 class.txt 文件读取学生数据的操作,然后定义 save_txt( ) 函数将学生数据信息写入文本文件 classinfo.txt 中。

```
#include <stdio.h>
#include <string.h>
struct stu
{
    int num;
    char name[20];
    char sex;
    float score;
};
void load_txt(struct stu s[],int *n);
void save_txt(struct stu s[],int n);
void output(struct stu s[],int n);
int main()
{
    struct stu s[100];              //假设全班人数不超过100
    int n;
    load_txt(s,&n);
    output(s,n);
    save_txt(s,n);
    return 0;
}
void load_txt(struct stu s[],int *n)
{
```

```
           FILE *fin;
           int i,j ,k ,size;
           *n =0;
           if((fin = fopen("class.txt","r")) ==NULL)
                                               //以只读方式打开文件class.txt
           {
             printf("Can not open the  file! \n");
             exit(0);
           }
           /*读取文件数据并显示*/
           fseek(fin,0,2);
           size = ftell(fin);
           fseek(fin,0,0);
           i =0;
           while(!(size == ftell(fin)))       //判断文件位置指针是否到了文件
                                              尾部
           {
             fscanf(fin,"%d",&s[i].num);
             fscanf(fin,"%s",s[i].name);
             fscanf(fin,"%c",& s[i].sex);
             fscanf(fin,"%f",& s[i].score);
             i ++;
           }
           *n =i;
           fclose(fin);                       //关闭文件
           }
           
           void save_txt(struct stu s[],int n)
           {
             FILE *fout;
             int i;                           //定义用于记录数据条数的变量
             if((fout = fopen("classinfo.txt","w")) ==NULL)
                                              //以只写方式打开文件
             {
               printf("Can not open the file! \n");
               exit(0);
             }
             for(i =0;i <n;i ++)
```

```
    { fprintf(fout,"学号:%d\n 姓名:%s\n 性别:%c\n 成绩:%6.1f\n",
         s[i].num,s[i].name,s[i].sex,s[i].score);
                                                    //输出到文件
    }
    fclose(fout);                                   //关闭文件
}

void output(struct stu s[],int n)
{
  int i;
  for(i=0;i<n;i++)
  {
    printf("学号:%d\n 姓名:%s\n 性别:%c\n 成绩:%6.1f\n",
       s[i].num,s[i].name,s[i].sex,s[i].score);
                                                    //输出到屏幕
  }
  return;
}
```

运行程序之前，在当前目录下准备一个文本文件 class.txt，如图 11-6 所示。

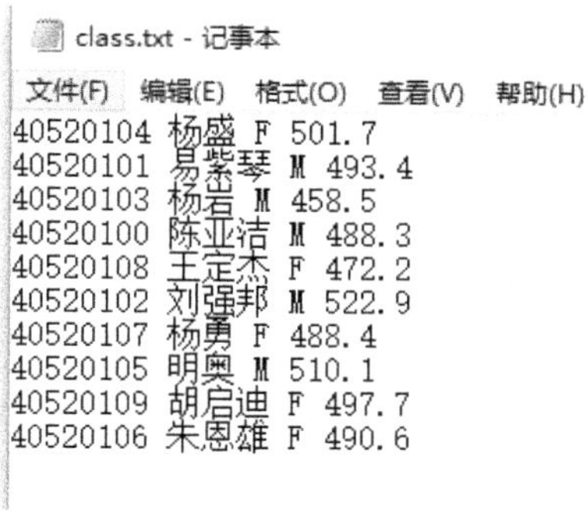

```
class.txt - 记事本
文件(F)  编辑(E)  格式(O)  查看(V)  帮助(H)
40520104 杨盛   F 501.7
40520101 易紫琴 M 493.4
40520103 杨岩   M 458.5
40520100 陈亚洁 M 488.3
40520108 王定杰 F 472.2
40520102 刘强邦 M 522.9
40520107 杨勇   F 488.4
40520105 明奥   M 510.1
40520109 胡启迪 F 497.7
40520106 朱恩雄 F 490.6
```

图 11-6 文本文件 class.txt 的内容

运行程序之后，产生了一个 classinfo.txt 文件，如图 11-7 所示。

程序分析：用 fscanf( ) 函数和 fprintf( ) 函数对磁盘进行读/写非常方便，但是，由于在输入时要将数据的 ASCII 值转换成二进制形式，输出时又需要再将二进制形式转换成字符形式，这需要花费一定的时间。因此在内存与磁盘频繁交换数据的情况下，最好不用 fscanf( ) 函数和 fprintf( ) 函数，改用 fread( ) 函数和 fwrite( ) 函数。

11.3.4 数据块读/写函数

C 语言提供了一组以数据块为存放单位的文件访问函数：fread( ) 和 fwrite( )，可以一

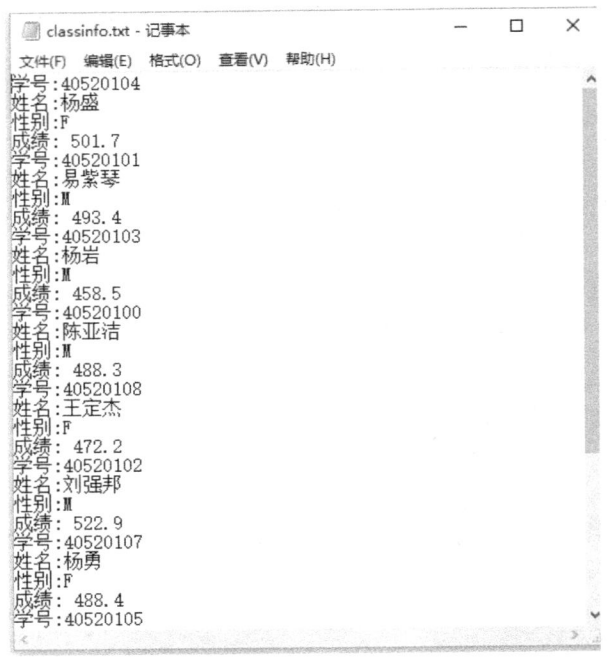

图 11-7　文本文件 classinfo.txt 的内容

次交换大批量的数据集合。

1. 读取文件中一组数据的函数 fread( )

fread( ) 函数实现从文件指针指定的文件中读取指定长度数据块的功能。fread( ) 函数的原型定义为：

```
int fread(char *buffer,int size,int count,FILE *fp);
```

其中，参数 buffer 为指向为存放读入数据设置的缓冲区的指针或作为缓冲区的字符数组；参数 size 为读取的数据块中每个数据项的长度（单位为字节）；参数 count 为要读取的数据项的个数；fp 是文件指针。

如果执行 fread( ) 函数时没有遇到文件结束符，则实际读取的数据长度应为 size × count（字节）。fread( ) 函数在执行成功以后，会将实际读取到的数据项个数作为返回值；如果读取数据失败或一开始读就遇到了文件结束符，则返回一个 NULL 值。

2. 写入一组数据到文件的函数 fwrite( )

fwrite( ) 函数实现将一组数据写入到指定的文件中去的功能。fwrite( ) 函数的原型定义为：

```
int fwrite(char *buffer,int size,int count,FILE *fp);
```

其中，参数 buffer 是一个指针，它指向输出数据缓冲区的首地址；参数 size 为待写入文件的数据块中每个数据项的长度（单位为字节）；参数 count 为待写入文件的数据项的个数；fp 是文件指针。

fwrite( ) 函数具有整型的返回值，当向文件输出操作成功时，则返回写入的数据块的个数；如果输出失败，则返回 NULL。

注意：利用 fread( ) 函数和 fwrite( ) 函数读/写二进制文件时非常方便，可以对任何类型的数据进行读/写。当 fread( ) 和 fwrite( ) 调用成功时，函数都将返回 count 的值，即输入/输出数据项的个数。修改例 11.5，使用二进制文件输入/输出学生的数据。

【例 11.6】 在例 11.5 程序中，增加一个 save_bin( ) 函数，将学生数据信息写入二进制文件 classinfo.bin 中，再在主函数中输出文本文件 classinfo.txt 与二进制文件 classinfo.bin 的大小。

源程序如下：

```c
#include <stdio.h>
#include <string.h>
struct stu
{
  int num;
  char name[20];
  char sex;
  float score;
};
void load_txt(struct stu s[],int *n);
void save_txt(struct stu s[],int n);
void output(struct stu s[],int n);
void save_bin(struct stu s[],int n);
int main()
{
  struct stu s[100];                   //假设全班人数不超过100
  int n,size;
  FILE *fp;
  load_txt(s,&n);
  save_txt(s,n);                       //调用函数 save_txt(),将数组中数据
                                       //  保存到文本文件 classinfo.txt 中
  save_bin(s,n);                       //调用函数 save_bin(),将数组中数据
                                       //  保存到二进制文件 classinfo.bin 中
  if((fp=fopen("classinfo.txt","r"))==NULL)
                                       //以只读方式打开文本文件 classin-
                                       //  fo.txt
  {
    printf("Cannot open file\n");
    return;
  }
```

```c
        fseek(fp,0,2);
        size=ftell(fp);
        fclose(fp);
        printf("文本文件classinfo.txt的大小=%d\n",size);
        if((fp=fopen("classinfo.bin","rb"))==NULL)
                                        //以只读方式打开二进制文件clas-
                                          sinfo.bin
        {
          printf("Cannot open file\n");
          return;
        }
        fseek(fp,0,2);
        size=ftell(fp);
        fclose(fp);
        printf("二进制文件classinfo.bin的大小=%d\n",size);
        return 0;
}
    void load_txt(struct stu s[],int *n)
    {
        FILE *fin;
        int i,j,k,size;
        *n=0;
        if((fin=fopen("class.txt","r"))==NULL)
                                        //以只读方式打开文件class.txt
        {
          printf("Can not open the file! \n");
          exit(0);
        }
        /*读取文件数据并显示*/
        fseek(fin,0,2);
        size=ftell(fin);
        fseek(fin,0,0);
        i=0;
        while(!(size==ftell(fin)))      //判断文件位置指针是否到了文件
                                          尾部
        {
          fscanf(fin,"%d",&s[i].num);
          fscanf(fin,"%s",s[i].name);
          fscanf(fin,"%c",& s[i].sex);
```

```
      fscanf(fin,"%f",&s[i].score);
      i++;
    }
    *n=i;
    fclose(fin);                        //关闭文件
  }


  void save_txt(struct stu s[],int n)
  {
    FILE *fout;
    int i;                              //定义用于记录数据条数的变量
    if((fout=fopen("classinfo.txt","w"))==NULL)
                                        //以只写方式打开文件
    {
      printf("Can not open the file!\n");
      exit(0);
    }
    for(i=0;i<n;i++)
    { fprintf(fout,"学号:%d\n 姓名:%s\n 性别:%c\n 成绩:%6.1f\n",
        s[i].num,s[i].name,s[i].sex,s[i].score);
                                        //输出到文件
    }
    fclose(fout);                       //关闭文件
  }


  void output(struct stu s[],int n)
  {
    int i;
    for(i=0;i<n;i++)
    {
      printf("学号:%d\n 姓名:%s\n 性别:%c\n 成绩:%6.1f\n",
        s[i].num,s[i].name,s[i].sex,s[i].score);
                                        //输出到屏幕
    }
    return;
  }
void save_bin(struct stu s[],int n)
{
```

```
    FILE   *fp;
    int i;
    //以只写方式打开二进制文件classinfo.bin
    if((fp=fopen("classinfo.bin","wb"))==NULL)
    {
      printf("Cannot  open  file\n");
      return;
    }
    for(i=0;i<n;i++)                    //利用循环写入每个学生的信息
    {
      fwrite(&s[i],sizeof(struct stu),1,fp);
    }
    //或用此语句fwrite(s,sizeof(struct stu),n,fp);代替上述for语句
    fclose(fp);                         //关闭文件
}
```

运行结果：

文本文件classinfo.txt的大小=482
二进制文件classinfo.bin的大小=320

程序分析：存放同样信息，二进制文件比文本文件小。如果用二进制数据文件classinfo.bin作为数据源文件，还可以先计算出学生的人数，再根据人数定义动态数组存放学生的信息。

【例11.7】 读取例11.6产生的二进制文件classinfo.bin中学生信息记录，并将它们显示到屏幕上。

解题思路： 若二进制文件中存放的是struct stu结构体类型数据，程序员掌握此文件的数据格式，则通过以下语句可以求出该文件中以该结构体为单位的数据块的个数。

```
fseek(fp,0L,2);
t=ftell(fp);
n=t/sizeof(struct stu);     //n为二进制classinfo.bin文件中学生数据的条数
```

源程序如下：

```c
#include<stdio.h>
#include<string.h>
#include<stdlib.h>
struct stu
{
  int num;
  char name[20];
  char sex;
```

```c
    float score;
};
void load_bin(struct stu **s,int *n);
void output(struct stu s[],int n);
void main()
{
    struct stu *s;                    //不知道全班人数
    int n;
    load_bin(&s,&n);                  //在函数调用之前 s、n 的值都是随机值
    output(s,n);
}
void load_bin(struct stu **s,int *n)
{
    FILE *fin;
    int size;
    *n=0;
    if((fin=fopen("classinfo.bin","rb"))==NULL)
                                      //以只读方式打开文件 classinfo.bin
    {
        printf("Can not open the  file!\n");
        return;
    }
    fseek(fin,0L,SEEK_END);
    size=ftell(fin);
    *n=size/sizeof(struct stu);
    (*s)=(struct stu *)malloc(sizeof(struct stu)*(*n));
    //根据二进制文件 classinfo.bin 里数据计算
    rewind(fin);                      //如果不将文件位置指针重置到文件开头处,数
                                      //据读取就会失败
    fread(&((*s)[0]),sizeof(struct stu),*n,fin);
    fclose(fin);
}
void output(struct stu s[],int n)
{   int i;
    for(i=0;i<n;i++)
    {
        printf("学号:%d\n 姓名:%s\n 性别:%c\n 成绩:%6.1f\n",
            s[i].num,s[i].name,s[i].sex,s[i].score);
```

```
                                    //输出到屏幕
    }
    return;
}
```

程序里所使用的数据可以文本文件或二进制文件的形式永久保存在外存储器上。

11.4 本章知识点小结

内　容	实　例	备　注
文件名的3个要素	D:\Program\TC\Example\ltl1_1.c	文件路径、文件主名、文件扩展名

FILE 指针	FILE *fin,*fout;
	fin = fopen("score.txt","r");
	fout = fopen("scoreinfo.txt","w");
		C语言缓冲文件系统中，对文件的操作必须通过一个指向"FILE 类型"的文件指针来实现

文件位置指针		文件位置指针是指当打开一个文件时系统自动建立一个标识文件中当前字符位置的指针，该指针随着对文件的读/写操作而不断地移动
打开和关闭文件函数	fopen("路径","打开方式") fclose(FILE *)	使用前打开文件，使用完关闭文件，防止之后被误用
获取文件位置指针当前值的函数	ftell(FILE *)	
重置文件位置指针的函数	rewind(FILE *)	把文件指针拨回到文件头
移动文件位置指针的函数	fseek(FILE *,x,0/1/2)	移动文件指针。第2个参数是位移量，0代表从头移，1代表从当前位置移，2代表从文件尾移
文件结束检测函数	feof(FILE *)	判断是否到了文件末尾
字符读/写函数	fgetc(FILE *) fputc(ch,FILE *)	从文件中读取一个字符 把 ch 代表的字符写入这个文件里
字符串读/写函数	fgets(FILE *) fputs(FILE *)	从文件中读取一行 把一行写入文件中
格式化读/写函数	fscanf(FILE *,"格式字符串",输入表列) fprintf(FILE *,"格式字符串",输出表列)	从文件中读取数据 把数据写入文件
数据块读/写函数	fread(地址,sizeof(),n,FILE *) fwrite(地址,sizeof(),n,FILE *)	把文件中 n 个 sizeof 大小的数据读入地址里 把地址中 n 个 sizeof 大小的数据写入文件里

11.5 本章常见错误小结

常见错误描述	错误类型
使用之前没有打开文件，使用之后没有关闭文件	编译错误 运行错误
相关文件操作函数的调用格式有误。一定注意实参的类型、顺序、个数上与函数原型（或函数声明）的一致	编译错误
无法打开输入文件	运行错误
无法建立输出文件	运行错误
打开文件写入文件之后，文件流指针指向末尾，第2次读取该文件时，从当前文件位置指针读取，当然读取不到内容，必须重新定位文件位置指针	理解错误

习 题

1. 根据提示从键盘输入一个已存在的文本文件的完整文件名，并再输入另一个已存在的文本文件的完整文件名，然后编程将源文本文件的内容追加到目的文本文件的原内容之前，并编程实现在显示器上显示源文件和目标文件的文件内容，且计算读入文件和输出文件的大小。

2. 请编写一个程序，比较两个文件，如果相等则返回0，否则返回1。

3. 编写一个程序，交替地读取两个文件的正文行，并把它们送到 stdout.txt 文件中。如果一个文件读完，那么就把另一个文件余下的内容全部复制到 stdout.txt 中。

4. 设文本文件 number.dat 中存放了一组整数，请编程统计并输出文件中正整数、零和负整数的个数。

5. 设文件 student.dat 中存放着一年级全部学生的基本情况，定义描述学生信息（学号、姓名、性别、出生日期、4门课程成绩和平均分）的结构体类型如下：

```
struct date
{ int month;
  int day;
  int year;
};
struct stu
{
  int num;
  char name[20];
  char sex;
  struct date birth;
```

```
        float score[4];
        float ave;
    };
```

请编写程序完成以下任务:

(1) 从文件中读出一年级学生的信息,在显示器上输出学生信息。

(2) 将学生的名字由小到大排序,将排序后学生信息在显示器上输出,并且将排序后学生的信息写入另一个文件 studentsort.dat 中。

附　　录

附录 A　C 语言中 32 个关键字详解

由 ANSI 标准定义的 C 语言关键字共 32 个：
auto double int struct break else long switch
case enum register typedef char extern return union
const float short unsigned continue for signed void
default goto sizeof volatile do if while static

根据关键字的作用，可以将关键字分为数据类型关键字和流程控制关键字两大类。

1. 数据类型关键字

（1）基本数据类型关键字（5 个）

void：声明函数无返回值或无参数，声明无类型指针，显式丢弃运算结果。

char：字符型数据，属于整型数据的一种。

int：整型数据，通常为编译器指定的机器字长。

float：单精度浮点型数据，属于浮点型数据的一种。

double：双精度浮点型数据，属于浮点型数据的一种。

（2）类型修饰关键字（4 个）

short：修饰 int，短整型数据，可省略被修饰的 int。

long：修饰 int，长整型数据，可省略被修饰的 int。

signed：修饰整型数据，有符号数据类型。

unsigned：修饰整型数据，无符号数据类型。

（3）复杂类型关键字（5 个）

struct：结构体声明。

union：共用体声明。

enum：枚举声明。

typedef：声明类型别名。

sizeof：得到特定类型或特定类型变量的大小。

（4）存储级别关键字（6 个）

auto：指定为自动变量，由编译器自动分配及释放，通常在栈上分配。

tatic：指定为静态变量，分配在静态变量区，修饰函数时，指定函数作用域为文件内部。

register：指定为寄存器变量，建议编译器将变量存储到寄存器中，也可以修饰函数形参，建议编译器通过寄存器而不是堆栈传递参数。

extern：指定对应变量为外部变量，即在另外的目标文件中定义，可以认为是约定由另外文件声明的。

const：与 volatile 合称"cv 特性"，指定变量的值不可被当前线程/进程改变（但有可能被系统或其他线程/进程改变）。

volatile：与 const 合称"cv 特性"，指定变量的值有可能会被系统或其他进程/线程改变，强制编译器每次从内存中取得该变量的值。

2. 流程控制关键字

（1）跳转结构（4个）

return：用在函数体中，返回特定值（或者是 void 值，即不返回值）。

continue：结束当前循环，开始下一轮循环。

break：跳出当前循环或 switch 结构。

goto：无条件跳转语句。

（2）分支结构（5个）

if：条件语句。

else：条件语句否定分支（与 if 连用）。

switch：开关语句（多重分支语句）。

case：开关语句中的分支标记。

default：开关语句中的"其他"分支，可选。

（3）循环结构（3个）

for：for 循环结构，for（1；2；3）4；的执行顺序为 1->2->4->3->2…循环，其中 2 为循环条件。

do：do 循环结构，do 1 while（2）；的执行顺序是 1->2->1…循环，2 为循环条件。

while：while 循环结构，while（1）2；的执行顺序是 1->2->1…循环，1 为循环条件。

以上循环语句，当循环条件表达式为真时则继续循环，为假时则跳出循环。

附录 B　C 运算符的优先级与结合性

优先级	运算符	名称或含义	结合方向	说明
1	[ ]	数组下标	左到右	
	( )	圆括号		
	.	成员选择（对象）		
	->	成员选择（指针）		
2	-	负号运算符	右到左	单目运算符
	(类型)	强制类型转换		
	++	自增运算符		单目运算符

（续）

优先级	运算符	名称或含义	结合方向	说明
2	--	自减运算符	右到左	单目运算符
	*	取值运算符		单目运算符
	&	取地址运算符		单目运算符
	!	逻辑非运算符		单目运算符
	~	按位取反运算符		单目运算符
	sizeof	长度运算符		
3	/	除	左到右	双目运算符
	*	乘		双目运算符
	%	余数（取模）		双目运算符
4	+	加	左到右	双目运算符
	-	减		双目运算符
5	<<	左移	左到右	双目运算符
	>>	右移		双目运算符
6	>	大于	左到右	双目运算符
	>=	大于等于		双目运算符
	<	小于		双目运算符
	<=	小于等于		双目运算符
7	==	等于	左到右	双目运算符
	!=	不等于		双目运算符
8	&	按位与	左到右	双目运算符
9	^	按位异或	左到右	双目运算符
10	|	按位或	左到右	双目运算符
11	&&	逻辑与	左到右	双目运算符
12	||	逻辑或	左到右	双目运算符
13	?:	条件运算符	右到左	三目运算符
14	=	赋值运算符	右到左	
	/=	除后赋值		
	*=	乘后赋值		
	%=	取模后赋值		
	+=	加后赋值		
	-=	减后赋值		
	<<=	左移后赋值		
	>>=	右移后赋值		
	&=	按位与后赋值		
	^=	按位异或后赋值		
	|=	按位或后赋值		
15	,	逗号运算符	左到右	从左向右顺序运算

附录 C 常用字符与 ASCII 码值对照表

ASCII 值	字符	控制字符	ASCII 值	字符	ASCII 值	字符	ASCII 值	字符
000	null	NUL	032	(space)	064	@	096	`
001	☺	SOH	033	!	065	A	097	a
002	☻	STX	034	"	066	B	098	b
003	♥	ETX	035	#	067	C	099	c
004	♦	EOT	036	$	068	D	100	d
005	♣	END	037	%	069	E	101	e
006	♠	ACK	038	&	070	F	102	f
007	beep	BEL	039	'	071	G	103	g
008	backspace	BS	040	(	072	H	104	h
009	tab	HT	041	)	073	I	105	i
010	换行	LF	042	*	074	J	106	j
011	♂	VT	043	+	075	K	107	k
012	♀	FF	044	,	076	L	108	l
013	回车	CR	045	-	077	M	109	m
014	♫	SO	046	.	078	N	110	n
015	☼	SI	047	/	079	O	111	o
016	►	DLE	048	0	080	P	112	p
017	◄	DC1	049	1	081	Q	113	q
018	↕	DC2	050	2	082	R	114	r
019	‼	DC3	051	3	083	S	115	s
020	¶	DC4	052	4	084	T	116	t
021	§	NAK	053	5	085	U	117	u
022	▬	SYN	054	6	086	V	118	v
023	↨	ETB	055	7	087	W	119	w
024	↑	CAN	056	8	088	X	120	x
025	↓	EM	057	9	089	Y	121	y
026	→	SUB	058	:	090	Z	122	z
027	←	ESC	059	;	091	[	123	{
028	∟	FS	060	<	092	\	124	|
029	↔	GS	061	=	093	]	125	}
030	▲	RS	062	>	094	^	126	~
031	▼	US	063	?	095	_	127	⌂

附录D　常用的 ANSI C 标准库函数

库函数并不是 C 语言的一部分，它是由编译系统根据一般用户的需要编制并提供给用户使用的一组程序。每一种 C 编译系统都提供了一批库函数，不同的编译系统所提供的库函数的数目和函数名以及函数功能是不完全相同的。ANSI C 标准提出了一批建议提供的标准库函数。它包括了目前多数 C 编译系统所提供的库函数，但也有一些是某些 C 编译系统未曾实现的。考虑到通用性，本附录列出 ANSI C 建议的常用库函数。

由于 C 库函数的种类和数目很多，如屏幕和图形函数、时间日期函数、与系统有关的函数等，每一类函数又包括各种功能的函数，限于篇幅，本附录不能全部介绍，只从教学需要的角度列出最基本的。读者在编写 C 程序时可根据需要，查阅有关系统的函数使用手册。

1. 数学函数

使用数学函数时，应该在源文件中使用预编译命令：

```
#include <math.h> 或 #include "math.h"
```

函　数　名	函数原型	功　　能	返　回　值
acos	double acos (double x);	计算 arccos x 的值，其中 $-1 \leq x \leq 1$	计算结果
asin	double asin (double x);	计算 arcsin x 的值，其中 $-1 \leq x \leq 1$	计算结果
atan	double atan (double x);	计算 arctan x 的值	计算结果
atan2	double atan2 (double x, double y);	计算 arctan x/y 的值	计算结果
cos	double cos (double x);	计算 cos x 的值，其中 x 的单位为弧度	计算结果
cosh	double cosh (double x);	计算 x 的双曲余弦 cosh x 的值	计算结果
exp	double exp (double x);	求 e^x 的值	计算结果
fabs	double fabs (double x);	求 x 的绝对值	计算结果
floor	double floor (double x);	求出不大于 x 的最大整数	该整数的双精度实数
fmod	double fmod (double x, double y);	求 x/y 的浮点余数	返回余数的双精度实数
frexp	double frexp (double val, int * eptr);	把双精度数 val 分解成数字部分（尾数）和以 2 为底的指数部分，即 val = $x \times 2^n$，n 存放在 eptr 指向的变量中	数字部分 x $0.5 \leq x < 1$
log	double log (double x);	求 lnx 的值	计算结果
log10	double log10 (double x);	求 $\log_{10} x$ 的值	计算结果
modf	double modf (double val, int * iptr);	把双精度数 val 分解成数字部分和小数部分，把整数部分存放在 ptr 指向的变量中	val 的小数部分
pow	double pow (double x, double y);	求 x^y 的值	计算结果
sin	double sin (double x);	求 sin x 的值，其中 x 的单位为弧度	计算结果

（续）

函数名	函数原型	功　能	返　回　值
sinh	double sinh（double x）;	计算 x 的双曲正弦函数 sinh x 的值	计算结果
sqrt	double sqrt（double x）;	计算 $\sqrt{x}$，其中 x≥0	计算结果
tan	double tan（double x）;	计算 tan x 的值，其中 x 的单位为弧度	计算结果
tanh	double tanh（double x）;	计算 x 的双曲正切函数 tanh x 的值	计算结果

2. 字符函数

在使用字符函数时，应该在源文件中使用预编译命令：

```
#include<ctype.h>或#include"ctype.h"
```

函数名	函数原型	功　能	返　回　值
isalnum	int isalnum（int ch）;	检查 ch 是否是字母或数字	是字母或数字返回1，否则返回0
isalpha	int isalpha（int ch）;	检查 ch 是否是字母	是字母返回1，否则返回0
iscntrl	int iscntrl（int ch）;	检查 ch 是否是控制字符（其 ASCII 码在 0 和 0x1F 之间）	是控制字符返回1，否则返回0
isdigit	int isdigit（int ch）;	检查 ch 是否是数字	是数字返回1，否则返回0
isgraph	int isgraph（int ch）;	检查 ch 是否是可打印字符（其 ASCII 码在 0x21 和 0x7e 之间），不包括空格	是可打印字符返回1，否则返回0
islower	int islower（int ch）;	检查 ch 是否是小写字母（a～z）	是小写字母返回1，否则返回0
isprint	int isprint（int ch）;	检查 ch 是否是可打印字符（其 ASCII 码在 0x21 和 0x7e 之间），包括空格	是可打印字符返回1，否则返回0
ispunct	int ispunct（int ch）;	检查 ch 是否是标点字符（不包括空格），即除字母、数字和空格以外的所有可打印字符	是标点返回1，否则返回0
isspace	int isspace（int ch）;	检查 ch 是否是空格、跳格符（制表符）或换行符	是，返回1，否则返回0
isupper	int isupper（int ch）;	检查 ch 是否是大写字母（A～Z）	是大写字母返回1，否则返回0
isxdigit	int isxdigit（int ch）;	检查 ch 是否是一个十六进制数字（即 0～9，或 A～F，a～f）	是，返回1，否则返回0
tolower	int tolower（int ch）;	将 ch 字符转换为小写字母	返回 ch 对应的小写字母

(续)

函 数 名	函 数 原 型	功　能	返　回　值
toupper	int toupper (int ch);	将ch字符转换为大写字母	返回ch对应的大写字母

3. 字符串函数

使用字符串函数时，应该在源文件中使用预编译命令：

#include <string.h>或#include"string.h"

函 数 名	函 数 原 型	功　能	返　回　值
memchr	void memchr (void * buf, char ch, unsigned count);	在buf的前count个字符里搜索字符ch首次出现的位置	返回指向buf中ch第一次出现的位置指针。若没有找到ch，返回NULL
memcmp	int memcmp (void * buf1, void * buf2, unsigned count);	按字典顺序比较由buf1和buf2指向的数组的前count个字符	buf1 < buf2，为负数 buf1 = buf2，返回0 buf1 > buf2，为正数
memcpy	void * memcpy (void * to, void * from, unsigned count);	将from指向的数组中的前count个字符复制到to指向的数组中。From和to指向的数组不允许重叠	返回指向to的指针
memmove	void * memmove (void * to, void * from, unsigned count);	将from指向的数组中的前count个字符复制到to指向的数组中。From和to指向的数组允许重叠	返回指向to的指针
memset	void * memset (void * buf, char ch, unsigned count);	将字符ch复制到buf指向的数组前count个字符中	返回buf
strcat	char * strcat (char * str1, char * str2);	把字符串str2接到str1后面，取消原来str1最后面的串结束符"\0"	返回str1
strchr	char * strchr (char * str, int ch);	找出str指向的字符串中第一次出现字符ch的位置	返回指向该位置的指针，如找不到，则应返回NULL
strcmp	int * strcmp (char * str1, char * str2);	比较字符串str1和str2	若str1 < str2，为负数 若str1 = str2，返回0 若str1 > str2，为正数
strcpy	char * strcpy (char * str1, char * str2);	把str2指向的字符串复制到str1中去	返回str1
strlen	unsigned intstrlen (char * str);	统计字符串str中字符的个数（不包括终止符"\0"）	返回字符个数

295

（续）

函数名	函数原型	功能	返回值
strncat	char * strncat（char * str1, char * str2, unsigned count）;	把str2指向的字符串中最多count个字符连到str1后面，并且追加一个空字符到str1末尾	返回str1
strncmp	int strncmp（char * str1, * str2, unsigned count）;	比较字符串str1和str2中至多前count个字符	若str1 < str2，为负数 若str1 = str2，返回0 若str1 > str2，为正数
strncpy	char * strncpy（char * str1, * str2, unsigned count）;	把str2指向的字符串中最多前count个字符复制到串str1中去	返回str1
strnset	void * setnset（char * buf, char ch, unsigned count）;	将字符ch复制到buf指向的数组前count个字符中	返回buf
strset	void * setset（void * buf, char ch）;	将buf所指向的字符串中的全部字符都变为字符ch	返回buf
strstr	char * strstr（char * str1, * str2）;	寻找str2指向的字符串在str1指向的字符串中首次出现的位置	返回str2指现的字符串首次出现的地址，否则返回NULL

4. 输入/输出函数

在使用输入/输出函数时，应该在源文件中使用预编译命令：

```
#include <stdio.h>或#include"stdio.h"
```

函数名	函数原型	功能	返回值
clearer	void clearer（FILE * fp）;	清除文件指针错误指示器	无
close	int close（int fp）;	关闭文件（非ANSI标准）	关闭成功返回0，不成功返回-1
creat	int creat（char * filename, int mode）;	以mode所指定的方式建立文件（非ANSI标准）	成功返回正数，否则返回-1
eof	int eof（int fp）;	判断fp所指的文件是否结束	文件结束返回1，否则返回0
fclose	int fclose（FILE * fp）;	关闭fp所指的文件，释放文件缓冲区	关闭成功返回0，不成功返回非0
feof	int feof（FILE * fp）;	检查文件是否结束	文件结束返回非0，否则返回0
ferror	int ferror（FILE * fp）;	测试fp所指的文件是否有错误	无错返回0，否则返回非0
fflush	int fflush（FILE * fp）;	将fp所指的文件的全部控制信息和数据存盘	存盘正确返回0，否则返回非0

(续)

函数名	函数原型	功　能	返　回　值
fgets	char * fgets (char * buf, int n, FILE * fp);	从 fp 所指的文件读取一个长度为 (n-1) 的字符串,存入起始地址为 buf 的空间	返回地址 buf,若遇文件结束或出错则返回 EOF
fgetc	int fgetc (FILE * fp);	从 fp 所指的文件中取得下一个字符	返回所得到的字符,出错返回 EOF
fopen	FILE * fopen (char * filename, char * mode);	以 mode 指定的方式打开名为 filename 的文件	成功,则返回一个文件指针,否则返回 0
fprintf	int fprintf (FILE * fp, char * format, args, …);	把 args 的值以 format 指定的格式输出到 fp 所指的文件中	实际输出的字符数
fputc	int fputc (char ch, FILE * fp);	将字符 ch 输出到 fp 所指的文件中	成功则返回该字符,出错返回 EOF
fputs	int fputs (char str, FILE * fp);	将 str 指定的字符串输出到 fp 所指的文件中	成功则返回 0,出错返回 EOF
fread	int fread (char * pt, unsigned size, unsigned n, FILE * fp);	从 fp 所指定的文件中读取长度为 size 的 n 个数据项,存到 pt 所指向的内存区	返回所读的数据项个数,若文件结束或出错返回 0
fscanf	int fscanf (FILE * fp, char * format, args, …);	从 fp 指定的文件中按给定的 format 格式将读入的数据送到 args 所指向的内存变量中(args 是指针)	已输入的数据个数
fseek	int fseek (FILE * fp, long offset, int base);	将 fp 指定的文件的位置指针移到 base 所指定的位置为基准、以 offset 为位移量的位置	返回当前位置,否则返回 -1
ftell	long ftell (FILE * fp);	返回 fp 所指定的文件中的读/写位置	返回文件中的读/写位置,否则返回 0
fwrite	int fwrite (char * ptr, unsigned size, unsigned n, FILE * fp);	把 ptr 所指向的 n×size 个字节输出到 fp 所指向的文件中	写到 fp 文件中的数据项的个数
getc	int getc (FILE * fp);	从 fp 所指向的文件中读出下一个字符	返回读出的字符,若文件出错或结束返回 EOF
getchar	int getchar ();	从标准输入设备中读取下一个字符	返回字符,若文件出错或结束返回 -1
gets	char * gets (char * str);	从标准输入设备中读取字符串存入 str 指向的数组	成功返回 str,否则返回 NULL
open	int open (char * filename, int mode);	以 mode 指定的方式打开已存在的名为 filename 的文件(非 ANSI 标准)	返回文件号(正数),如打开失败返回 -1

（续）

函 数 名	函 数 原 型	功 能	返 回 值
printf	int printf（char * format，args，…）；	在 format 指定的字符串的控制下，将输出列表 args 的值输出到标准设备	输出字符的个数，若出错返回负数
prtc	int prtc（int ch，FILE * fp）；	把一个字符 ch 输出到 fp 所指的文件中	输出字符 ch，若出错返回 EOF
putchar	int putchar（char ch）；	把字符 ch 输出到标准输出设备	返回换行符，若失败返回 EOF
puts	int puts（char * str）；	把 str 指向的字符串输出到标准输出设备，将"\0"转换为回车换行	返回换行符，若失败返回 EOF
putw	int putw（int w，FILE * fp）；	将一个整数 w（即一个字）写到 fp 所指的文件中（非 ANSI 标准）	返回写入的字符，若文件出错或结束返回 EOF
read	int read（int fd，char * buf，unsigned count）；	从文件号 fp 所指定的文件中读 count 个字节到由 buf 指示的缓冲区（非 ANSI 标准）	返回真正读出的字节个数。如文件结束返回 0，出错返回 -1
remove	int remove（char * fname）；	删除以 fname 为文件名的文件	成功返回 0，出错返回 -1
rename	int remove（char * oname，char * nname）；	把 oname 所指的文件名改为由 nname 所指的文件名	成功返回 0，出错返回 -1
rewind	void rewind（FILE * fp）；	将 fp 指定的文件指针置于文件头，并清除文件结束标志和错误标志	无
scanf	int scanf（char * format，args，…）；	从标准输入设备按 format 指示的格式字符串规定的格式，输入数据给 args 所指示的单元。args 为指针	读入并赋给 args 数据个数。如文件结束返回 EOF，若出错返回 0
write	int write（int fd，char * buf，unsigned count）；	从 buf 指示的缓冲区输出 count 个字符到 fd 所指的文件中（非 ANSI 标准）	返回实际写入的字节数，如出错返回 -1

5. 动态存储分配函数

在使用动态存储分配函数时，应该在源文件中使用预编译命令：

```
#include <stdlib.h> 或 #include"stdlib.h"
```

函 数 名	函 数 原 型	功 能	返 回 值
callloc	void * calloc（unsigned n，unsigned size）；	分配 n 个数据项的内存连续空间，每个数据项的大小为 size	分配内存单元的起始地址。如不成功，返回 0
free	void free（void * p）；	释放 p 所指内存区	无

(续)

函数名	函数原型	功能	返回值
malloc	void * malloc (unsigned size);	分配 size 字节的内存区	所分配的内存区地址。如内存不够，返回 0
realloc	void * realloc (void * p, unsigned size);	将 p 所指的已分配的内存区的大小改为 size。size 可以比原来分配的空间大或小	返回指向该内存区的指针。若重新分配失败，返回 NULL

6. 其他函数

有些函数由于不便归入某一类，所以单独列出。使用这些函数时，应该在源文件中使用预编译命令：

```
#include <stdlib.h> 或 #include"stdlib.h"
```

函数名	函数原型	功能	返回值
abs	int abs (int num);	计算整数 num 的绝对值	返回计算结果
atof	double atof (char * str);	将 str 指向的字符串转换为一个 double 型的值	返回双精度计算结果
atoi	int atoi (char * str);	将 str 指向的字符串转换为一个 int 型的值	返回转换结果
atol	long atol (char * str);	将 str 指向的字符串转换为一个 long 型的值	返回转换结果
exit	void exit (int status);	中止程序运行。将 status 的值返回调用的过程	无
itoa	char * itoa (int n, char * str, int radix);	将整数 n 的值按照 radix 进制转换为等价的字符串，并将结果存入 str 指向的字符串中	返回一个指向 str 的指针
labs	long labs (long num);	计算 long 型整数 num 的绝对值	返回计算结果
ltoa	char * ltoa (long n, char * str, int radix);	将长整数 n 的值按照 radix 进制转换为等价的字符串，并将结果存入 str 指向的字符串中	返回一个指向 str 的指针
rand	int rand();	产生 0 到 RAND_MAX 之间的伪随机数。RAND_MAX 在头文件中定义	返回一个伪随机（整）数
random	int random (int num);	产生 0 到 num 之间的随机数	返回一个随机（整）数
randomize	void randomize();	初始化随机函数，使用时包括头文件 time.h	无

参 考 文 献

[1] 谭浩强. C 程序设计 [M]. 4 版. 北京:清华大学出版社,2005.
[2] 刘天印,冯运仿. C 语言程序设计 [M]. 北京:科学出版社,2003.
[3] 刘天印. C 语言程序设计习题解答与上机指导 [M]. 武汉:华中科技大学出版社,2004.
[4] 谭浩强. C 语言程序设计题解与上机指导 [M]. 北京:清华大学出版社,2000.
[5] 杨路明,等. C 语言程序设计教程 [M]. 3 版. 北京:北京邮电大学出版社,2015.
[6] 陈朔鹰,陈英. C 语言程序设计习题集 [M]. 2 版. 北京:人民邮电出版社,2003.
[7] 陈朔鹰,陈英. C 语言趣味程序百例精解 [M]. 北京:北京理工大学出版社,1996.
[8] 田淑清. C 语言程序设计辅导与习题集 [M]. 北京:中国铁道出版社,2000.
[9] PAUL S R C,等. C 语言编程常见问题解答 [M]. 张芳妮,等译. 北京:清华大学出版社,1996.
[10] BRIAN W K,DENNIS M R. The C Programming Language [M]. New Jersey:Prentice-Hall,1988.